河南省“十二五”普通高等教育规划教材

应用数学（第二版·上册）

主　编　孙振营　夏云青

副主编　梁银双　焦慧平

中国水利水电出版社
www.waterpub.com.cn

内 容 提 要

本套教材分为上、下两册。应用数学（第二版·上册）涵盖了函数与极限、一元函数微分学及其应用、一元函数积分学及其应用、常微分方程等内容。应用数学（第二版·下册）涵盖了向量与空间解析几何、多元函数微积分学、无穷级数、数学软件包等内容。书后附有初等数学常用公式、节后练习题、章后总习题参考答案及提示供读者参考。

本套教材适用于高职高专院校、成人高校工科类及经管类各专业，也可作为相关技术人员和其他大专类学生学习的教材或参考书。

本书配有电子教案，读者可以从中国水利水电出版社网站和万水书苑上下载，网址为：http://www.waterpub.com.cn/softdown/和http://www.wsbookshow.com。

图书在版编目（CIP）数据

应用数学. 上册 / 孙振营，夏云青主编. -- 2版. -- 北京 : 中国水利水电出版社，2015.8（2018.8重印）
河南省“十二五”普通高等教育规划教材
ISBN 978-7-5170-3597-8

Ⅰ. ①应… Ⅱ. ①孙… ②夏… Ⅲ. ①应用数学－高等学校－教材 Ⅳ. ①029

中国版本图书馆CIP数据核字(2015)第200884号

策划编辑：石永峰 向辉 责任编辑：张玉玲 加工编辑：郑秀芹 封面设计：李佳

书 名	河南省“十二五”普通高等教育规划教材 应用数学（第二版·上册）
作 者	主 编 孙振营 夏云青 副主编 梁银双 焦慧平
出版发行	中国水利水电出版社 （北京市海淀区玉渊潭南路1号D座 100038） 网址：www.waterpub.com.cn E-mail：mchannel@263.net（万水） sales@waterpub.com.cn 电话：（010）68367658（发行部）、82562819（万水）
经 售	北京科水图书销售中心（零售） 电话：（010）88383994、63202643、68545874 全国各地新华书店和相关出版物销售网点
排 版	北京万水电子信息有限公司
印 刷	三河航远印刷有限公司
规 格	170mm×227mm 16开本 13.75印张 270千字
版 次	2010年9月第1版 2010年9月第1次印刷 2015年8月第2版 2018年8月第3次印刷
印 数	5001—7000册
定 价	24.00元

前　言

数学能启迪人们思维、推进科学纵深发展。很少人能认识到当今被过多称颂的“高技术”本质上是数学技术，数学化是诸多领域和项目背后的推动力。但由于数学的深刻性、抽象性和严谨性等学科特点，造成学生在学习过程中有很多困难。

因此，为了更好更轻松地学习和应用数学，也为了更好地适应当前我国高等教育的发展、满足社会对高校应用型人才培养的各类要求、贯彻教育部组织制定的高职高专教育基础课程教育基本要求的核心思想，在认真总结高职高专高等数学教学改革经验的基础上，结合编者的教学实践经验和同类教材发展趋势编写了此书。本套教材在 2013 年入选了第一批河南省“十二五”普通高等教育规划教材，2015 年修订后通过评审委员会验收。

本书遵循高职高专教育的教学规律，本着重能力、重素质、求创新的总体思路，强化概念，淡化严格论证，注重应用，充分体现“以应用为目的，以必需够用为度”的原则。编写内容侧重对学生数学思维能力的培养，注意其中问题的提出、引入，具有结构严谨、逻辑清晰、叙述得当、题量适中、便于自学等特点，全书通俗易懂、简明扼要，具有科普特色。

本套书有以下特点：

（1）相对于传统的高等数学内容，在兼顾内容完整性的基础上本教材对各章内容进行了适当的增删与修改，突出直观性和应用性。对难度较大的部分基础理论，考虑到教学目标和学生学习的特点，一般不做论证和推导，只叙述定理，做简单说明。

（2）为了更贴近社会、贴近生活、贴近应用，本书精选了社会活动、物理工程和经济管理方面的典型例题或案例，进一步强调本学科的实际应用，激发学生的学习兴趣。

（3）加强对基本概念、理论的理解和应用，借助几何图形和实际问题强化了概念和定理的直观性，对常用公式及方法汇总成表格的形式，以便对照记忆和查阅，注重与中学知识的衔接，培养学生的逻辑思维能力。

（4）注重基本运算技能的训练，但不过分追求复杂的计算和变换技巧。每节都配有针对性较强但难度不大的练习题，每章最后又都配有比较综合的复习题，以提高读者对所学知识的综合运用能力和解决实际问题的能力。

（5）为了突出重点、解释难点，在相应的地方给出了相应的注释。

（6）每章前列有学习目标，及时指出知识的要点和大纲要求，使读者提前了解各章内容，便于自学和把握本章的重点和难点。

（7）为了培养学生运用计算机进行数学运算的兴趣和能力，在本套书的最后一章特别编写了数学软件包 Matlab 这部分知识。

本套书分为上、下两册，参考学时为 144 学时，教师在使用本套书时可根据教学实际需求灵活掌握。

上册书由孙振营、夏云青任主编，梁银双、焦慧平任副主编。编写分工如下：第二、七章由孙振营编写；第一、六章由夏云青编写；第三、四章由梁银双编写；第五章、附录及答案由焦慧平编写。全书框架结构安排、统稿和定稿由孙振营承担。

由于编者水平有限，书中疏漏之处在所难免，敬请读者批评指正。

编 者

2015 年 5 月

目　　录

前言
第 1 章　函数、极限与连续 1
1.1　函数 1
1.1.1　集合、区间与邻域 1
1.1.2　函数的概念 4
1.1.3　函数的几种特性 6
1.1.4　反函数与复合函数 8
1.1.5　初等函数 10
练习题 1.1 13
1.2　极限 15
1.2.1　数列的极限 15
1.2.2　函数的极限 17
1.2.3　无穷小与无穷大 21
练习题 1.2 24
1.3　极限的运算 25
1.3.1　极限的运算法则 25
1.3.2　极限存在准则与两个重要极限 28
1.3.3　无穷小的比较 33
练习题 1.3 35
1.4　函数的连续性与间断点 36
1.4.1　函数的连续性 36
1.4.2　函数的间断点及其类型 39
1.4.3　初等函数的连续性 40
1.4.4　闭区间上连续函数的性质 42
练习题 1.4 43
习题一 44
第 2 章　导数与微分 47
2.1　导数的概念 47
2.1.1　引例 47
2.1.2　导数的定义 49
练习题 2.1 54
2.2　导数基本运算法则 54

2.2.1 函数的和、差、积、商的求导法则 54
2.2.2 复合函数的求导法则 56
2.2.3 反函数的求导法则 58
2.2.4 初等函数的导数 60
练习题 2.2 61
2.3 高阶导数 62
练习题 2.3 63
2.4 隐函数的导数和由参数方程所确定的函数的导数 64
2.4.1 隐函数的导数 64
2.4.2 由参数方程所确定的函数的求导 65
练习题 2.4 67
2.5 函数的微分 67
2.5.1 微分的定义 68
2.5.2 微分的几何意义 69
2.5.3 基本初等函数的微分公式与微分运算法则 70
2.5.4 微分在近似计算中的应用 72
练习题 2.5 74
习题二 74
第 3 章 微分中值定理与导数的应用 79
3.1 微分中值定理 79
3.1.1 罗尔定理 79
3.1.2 拉格朗日中值定理 81
3.1.3 柯西中值定理 82
练习题 3.1 83
3.2 洛必达法则 83
3.2.1 $\frac{0}{0}$与$\frac{\infty}{\infty}$型未定式 83
3.2.2 其他类型未定式 85
练习题 3.2 86
3.3 函数的单调性与曲线的凹凸性 87
3.3.1 函数的单调性 87
3.3.2 曲线的凹凸性 88
练习题 3.3 91
3.4 函数的极值与最大值、最小值 91
3.4.1 函数的极值 91
3.4.2 函数的最大值、最小值及其在工程、经济中的应用 94
练习题 3.4 97

3.5 函数图形的描绘 98
3.5.1 渐近线 99
3.5.2 函数图形的描绘 99
练习题 3.5 101
3.6 导数在经济分析中的应用 101
练习题 3.6 103
习题三 103
第 4 章 不定积分 105
4.1 不定积分的概念与性质 105
4.1.1 不定积分的概念 105
4.1.2 基本积分公式 107
4.1.3 不定积分的性质 107
练习题 4.1 109
4.2 不定积分的换元积分法 109
4.2.1 第一类换元法 109
4.2.2 第二类换元法 112
练习题 4.2 115
4.3 不定积分的分部积分法 117
练习题 4.3 120
习题四 120
第 5 章 定积分 121
5.1 定积分的概念与性质 121
5.1.1 两个实际问题 121
5.1.2 定积分的概念 123
5.1.3 定积分的几何意义 124
5.1.4 定积分的性质 125
练习题 5.1 127
5.2 微积分基本公式 127
5.2.1 变速直线运动中位移函数与速度函数之间的联系 127
5.2.2 变上限积分函数及其导数 128
5.2.3 牛顿—莱布尼茨（Newton-Leibniz）公式 129
练习题 5.2 130
5.3 定积分的换元法和分部积分法 131
5.3.1 定积分的换元法 131
5.3.2 定积分的分部积分法 133
5.3.3 定积分计算中的几个常用公式 133
练习题 5.3 135

5.4 无穷区间上的反常积分 135
练习题 5.4 138
习题五 138
第 6 章 定积分的应用 139
6.1 定积分的元素法 139
练习题 6.1 141
6.2 定积分的几何应用 141
6.2.1 平面图形的面积 141
6.2.2 体积 145
练习题 6.2 149
6.3 定积分的经济应用 149
6.3.1 由边际函数或变化率求总量 149
6.3.2 收益流的现值和将来值 150
练习题 6.3 151
6.4 定积分的物理应用 152
6.4.1 变力做功 152
6.4.2 液体的压力 153
练习题 6.4 154
习题六 155
第 7 章 常微分方程 156
7.1 微分方程的基本概念 156
练习题 7.1 159
7.2 可分离变量的一阶微分方程 159
练习题 7.2 163
7.3 齐次微分方程 163
练习题 7.3 165
7.4 一阶线性微分方程 165
7.4.1 一阶线性微分方程的定义 165
7.4.2 一阶线性微分方程的求解方法 166
练习题 7.4 171
7.5 二阶线性微分方程 172
7.5.1 二阶线性微分方程的定义 172
7.5.2 二阶线性齐次微分方程解的性质 172
7.5.3 二阶线性非齐次微分方程解的性质 174
练习题 7.5 174
7.6 二阶常系数线性微分方程 175
7.6.1 二阶常系数线性微分方程的定义 175

7.6.2 二阶常系数线性齐次微分方程的解法 175
7.6.3 二阶常系数线性非齐次微分方程的解法 178
练习题 7.6 182
习题七 183
附录 初等数学常用公式 186
练习题、习题参考答案及提示 191
参考文献 209

第1章　函数、极限与连续

【学习目标】

- 理解集合与函数的概念及函数的几个特性.
- 理解数列极限与函数极限的相关概念，理解无穷小和无穷大的概念，会求函数的极限.
- 理解连续与间断的概念，掌握连续函数的性质.

函数是微积分学研究的主要对象，极限是高等数学中的一个重要概念，也是研究微积分的重要工具．极限思想、极限方法贯穿于高等数学的始终，当大家学完高等数学之后，就会深切体会到极限概念是微积分的“灵魂”．连续是函数的一个重要性态．本章将在复习和补充函数概念的基础上，介绍极限的概念、运算，并用极限的方法讨论无穷小及函数的连续性，为微积分的学习奠定必要的基础.

1.1　函数

高等数学以函数为研究对象，函数关系是变量之间的最基本的一种依赖关系．这里我们在回顾中学数学关于函数知识的基础上，进一步从全新的视角来对它进行描述并重新分类.

1.1.1　集合、区间与邻域

1．集合的概念

集合是数学中的一个基本概念，我们先通过几个简单的例子来说明这个概念．例如：一个教室里的所有课桌、代数方程 $x^2+3x+2=0$ 的所有根、实数的全体等，分别组成一个集合．一般的，所谓**集合**（简称**集**）是指具有某种共同属性的事物的总体，或是一些确定对象的汇总，组成这个集合的事物或个体称为该集合的**元素**.

通常用大写的拉丁字母 A、B、C……表示集合，用小写的拉丁字母 a,b,c……表示集合中的元素．如果 a 是集合 A 的元素，就说 a 属于 A，记为 $a\in A$；如果 a 不是集合 A 的元素，就说 a 不属于 A，记为 $a\notin A$ 或 $a\overline{\in}A$．一个集合，若它只含有有限个元素，称为**有限集**；不是有限集的集合称为**无限集**.

集合的表示法一般有两种：一种是**列举法**，即将集合中的元素一一列举出来．例如：由元素 $a_1,a_2,\cdots,a_n$ 所组成的集合 A，可表示成 $A=\{a_1,a_2,\cdots,a_n\}$；另一种是**描述法**，即用一个命题（或一句话）来描述集合中所有元素的属性，若集

合 M 是由具有某种性质 p 的元素 x 的全体所组成，则该集合可表示成 $M=\{x\mid x具有性质p\}$．例如，集合 B 是方程 $x^2-4x+3=0$ 的解集，就可表示成 $B=\{x\mid x^2-4x+3=0\}$．

习惯上，**N** 表示所有自然数构成的集合，称为自然数集．即

$$\mathbf{N}=\{0, 1, 2, \cdots, n, \cdots\};$$

全体正整数的集合为：$\mathbf{N}^+=\{1, 2, \cdots, n, \cdots\}$；

全体整数的集合记作 **Z**，即

$$\mathbf{Z}=\{\cdots,-n,\cdots,-2,-1,0,1,2,\cdots,n,\cdots\}.$$

全体有理数构成的集合称为有理数集，记作 **Q**，即

$$\mathbf{Q}=\{\frac{p}{q}\mid p\in\mathbf{Z},q\in\mathbf{N}^+且p与q互质\}.$$

全体实数构成的集合记作 **R**，$\mathbf{R}^*$ 为排除 0 的实数集，$\mathbf{R}^+$ 表示全体正实数．

若 $x\in A$，则必有 $x\in B$，则称 A 是 B 的**子集**，记为 $A\subseteq B$（读作 A 包含于 B）或 $B\supseteq A$（读作 B 包含 A）．如果集合 A 与集合 B 互为子集，即 $A\subseteq B$ 且 $B\subseteq A$，则称集合 A 与集合 B **相等**，记作 $A=B$．若 $A\subseteq B$ 且 $A\neq B$，则称 A 是 B 的**真子集**，记作 $A\subset B$．例如，$\mathbf{N}\subset\mathbf{Z}\subset\mathbf{Q}\subset\mathbf{R}$.

不含任何元素的集合称为**空集**，记作 $\varnothing$．规定空集是任何集合的子集．

2．集合的运算

集合的基本运算有三种：并、交、差．

设 A、B 是两个集合，由所有属于 A 或者属于 B 的元素组成的集合，称为 A 与 B 的**并集**（简称**并**），记作 $A\cup B$，即

$$A\cup B=\{x\mid x\in A 或 x\in B\}.$$

设 A、B 是两个集合，由所有既属于 A 又属于 B 的元素组成的集合，称为 A 与 B 的**交集**（简称**交**），记作 $A\cap B$，即

$$A\cap B=\{x\mid x\in A 且 x\in B\}.$$

设 A、B 是两个集合，由所有属于 A 而不属于 B 的元素组成的集合，称为 A 与 B 的**差集**（简称**差**），记作 $A\setminus B$，即

$$A\setminus B=\{x\mid x\in A 且 x\notin B\}.$$

如果我们研究某个问题限定在一个大的集合 I 中进行，所研究的其他集合 A 都是 I 的子集．此时，我们称集合 I 为**全集**或**基本集**．称 $I\setminus A$ 为 A 的**余集**或**补集**，记作 $\complement_I A$.

集合运算的法则：

设 A、B、C 为任意三个集合，则

（1）交换律 $A\cup B=B\cup A$，$A\cap B=B\cap A$；

（2）结合律 $(A\cup B)\cup C=A\cup(B\cup C)$，$(A\cap B)\cap C=A\cap(B\cap C)$；

（3）分配律 $(A\cup B)\cap C=(A\cap C)\cup(B\cap C)$，$(A\cap B)\cup C=(A\cup C)\cap(B\cup C)$；

（4）对偶律$\complement_I(A\cup B)=\complement_I A\cap\complement_I B$，$\complement_I(A\cap B)=\complement_I A\cup\complement_I B$.

3．区间和邻域

区间是普遍使用的一类实数集合，可分为有限区间和无限区间.

（1）有限区间：设$a<b$，称数集$\{x\,|\,a<x<b\}$为**开区间**，记为$(a,\ b)$，即

$$(a,\ b)=\{x\,|\,a<x<b\}.$$

类似地有，$[a,\ b]=\{x\,|\,a\leqslant x\leqslant b\}$称为**闭区间**，$[a,\ b)=\{x\,|\,a\leqslant x<b\}$，$(a,\ b]=\{x\,|\,a<x\leqslant b\}$称为**半开半闭区间**.

其中a和b称为区间$(a,\ b)$、$[a,\ b]$、$[a,\ b)$、$(a,\ b]$的端点，$b-a$称为区间的长度．闭区间$[a,\ b]$和开区间$(a,\ b)$在数轴上表示出来，分别如图1-1（a）与（b）所示.

（2）无限区间：如$[a,\ +\infty)=\{x\,|\,x\geqslant a\}$，$(-\infty,\ b)=\{x\,|\,x<b\}$等.

这两个无限区间在数轴上的表示分别如图1-1（c）与（d）所示.

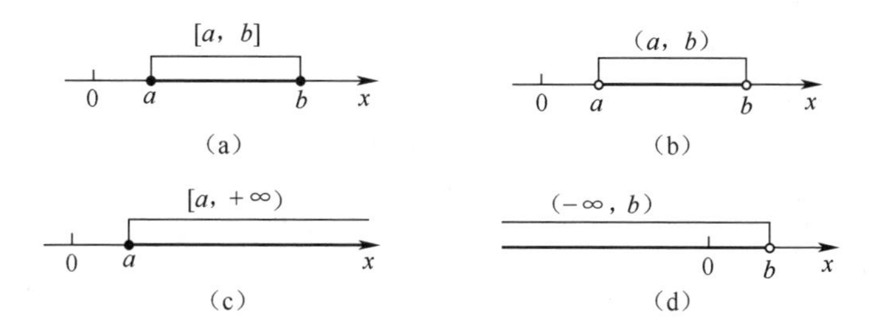

图1-1

全体实数的集合$\mathbf{R}$也可记作$(-\infty,\ +\infty)$，也是无限区间．以后不需辨明是有限区间还是无限区间时，我们就简单地称为“区间”，且常用I表示.

下面引入在高等数学中常用的邻域概念.

以点x_0为中心的任何一个小开区间称为点x_0的邻域，记作$U(x_0)$.

一般的，设δ是一正数，则称开区间$(x_0-\delta,\ x_0+\delta)$为**点$x_0$的$\delta$邻域**，记作$U(x_0,\delta)$．即

$$U(x_0,\delta)=(x_0-\delta,\ x_0+\delta)=\{x\,\|\,x-x_0\,|<\delta\}.$$

其中点x_0称为邻域的中心，δ称为邻域的半径.

在x_0的δ邻域中去掉x_0，所得集合记作$U^0(x_0,\delta)$，称为**点x_0的δ去心邻域**．即

$$U^0(x_0,\delta)=\{x\,|\,0<|x-x_0|<\delta\}.$$

例如，$U(1,0.5)=\{x\,\|\,x-1|<0.5\}$表示点1的0.5邻域，即是开区间$(0.5,1.5)$．$U^0(1,0.5)=\{x\,|\,0<|x-1|<0.5\}$表示点1的0.5去心邻域，它可用两个开区间的并表示为$(0.5,1)\cup(1,1.5)$.

1.1.2 函数的概念

1. 常量和变量

在观察某一现象的过程中，我们经常会遇到各种不同的量．例如：身高、体重、商品价格、学生人数、气温、产量等．这些量可以分为两种：一类在考察过程中不发生变化，只取一个固定的值，我们把它称作**常量**．例如，圆周率π是个永远不变的量，某种商品的价格，某班学生的人数在一段时间内保持不变，这些量都是常量；另一类量在考察过程中是变化的，也就是可以取不同的数值，我们则把其称之为**变量**．例如，一天中的气温，生产过程中的产量都是在不断变化的，它们都是变量．

习惯上，常量用字母a，b，c，d等表示，变量用字母x，y，z等表示．

变量所能取的数值的集合叫做这个变量的**变动区域**，如果变量的变化是连续的，则常用区间来表示其变动区域．

在理解常量与变量时，应注意：

（1）在变化过程中还有一种量，它虽然是变化的，但是它的变化相对于所研究的对象是极其微小的，我们也把它看作常量．例如，人的身高在一天中也不完全相同，但其变化微小，我们认为某人在一天中的身高就是常量．

（2）常量和变量依赖于所研究的过程．同一个量，在某一过程中可以认为是常量，而在另一过程中则可能是变量；反过来也一样．例如，某种商品的价格在一段时间内是常量，但在较长的时间内则是变量．

2. 函数的概念

在某个变化过程中，往往出现多个变量，这些变量不是彼此孤立的，而是相互影响的，一个量或一些量的变化会引起另一个量的变化．如果这些影响是确定的，是依照某一规则的，那么我们就说这些变量之间存在着函数关系．例如，某种商品的价格为10元，每天的销量用x表示，那么每天该商品的销售收入y与销量x之间的关系为：$y=10x$．当销量x取一个值时，销售收入y都有确定的值和它对应，我们就说销售收入y是销量x的函数．下面给出函数的精确定义：

定义 1.1 设x和y是两个变量，D是一个给定的数集，如果对于每个数$x\in D$，变量y按照一定的法则f总有确定的数值与它对应，则称y是x的**函数**，记作 $y=f(x)$．

x称为**自变量**，y称为**因变量**或**函数**．f是函数符号，它表示y与x间的对应法则．有时函数符号也可以用其他字母来表示，如$y=g(x)$或$y=F(x)$等．

数集D称为函数$f(x)$的**定义域**，也可记作D_f，对应的函数值y的集合称为函数$f(x)$的**值域**，记作R_f．

如果自变量在定义域内任取一个确定的值时，函数只有唯一确定的值和它对应，这种函数叫做**单值函数**，否则叫做**多值函数**．例如，设变量x和y之间的对应

法则由方程 $x^2+y^2=r^2$ 给出．显然，对每个 $x\in[-r,r]$，由方程 $x^2+y^2=r^2$，可确定出对应的 y 值，当 $x=r$ 或 $x=-r$ 时，对应 $y=0$ 一个值；当 x 取 $(-r,r)$ 内任一个值时，对应的 y 有两个值．所以该方程确定了一个多值函数．

由函数的定义可知，一个函数的构成要素为：定义域、对应法则和值域．由于值域是由定义域和对应法则决定的，所以，如果两个函数的定义域和对应法则完全一致，我们就称**两个函数相等**．

例 1.1 求函数 $f(x)=\dfrac{1}{x^2-4}$ 的定义域．

解 要使 $f(x)$ 有意义，必须使 $x^2-4\neq 0$，即 $x\neq\pm 2$．
所以函数的定义域为 $D=(-\infty,\ -2)\cup(-2,\ 2)\cup(2,\ +\infty)$．

例 1.2 求函数 $g(x)=\sqrt{1-x^2}$ 的定义域与值域．

解 要使 $g(x)$ 有意义，必须使 $1-x^2\geqslant 0$，所以该函数的定义域为 $D=[-1,\ 1]$．
因为 $0\leqslant 1-x^2\leqslant 1$，所以函数 $g(x)$ 的值域为 $R_g=[0,\ 1]$．

在求函数定义域时应注意：若单纯地讨论用式子表达的函数时，可以规定函数的自然定义域，即使式子有意义的一切实数组成的数集，以上两例所求定义域就是自然定义域．

在实际问题中，函数的定义域根据实际意义确定．

3．函数的表示法

常用的函数的表示法主要有三种：表格法、图形法和解析法（公式法）．其中，用图形法表示函数是基于函数图形的概念，即坐标平面上的点集 G

$$G=\{(x,\ y)\mid y=f(x),\quad x\in D_f\},$$

称为函数 $y=f(x)$ 的图形（也叫图像）．图形 G 在 x 轴上的垂直投影点集就是定义域 D_f，在 y 轴上的垂直投影点集就是值域 R_f，如图 1-2 所示．

下面举几个函数的例子：

例 1.3 **常量函数** $y=2$ 的定义域是 $(-\infty,\ +\infty)$，值域为单点集 $\{2\}$．其图形为与 x 轴平行的一条直线，如图 1-3 所示．

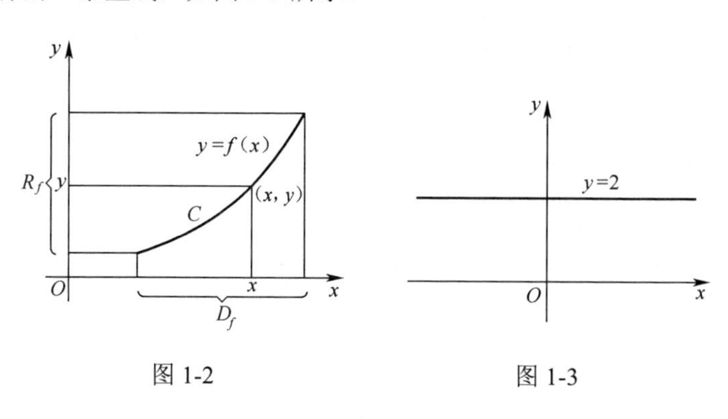

图 1-2　　　图 1-3

例 1.4 函数

$$y=|x|=\begin{cases}x, & x\geqslant 0,\\ -x, & x<0.\end{cases}$$

称为**绝对值函数**．其定义域为 $D=(-\infty,+\infty)$，值域为 $R_f=[0,+\infty)$，如图1-4 所示．

例 1.5 函数

$$y=\operatorname{sgn}x=\begin{cases}1, & x>0,\\ 0, & x=0,\\ -1, & x<0.\end{cases}$$

称为**符号函数**．其定义域为 $D=(-\infty,+\infty)$，值域为 $R_f=\{-1,0,1\}$，如图1-5 所示．

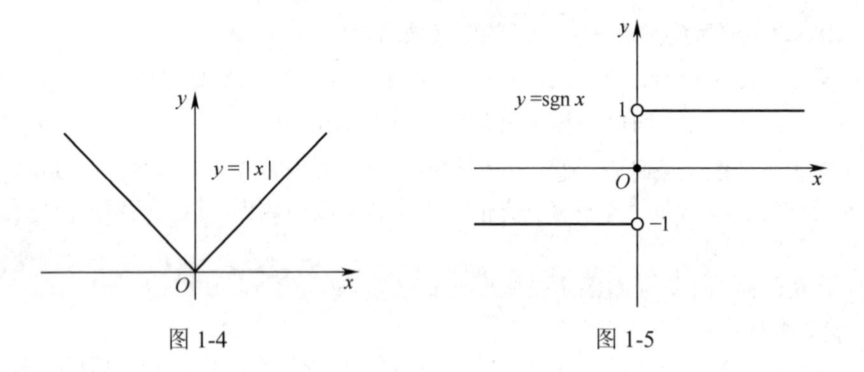

图 1-4　　图 1-5

1.1.3 函数的几种特性

1. 函数的有界性

定义 1.2 设函数 $y=f(x)$ 在区间 I 内有定义(区间 I 可以是函数 $y=f(x)$ 的整个定义域，也可以是其定义域的一部分)，如果存在一个正数 K，对于所有的 $x\in I$，对应的函数值 $f(x)$ 都满足不等式 $|f(x)|\leqslant K$，则称函数 $f(x)$ 在 I 内**有界**．

如果这样的 K 不存在，则称函数 $f(x)$ 在 I 内**无界**．换句话说，函数 $f(x)$ 无界，就是说对任意给定的正数 K，总存在 $x_0\in I$，使 $|f(x_0)|>K$．

例 1.6 （1）$f(x)=\sin x$ 在$(-\infty,+\infty)$内是有界的，因为对于所有的 $x\in(-\infty,+\infty)$，有 $|\sin x|\leqslant 1$．

（2）函数 $f(x)=\dfrac{1}{x}$ 在(0,1)内是无界的．这是因为，对于任意取定的正数 K $(K>1)$，总有 $x_1\in(0,1)$（如取 $x_1=\dfrac{1}{2K}$），使 $f(x_1)=\dfrac{1}{x_1}=2K>K$，所以函数无界．

（3）函数 $f(x)=\dfrac{1}{x}$ 在开区间 $(a,1)$，$0<a<1$ 内是有界的．因为 $a<x<1$，

$1<\frac{1}{x}<\frac{1}{a}$. 取 $K=\frac{1}{a}$ 时，对任意的 $x\in(a,1)$，有 $|f(x)|<\frac{1}{a}=K$.

2. 函数的单调性

定义 1.3 设函数 $y=f(x)$ 的定义域为 D，区间 $I\subset D$. 如果对于区间 I 上任意两点 x_1，x_2，当 $x_1<x_2$ 时，恒有 $f(x_1)<f(x_2)$，则称函数 $f(x)$ 在区间 I 上是**单调增加**；反之，当 $x_1<x_2$ 时，恒有 $f(x_1)>f(x_2)$，则称函数 $f(x)$ 在区间 I 上是**单调减少**. 如图 1-6 所示. 单调增加函数和单调减少函数统称为**单调函数**.

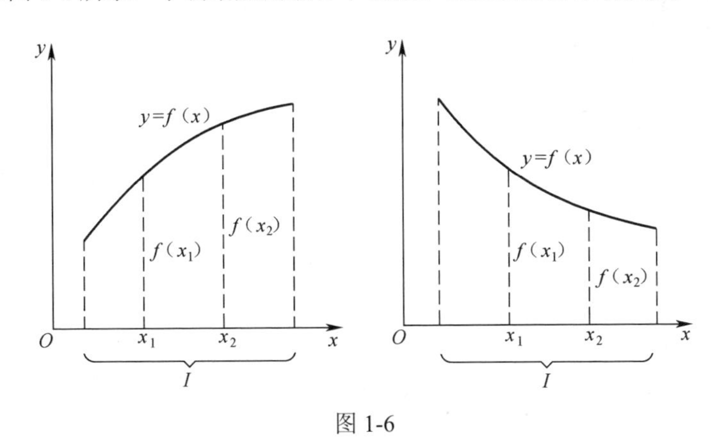

图 1-6

如函数 $y=x^2$ 在区间$(-\infty, 0]$上是单调减少的，在区间$[0, +\infty)$上是单调增加的，在$(-\infty, +\infty)$上不是单调的.

3. 函数的奇偶性

定义 1.4 设函数 $f(x)$ 的定义域 D 关于原点对称（即若 $x\in D$，则 $-x\in D$），如果对于任一 $x\in D$，有 $f(-x)=f(x)$，则称 $f(x)$ 为**偶函数**； 如果对于任一 $x\in D$，有 $f(-x)=-f(x)$，则称 $f(x)$ 为**奇函数**.

偶函数的图形关于 y 轴对称，如图 1-7 所示；奇函数的图形关于原点对称，如图 1-8 所示.

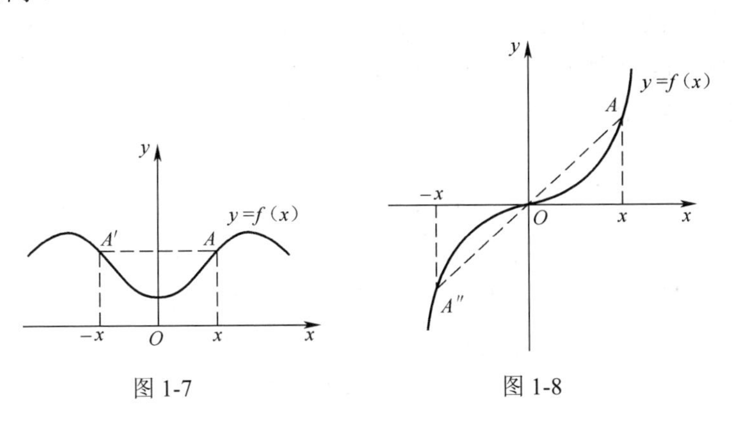

图 1-7　　图 1-8

例如：$y=x^2$，$y=\cos x$ 都是偶函数；$y=x^3$，$y=\sin x$ 都是奇函数；$y=\sin x+\cos x$ 是非奇非偶函数.

例 1.7 判断下列函数的奇偶性：

（1）$f(x)=x^4-x^2$；　　（2）$f(x)=\mathrm{e}^x-\mathrm{e}^{-x}$.

解 （1）函数定义域为$(-\infty,+\infty)$，关于原点对称，且有 $f(-x)=f(x)$，所以 $f(x)=x^4-x^2$ 为偶函数；

（2）函数定义域为$(-\infty,+\infty)$，关于原点对称，且 $f(-x)=\mathrm{e}^{-x}-\mathrm{e}^x=-(\mathrm{e}^x-\mathrm{e}^{-x})=-f(x)$，所以 $f(x)=\mathrm{e}^x-\mathrm{e}^{-x}$ 为奇函数.

4. 函数的周期性

定义 1.5 设函数 $f(x)$ 的定义域为 D，如果存在一个正数 l，使得对于任一 $x\in D$，有 $(x\pm l)\in D$，且总有 $f(x\pm l)=f(x)$，则称 $f(x)$ 为**周期函数**，l 称为 $f(x)$ 的**周期**. 通常我们说的周期指的是函数的最小正周期.

周期函数的图形特点：在函数的定义域内，每隔长度为周期 l 的区间，函数的图形有相同的形状，如图 1-9 所示.

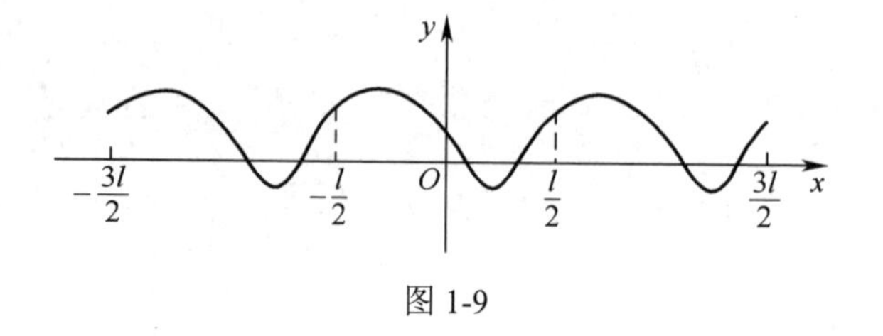

图 1-9

1.1.4 反函数与复合函数

1. 反函数

定义 1.6 设函数 $y=f(x)$ 的定义域为 D_f，值域为 R_f. 如果对任意一个 $y\in R_f$，D_f 内都有唯一确定的 x 与 y 对应，且此 x 满足 $f(x)=y$，这时把 y 看作自变量，x 视为因变量，就得到一个新的函数，称为直接函数 $y=f(x)$ 的**反函数**，记为 $x=f^{-1}(y)$，习惯上写作 $y=f^{-1}(x)$.

注意：直接函数的定义域是其反函数的值域，直接函数的值域是其反函数的定义域.

例如，当 $x\in\left[-\frac{\pi}{2},\frac{\pi}{2}\right]$ 时，函数 $y=\sin x$ 的值域为 $[-1,1]$，与其对应的反函数记为：$y=\arcsin x$，定义域为 $[-1,1]$，值域为 $x\in\left[-\frac{\pi}{2},\frac{\pi}{2}\right]$.

把直接函数 $y=f(x)$ 和它的反函数 $y=f^{-1}(x)$ 的图形画在同一坐标平面上，这两个图形关于直线 $y=x$ 是对称的，如图 1-10 所示.

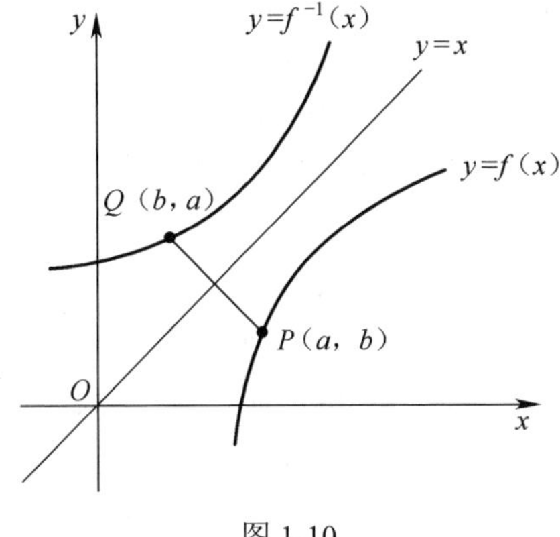

图 1-10

2. 复合函数

在同一现象中，两个变量的联系有时不是直接的，而是通过另一个变量间接联系起来的．例如，在商品销售中，假定商品价格保持不变，营业额 y 是销量 x 的函数，而销量 x 又是时间 t 的函数，时间 t 通过销量 x 间接影响着营业额 y，所以营业额 y 也可以看成是时间 t 的函数，这种函数关系就是一种复合函数关系．

定义 1.7 设函数 $y=f(u)$ 的定义域为 D_f，函数 $u=g(x)$ 的定义域为 D_g，如果 $u=g(x)$ 的值域 $R_g\subseteq D_f$，那么就称 $y=f[g(x)]$ 为定义在 D_g 上的由函数 $y=f(u)$ 经 $u=g(x)$ 复合而成的**复合函数**，这个函数记为

$$y=f[g(x)].$$

其中 x 称为自变量，u 称为**中间变量**．

例 1.8 已知 $y=\sqrt{u}$，$u=2x^3+5$，将 y 表示成 x 的函数．

解 把 $u=2x^3+5$ 代入 $y=\sqrt{u}$，可得 $y=\sqrt{2x^3+5}$．

例 1.9 已知 $y=\ln u$，$u=4-v^2$，$v=\cos x$，将 y 表示成 x 的函数．

解 把 $v=\cos x$ 代入 $u=4-v^2$，可得 $u=4-\cos^2 x$．把 $u=4-\cos^2 x$ 代入 $y=\ln u$，可得 $y=\ln(4-\cos^2 x)$．

两点说明：

（1）复合函数不仅可以有一个中间变量，还可以有多个中间变量，这些中间变量是经过多次复合产生的．

例如：$y=\sqrt{u}$，$u=\lg v$，$v=1+x^2$，则 $y=\sqrt{\lg(1+x^2)}$ 是 x 的复合函数，中间变量为 u 和 v，这就是说复合函数也可以由两个以上的函数经过复合而成．

（2）要注意不是任何两个函数都可以复合成一个函数的．

例如：$y=\arcsin u$，$u=2+x^2$ 就不能复合成一个复合函数．因为 $x\in(-\infty, +\infty)$ 时，$u\geqslant 2$ 全部落在 $y=\arcsin u$ 的定义域 $[-1, 1]$ 之外，使 $y=\arcsin(2+x^2)$ 没有意义．

关于复合函数的分解

复合函数通常不一定是由纯粹的基本初等函数复合而成的，而更多的是由基本初等函数经过四则运算形成的简单函数构成的.

例如：指出下列复合函数是由哪些简单函数复合而成的.

（1）$y=\sqrt{\lg(1+x^2)}$；（2）$y=\sin(x^3+4)$

从变量x开始看，观察函数表达式的组成. 首先x先平方运算；然后+1；接下来取常用对数；最后开平方. 分解时，我们要倒过来看运算顺序：先开平方，然后取常用对数，最后平方运算+1，所以分解为 $y=\sqrt{u}$，$u=\lg v$，$v=1+x^2$；

$y=\sin(x^3+4)$ 可以分解为 $y=\sin u$，$u=x^3+4$.

注：一般的，复合函数分解后的函数应是基本初等函数或基本初等函数的和、差、积、商的形式.

1.1.5 初等函数

在自然科学和工程技术中，经常遇到的函数都是初等函数，这些函数也是本课程研究的主要对象. 初等函数是由基本初等函数所构成，下面先介绍基本初等函数，这些大家在中学已比较熟悉.

1. 基本初等函数

常数函数、幂函数、指数函数、对数函数、三角函数及反三角函数统称为基本初等函数，在三角函数和反三角函数中常用的有：正弦函数、余弦函数、正切函数、余切函数、反正弦函数、反余弦函数、反正切函数、反余切函数. 下面我们用两个表格列举出这些函数的图像与性质.

表 1-1 基本初等函数的图像与性质

函数名称	函数的记号	函数的图形	函数的性质
常数函数	$y=c$（c 为常数）	y, y=2, O, x （这里设 $c=2$）	1）定义域为全体实数； 2)值域为一点集，$R_f=\{c\}$； 3)图像为与 x 轴平行的一条直线.
幂函数	$y=x^a$（a 为任意实数）	y, $y=x^6$, $y=x$, $y=\sqrt[6]{x}$, 1, o, 1, x （这里只画出部分函数图形的一部分）	令 $a=\frac{m}{n}$ 1）当 m 为偶数 n 为奇数时，y 是偶函数； 2)当 m,n 都是奇数时，y 是奇函数； 3）当 m 为奇数 n 为偶数时，y 在 $(-\infty,0)$ 无意义.

续表

函数名称	函数的记号	函数的图形	函数的性质
指数函数	$y=a^x$ （$a>0$, $a\neq 1$）	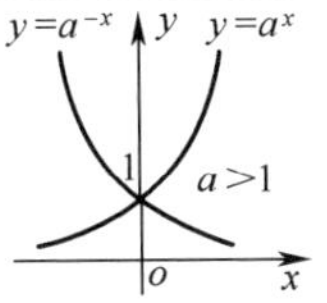 （这里设 $a>1$）	1）其图形总位于 x 轴上方，并恒过 $(0,1)$ 点； 2）当 $a>1$ 时，在定义域内单调递增；当 $0<a<1$ 时，单调递减.
对数函数	$y=\log_a x$ （$a>0$, $a\neq 1$）	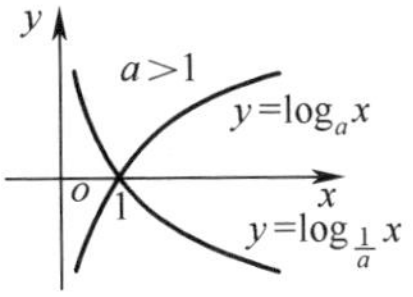 （这里设 $a>1$）	1）其图形总位于 y 轴右侧，并恒过 $(1,0)$ 点； 2）当 $a>1$ 时，在定义域内单调递增；当 $0<a<1$ 时，单调递减.

表 1-2 基本初等函数的图像与性质

函数名称	函数的记号	函数的图形	函数的性质
正弦函数	$y=\sin x$	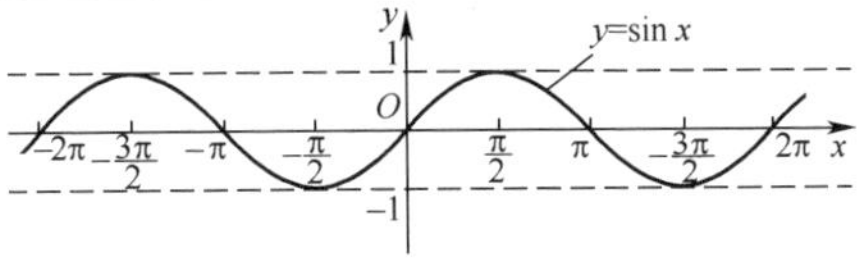	1）正弦函数是以 2π 为周期的周期函数； 2）正弦函数是奇函数且 $\lvert\sin x\rvert\leqslant 1$.
余弦函数	$y=\cos x$	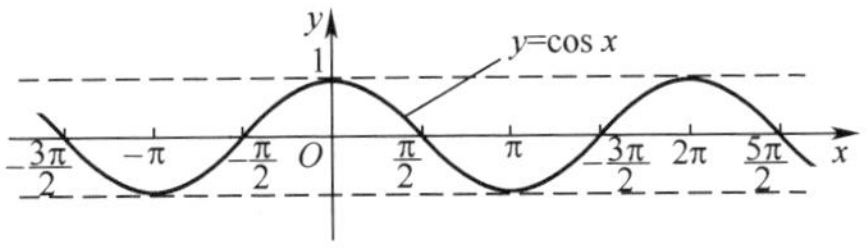	1）余弦函数是以 2π 为周期的周期函数； 2）余弦函数是偶函数且 $\lvert\cos x\rvert\leqslant 1$.
正切函数	$y=\tan x$	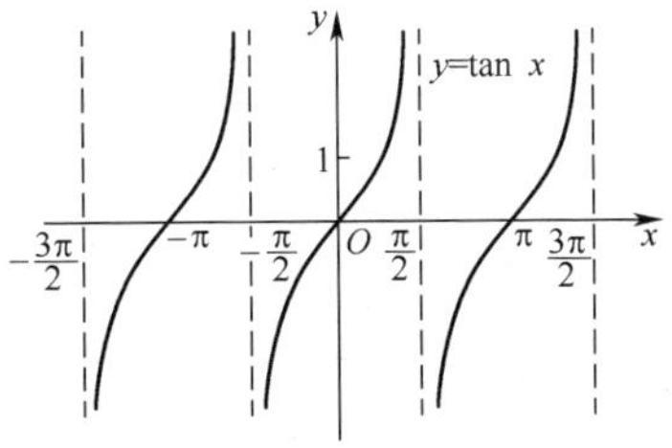	1）正切函数是以 π 为周期的周期函数； 2）正切函数是奇函数； 3）在区间 $(k\pi-\frac{\pi}{2}, k\pi+\frac{\pi}{2})$ 内，单调递增.
余切函数	$y=\cot x$	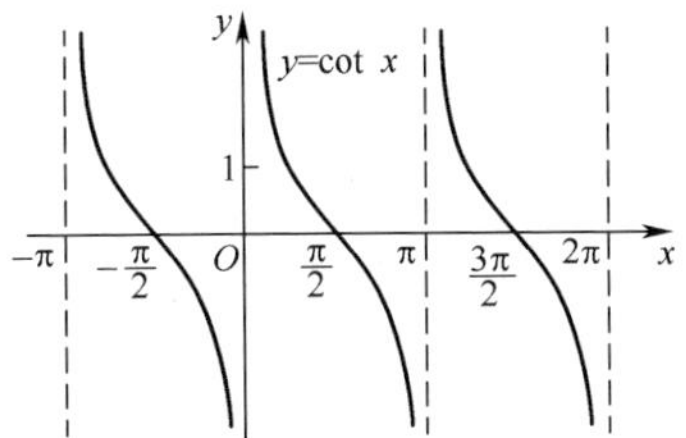	1）余切函数是以 π 为周期的周期函数； 2）余切函数是奇函数； 3）在区间 $(k\pi, k\pi+\pi)$ 内，单调递减.

续表

函数名称	函数的记号	函数的图形	函数的性质
反正弦函数	$y=\arcsin x$	y $\frac{\pi}{2}$ $y=\arcsin x$ -1 O 1 x $-\frac{\pi}{2}$	1）由于此函数为多值函数，把函数值限制在主值区间 $[-\frac{\pi}{2},\frac{\pi}{2}]$ 上，避免了多值性（下同）； 2）定义域为 $[-1, 1]$，值域为 $[-\frac{\pi}{2},\frac{\pi}{2}]$； 3）在闭区间 $[-1, 1]$ 上是单调增加的奇函数，图像为实线部分．
反余弦函数	$y=\arccos x$	y π $\frac{\pi}{2}$ $y=\arccos x$ -1 O 1 x	1）定义域为 $[-1, 1]$，值域为 $[0, \pi]$； 2）在闭区间 $[-1, 1]$ 上是单调减少的，图像为实线部分．
反正切函数	$y=\arctan x$	y $\frac{\pi}{2}$ $y=\arctan x$ O 1 x $-\frac{\pi}{2}$	1）定义域为 $(-\infty,+\infty)$，值域为 $(-\frac{\pi}{2},\frac{\pi}{2})$； 2）在 $(-\infty,+\infty)$ 内，函数是单调增加的奇函数，图像为实线部分．

续表

函数名称	函数的记号	函数的图形	函数的性质
反余切函数	$y=\operatorname{arccot} x$	y, π, $\frac{\pi}{2}$, $y=\operatorname{arccot} x$, O, 1, x	1）定义域为 $(-\infty,+\infty)$，值域为 $(0,\pi)$；2）在 $(-\infty,+\infty)$ 内，函数是单调减少的，图像为实线部分.

2. 初等函数

所谓初等函数是指由六类基本初等函数经过**有限次的四则运算**或**有限次的函数复合**所构成并**可用一个式子**表示的函数．如：$y=\ln(x+\sqrt{1+x^2})$，$y=\sqrt{e^{x^2}+\sin^2\dfrac{1}{x}}$ 都是初等函数.

不能用一个式子表示的函数为非初等函数. 如符号函数 $y=\operatorname{sgn} x=\begin{cases}1, & x>0,\\ 0, & x=0,\\ -1, & x<0.\end{cases}$ 不是一个解析式表达的，$y=1+x^2+x^3+\ldots$ 不满足有限次的运算，都不能归为初等函数.

但是，绝对值函数 $y=|x|=\begin{cases}x, & x\geqslant 0,\\ -x, & x<0.\end{cases}$ 虽为分段函数，却能用一个式子 $y=\sqrt{x^2}$ 来表示，因而 $y=|x|$ 仍为初等函数.

练习题 1.1

1. 填空题

（1）设 $f\left(\dfrac{1}{x}\right)=x+\sqrt{1+x^2}\,(x>0)$，则 $f(x)=$__________.

（2）函数 $f(x)=\dfrac{1}{\ln(x-2)}+\sqrt{5-x}$ 的定义域是__________.

（3）函数 $f(x)$ 的定义域为 $[0,1]$，则 $f(\ln x)$ 的定义域是__________.

（4）函数 $y=\dfrac{\sqrt{x^2-9}}{x-3}$ 的定义域为__________.

（5）设 $f(x)=\dfrac{a^x+a^{-x}}{2}$，则函数的图形关于__________对称.

2．选择题

（1）下列各对函数中，（　　）是相同的.

A．$f(x)=\sqrt{x^2}$，$g(x)=x$　　B．$f(x)=\ln x^2$，$g(x)=2\ln x$

C．$f(x)=\ln x^3$，$g(x)=3\ln x$　　D．$f(x)=\dfrac{x^2-1}{x+1}$，$g(x)=x-1$

（2）设函数 $f(x)$ 的定义域为 $(-\infty,+\infty)$，则函数 $f(x)-f(-x)$ 的图形关于（　　）对称.

A．$y=x$　　B．x 轴　　C．y 轴　　D．坐标原点

（3）设函数 $f(x)$ 的定义域是全体实数，则函数 $f(x)\cdot f(-x)$ 是（　　）.

A．单调减函数　　B．有界函数

C．偶函数　　D．周期函数

（4）函数 $f(x)=x\dfrac{a^x-1}{a^x+1}(a>0,a\neq1)$（　　）.

A．是奇函数　　B．是偶函数

C．既是奇函数又是偶函数　　D．是非奇非偶函数

（5）若函数 $f\left(x+\dfrac{1}{x}\right)=x^2+\dfrac{1}{x^2}$，则 $f(x)=$（　　）.

A．x^2　　B．x^2-2　　C．$(x-1)^2$　　D．x^2-1

3．计算题

（1）求下列函数的定义域：

1）$y=\dfrac{\sqrt{4-x}}{\ln(x+1)}$；　　2）$y=\sqrt{2-3x^2}$；

3）$y=\arcsin(x+1)$.

（2）已知 $f(x+1)=x^2+2x-5$，求 $f(x)$，$f\left(\dfrac{1}{x}\right)$，$f(2)$.

（3）判断下列函数的奇偶性：

1）$y=3x^3-5\sin x$；　　2）$y=\lg\dfrac{1-x}{1+x}\ x\in(-1,\ 1)$；

3）$y=|x|$.

（4）讨论函数 $f(x)=x+\dfrac{1}{x}\ (x\neq0)$ 的单调性和有界性.

（5）求下列函数的反函数：

1）$y=2x^2,x\in(0,+\infty)$；　　2）$y=\dfrac{x+1}{x-1}$；

3） $y=1+\ln(x-2)$.

（6）指出下列哪些函数为初等函数：

1） $y=\lg(\sin^2 x+1)$；　　2） $y=\sqrt{x+\sqrt{x+\sqrt{x}}}$；

3） $y=1+x+x^2+x^3+\cdots$.

1.2 极限

变量之间的函数关系说明了因变量随自变量变化的规律．在研究函数关系时，常常需要考察自变量在某一变化过程中，相应的因变量的变化趋势，这就是函数的极限问题．作为函数极限的特殊情形，我们首先研究数列的极限．

1.2.1 数列的极限

1．数列的定义

定义 1.8　在某一对应规则下，当 $n\ (n\to\infty)$ 依次取 $1, 2, 3, \cdots, n, \cdots$ 时，对应的实数排成一列数，$x_1, x_2, \cdots, x_n, \cdots$，这列数就称为**数列**，记为 $\{x_n\}$．其中 x_n 称为该数列的**通项**或**一般项**.

例如：

$1, \frac{1}{2}, \frac{1}{3}, \frac{1}{4}, \cdots, \frac{1}{n}, \cdots,$　　一般项 $x_n=\frac{1}{n}$；

$0.3, 0.03, 0.003, \cdots, 3\times10^{-n}, \cdots$　　一般项 $x_n=3\times10^{-n}$；

$\frac{1}{2}, \frac{2}{3}, \frac{3}{4}, \cdots, \frac{n}{n+1}, \cdots$　　一般项 $x_n=\frac{n}{n+1}$；

$-1, 2, -3, 4, \cdots, (-1)^n n, \cdots$　　一般项 $x_n=(-1)^n n$；

$1, -1, 1, -1, \cdots, (-1)^{n+1}, \cdots$　　一般项 $x_n=(-1)^{n+1}$.

注：从定义上看数列也可理解为函数 $x_n=f(n)$，$n\in\mathbf{N}^+$．其中，自变量为 n，因变量为 x_n．定义域为正整数集 $\mathbf{N}^+$.

2．数列的极限

下面先举一个中国古代有关数列的例子．

引例 1.1　战国时代哲学家庄周所著的《庄子·天下篇》引用过一句话："一尺之棰，日取其半，万世不竭．"说一根长为一尺的木棒，每天截去一半，这样的过程可以无限地进行下去．

把每天截后剩下部分的长度记录如下（单位为尺）：

第一天剩下 $\frac{1}{2}$；第二天剩下 $\frac{1}{2^2}$；第三天剩下 $\frac{1}{2^3}$；…；第 n 天剩下 $\frac{1}{2^n}$；…．这样就得到一个数列

$\frac{1}{2},\frac{1}{2^2},\frac{1}{2^3},\cdots,\frac{1}{2^n},\cdots,$ 一般项 $x_n=\frac{1}{2^n}$；

虽然一尺的木棒永远取不完，但不难看到，若干天后，也几乎没有了，因为数列 $\left\{\frac{1}{2^n}\right\}$ 的通项随着 n 的无限增大而无限地接近于 0．这个例子反映了一类数列的某种特性，下面我们再考察一下前面给出的几个数列，随着 n 的逐渐增大，它们各自的变化趋势.

数列 $\left\{\frac{1}{n}\right\}$，当 n 无限增大时，一般项 $x_n=\frac{1}{n}$ 无限接近于 0;

数列 $\{3\times10^{-n}\}$，当 n 无限增大时，一般项 $x_n=3\times10^{-n}$ 无限接近于 0;

数列 $\left\{\frac{n}{n+1}\right\}$，当 n 无限增大时，一般项 $x_n=\frac{n}{n+1}$ 无限接近于 1;

数列 $\{(-1)^n n\}$，当 n 无限增大时，$x_n=(-1)^n n$ 绝对值也无限增大，所以 $x_n=(-1)^n n$ 不接近于任何确定的常数;

数列 $\{(-1)^{n+1}\}$，当 n 无限增大时，当 n 为奇数时，$x_n=(-1)^{n+1}=1$，当 n 为偶数时，$x_n=(-1)^{n+1}=-1$，即 x_n 不接近于任何确定的常数.

通过上述讨论可以看到，当 n 无限增大时，数列 $\{x_n\}$ 的一般项 x_n 的变化趋势有两种情形：

无限接近于某个确定常数或不接近于任何确定的常数.

由此可得数列极限的描述性定义如下：

定义 1.9 如果数列 $\{x_n\}$ 的项数 n 无限增大时，一般项 x_n 无限接近于某个确定的常数 a，则称 a 是数列 $\{x_n\}$ 的**极限**，此时也称数列 $\{x_n\}$ **收敛**于 a，记作 $\lim\limits_{n\to\infty}x_n=a$ 或 $x_n\to a(n\to\infty)$.

由前面考察的数列可得，$\lim\limits_{n\to\infty}\frac{1}{n}=0$ 或 $\frac{1}{n}\to0(n\to\infty)$；

$$\lim_{n\to\infty}\frac{1}{2^n}=0 \text{ 或 } \frac{1}{2^n}\to0(n\to\infty).$$

定义中"当 n 无限增大时，一般项 x_n 无限接近于 a"的意思是：当 n 充分大时，x_n 与 a 可以任意靠近，要多近就能有多近，也就是说 $|x_n-a|$ 可以小于任意给的正数，只要 n 充分大.

当项数 n 无限增大时，数列 $\{x_n\}$ 的一般项 x_n 不接近于任何确定的常数，则称数列 $\{x_n\}$ 没有极限或称数列 $\{x_n\}$ **发散**，记作 $\lim\limits_{n\to\infty}x_n$ 不存在.

3. 数列极限的性质

有界数列：对于数列 $\{x_n\}$，如果存在正数 M，使得对于一切 x_n，满足 $|x_n|\leqslant M$，称数列 $\{x_n\}$ 为有界数列．或存在两个常数 m，M，对于一切 n，有 $m\leqslant x_n\leqslant M$，

称数列$\{x_n\}$为有界数列.

根据数列极限的定义显然有：

定理 1.1（数列收敛的必要条件）若数列$\{x_n\}$收敛，则x_n必有界.

数列有界是数列收敛的必要条件，而不是充分条件. 例如，数列$\{(-1)^{n+1}\}$是有界的，但它却是发散的.

1.2.2 函数的极限

函数极限问题与自变量的变化过程密切相关，如果在自变量的某一变化过程中，对应的函数值无限接近于某个确定的常数，那么这个确定的常数就称为函数在该变化过程中的**极限**. 这里我们主要讨论以下两种自变量的变化过程：

（1）当自变量x取正数且无限变大或者说趋于正无穷大（记作$x\to+\infty$）时，函数值$f(x)$的变化情形以及当自变量x仅取负数且$|x|$无限变大或者说趋于负无穷大（记作$x\to-\infty$）时，函数值$f(x)$的变化情形.

（2）当自变量x任意地接近于有限值x_0或者说趋于有限值x_0（记作$x\to x_0$）时，函数值$f(x)$的变化情形.

1. $x\to\infty$时的情形

（1）对于$x\to+\infty$的情形：

定义 1.10 设函数$f(x)$在$x>X(X>0)$时有定义，当x无限增大（记作$x\to+\infty$）时，对应的函数值无限接近于某个确定的常数A，则称 **A 是函数 $f(x)$ 当 $x\to+\infty$ 时的极限**. 记作$\lim\limits_{x\to+\infty}f(x)=A$或$f(x)\to A(x\to+\infty)$.

（2）对于$x\to-\infty$的情形：

类似地可以给出如下定义

设函数$f(x)$在$x<-X(X>0)$时有定义，当x无限减小（记作$x\to-\infty$）时，对应的函数值无限接近于某个确定的常数A，则称 **A 是函数 $f(x)$ 当 $x\to-\infty$ 时的极限**. 记作

$$\lim_{x\to-\infty}f(x)=A \text{ 或 } f(x)\to A(x\to-\infty).$$

例 1.10 论函数$y=\dfrac{1}{x}$当$x\to+\infty$，$x\to-\infty$时的极限.

解 对于函数$y=\dfrac{1}{x}$，当$x\to+\infty$时，曲线无限接近于x轴，所以函数值$y=\dfrac{1}{x}$无限接近于常数0，因此$\lim\limits_{x\to+\infty}\dfrac{1}{x}=0$.

当$x\to-\infty$时，曲线无限接近于x轴，所以函数值$y=\dfrac{1}{x}$无限接近于常数0，因此$\lim\limits_{x\to-\infty}\dfrac{1}{x}=0$.

因为 $\lim\limits_{x\to+\infty}\dfrac{1}{x}=0$ 且 $\lim\limits_{x\to-\infty}\dfrac{1}{x}=0$，所以我们说 $\lim\limits_{x\to\infty}\dfrac{1}{x}=0$.

例 1.11 论函数 $y=\mathrm{e}^x$ 当 $x\to+\infty$， $x\to-\infty$ 时的极限.

解 对于函数 $y=\mathrm{e}^x$，当 $x\to+\infty$ 时，曲线无限上升，所以函数值 $y=\mathrm{e}^x$ 无限增大，因此 $\lim\limits_{x\to+\infty}\mathrm{e}^x$ 不存在，但我们记作 $\lim\limits_{x\to+\infty}\mathrm{e}^x=+\infty$.

当 $x\to-\infty$ 时，曲线无限接近于 x 轴，所以函数值 $y=\mathrm{e}^x$ 无限接近于常数 0，因此 $\lim\limits_{x\to-\infty}\mathrm{e}^x=0$.

因为 $\lim\limits_{x\to+\infty}\mathrm{e}^x=+\infty$，而 $\lim\limits_{x\to-\infty}\mathrm{e}^x=0$，所以我们就不能说 $\lim\limits_{x\to\infty}\mathrm{e}^x=+\infty$ 或者 $\lim\limits_{x\to\infty}\mathrm{e}^x=0$.

例 1.12 论函数 $y=\arctan x$ 当 $x\to+\infty$， $x\to-\infty$ 时的极限.

解 对于函数 $y=\arctan x$，当 $x\to+\infty$ 时，曲线无限接近于直线 $y=\dfrac{\pi}{2}$，所以函数值 $y=\arctan x$ 无限接近于 $\dfrac{\pi}{2}$，因此 $\lim\limits_{x\to+\infty}\arctan x=\dfrac{\pi}{2}$.

当 $x\to-\infty$ 时，曲线无限接近于直线 $y=-\dfrac{\pi}{2}$，所以函数值 $y=\arctan x$ 无限接近于 $-\dfrac{\pi}{2}$，因此 $\lim\limits_{x\to-\infty}\arctan x=-\dfrac{\pi}{2}$.

因为 $\lim\limits_{x\to+\infty}\arctan x=\dfrac{\pi}{2}$，而 $\lim\limits_{x\to-\infty}\arctan x=-\dfrac{\pi}{2}$，所以我们就不能说 $\lim\limits_{x\to\infty}\arctan x=\dfrac{\pi}{2}$ 或者 $\lim\limits_{x\to\infty}\arctan x=-\dfrac{\pi}{2}$.

如果 $\lim\limits_{x\to+\infty}f(x)=A$ 且 $\lim\limits_{x\to-\infty}f(x)=A$ 同时成立时，就说 $\lim\limits_{x\to\infty}f(x)=A$.

从几何上说，$\lim\limits_{x\to\infty}f(x)=A$ 的意义是：作直线 $y=A+\varepsilon$ 和 $y=A-\varepsilon$，则总有一个正数 X 存在，使得当 $x<-X$ 或 $x>X$ 时，函数 $y=f(x)$ 的图形位于这两直线之间，如图 1-11 所示.

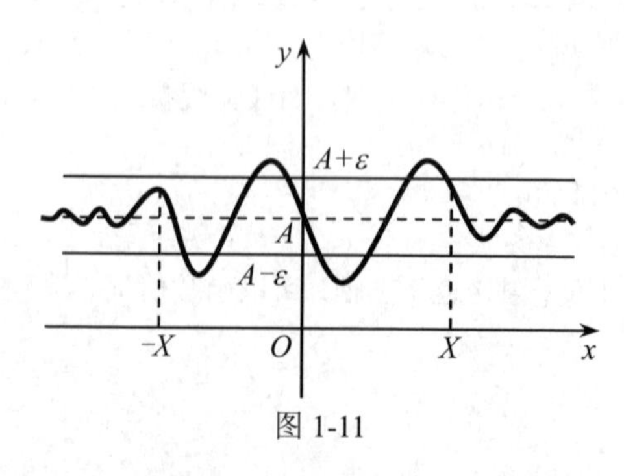

图 1-11

如果 $\lim\limits_{x \to +\infty} f(x) = A$ 或 $\lim\limits_{x \to -\infty} f(x) = A$，则直线 $y = A$ 称为函数 $y = f(x)$ 图形的**水平渐近线**.

如上例中因为 $\lim\limits_{x \to +\infty} \frac{1}{x} = 0$，所以说 $y = 0$ 为函数 $y = \frac{1}{x}$ 的一条水平渐近线；$\lim\limits_{x \to -\infty} \frac{1}{x} = 0$，所以说 $y = 0$ 为函数 $y = \frac{1}{x}$ 的一条水平渐近线. 因为 $\lim\limits_{x \to -\infty} \mathrm{e}^x = 0$，所以说 $y = 0$ 为函数 $y = \mathrm{e}^x$ 的一条水平渐近线. 因为 $\lim\limits_{x \to +\infty} \arctan x = \frac{\pi}{2}$，所以说 $y = \frac{\pi}{2}$ 为函数 $y = \arctan x$ 的一条水平渐近线；$\lim\limits_{x \to -\infty} \arctan x = -\frac{\pi}{2}$，所以说 $y = -\frac{\pi}{2}$ 也为函数 $y = \arctan x$ 的一条水平渐近线.

例 1.13 讨论函数 $y = \sin x$ 当 $x \to \infty$ 时的极限是否存在.

解 函数 $y = \sin x$ 是周期函数，其函数值随着 x 的变化在 -1 与 1 之间周而复始的摆动，即当 $x \to \infty$ 时，函数 $y = \sin x$ 不会趋于一个确定的常数，所以函数 $y = \sin x$ 在 $x \to \infty$ 时的极限不存在.

2. $x \to x_0$ 时的情形

引例 1.2 考察当 $x \to 1$ 时，函数 $f(x) = \frac{x^2 - 1}{x - 1}$ 的变化情况.

解 因为 $x = 1$ 时，$f(x)$ 没有定义，而当 $x \neq 1$ 时，$f(x) = \frac{x^2 - 1}{x - 1} = x + 1$，故 $f(x)$ 的图形如图 1-12 所示.

不难看出，当 x 无论怎么趋向于 1（$x \neq 1$）（记作 $x \to 1$）时，函数值 $f(x)$ 无限地接近于 2，我们称当 $x \to 1$ 时，$f(x)$ 以 2 为极限.

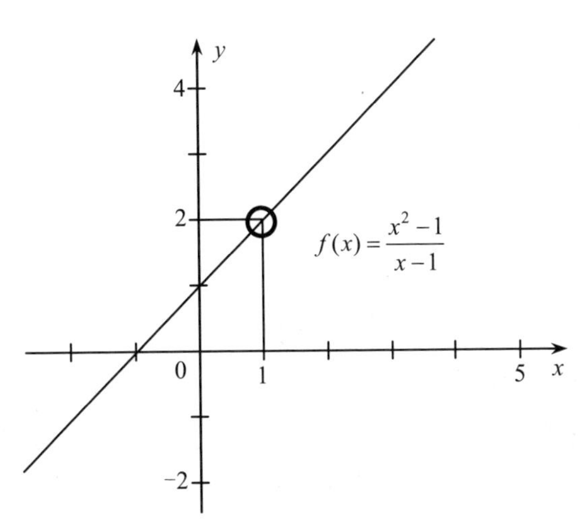

图 1-12

注：从上述例子可以看出，研究$x \to x_0$时函数$f(x)$的极限，是指x无限趋近于x_0时，函数值$f(x)$的变化趋势，而不是求$f(x)$在x_0处的函数值．因此，研究$x \to x_0$时函数$f(x)$的极限问题，与函数$f(x)$在$x = x_0$这一点是否有定义无关．

结论：当$x \to x_0$时函数$f(x)$的极限，与函数$f(x)$在$x = x_0$这一点是否有定义无关．

下面给出$x \to x_0$时函数极限的定义．

定义 1.11　设函数$f(x)$在x_0的某个去心邻域内有定义，A为常数，如果在自变量$x \to x_0$的变化过程中，函数值$f(x)$**无限接近于** A，就称 A 是函数$f(x)$当$x \to x_0$时**极限**．记作

$$\lim_{x \to x_0} f(x) = A \text{ 或 } f(x) \to A\ (x \to x_0).$$

注：记号$x \to x_0$表示x取任意实数而趋于有限数x_0．在这一变化过程中，动点x可以从点x_0的左侧($x < x_0$)，也可以从x_0的右侧($x > x_0$)，还可以同时从点x_0的左右两侧趋近于x_0，但$x \neq x_0$，即$x \in U^0(x_0)$．设$f(x)$在x_0的某一去心邻域内有定义，若x只是从x_0的左侧趋近于x_0时，记作$x \to x_0^-$，若x只是从右侧趋近于x_0时，记作$x \to x_0^+$．若动点x仅从x_0的一侧，比如说左（右）侧趋近于x_0时，函数的极限存在，则称该极限为函数在点x_0处的左（右）极限，左极限和右极限统称为**单侧极限**，分别记作：

$$\lim_{x \to x_0^-} f(x) \text{ 或 } f(x_0^-)；\quad \lim_{x \to x_0^+} f(x) \text{ 或 } f(x_0^+).$$

例 1.14　求极限$\lim\limits_{x \to 1} \dfrac{x^2 - 1}{x - 1}$．

解　由上述函数图像可知，当x无限趋近于 1 的时候，函数值无限趋近于 2，所以

$$\lim_{x \to 1} \frac{x^2 - 1}{x - 1} = 2.$$

例 1.15　求极限$\lim\limits_{x \to 1} 3$．

解　函数$f(x) = 3$为常数函数，无论x怎样变化，函数值都恒为 3，所以极限

$$\lim_{x \to 1} 3 = 3.$$

由此，我们可得：

$$\lim_{x \to x_0} C = C,\quad \lim_{x \to x_0} x = x_0 \quad .$$

例 1.16　求极限$\lim\limits_{x \to 2} x^2$．

解　由函数图像可知，当x无限趋近于 2 的时候，函数值无限趋近于 4，所以

$$\lim_{x \to 2} x^2 = 4.$$

结论：常数函数、幂函数、指数函数、对数函数、三角函数和反三角函数等

基本初等函数，在其各自的定义域内每点处的极限都存在，且极限值等于该点处的函数值.（在第四节连续性中给出说明）

3. 极限存在的判别法

定理 1.2 函数 $f(x)$ 当 $x \to x_0$ 时极限存在的充要条件是左、右极限都存在且相等，即

$$\lim_{x\to x_0} f(x)=A \Leftrightarrow \lim_{x\to x_0^-} f(x)=\lim_{x\to x_0^+} f(x)=A.$$

若左右极限中有一个不存在，或者各自都存在但不相等，则函数在该点的极限不存在.

例如：对于符号函数 $y=f(x)=\operatorname{sgn} x$，$f(0^-)=-1$，$f(0^+)=1$，所以 $\lim\limits_{x\to 0} f(x)$ 不存在.

注：定理 1.2 常用来判断分段函数在分段点处的极限是否存在.

例 1.17 设函数 $f(x)=\begin{cases} x-1, & x<0, \\ 0, & x=0, \\ x+1, & x>0. \end{cases}$ 证明：在 $x\to 0$ 时，$f(x)$ 的极限不存在.

证 因为 $\lim\limits_{x\to 0^-} f(x)=\lim\limits_{x\to 0^-}(x-1)=-1$；

$$\lim_{x\to 0^+} f(x)=\lim_{x\to 0^+}(x+1)=1,$$

即 $f(0^-)\neq f(0^+)$，所以 $\lim\limits_{x\to 0} f(x)$ 不存在.

例 1.18 设函数 $y=f(x)=\begin{cases} 2\sqrt{x}, & 0\leqslant x\leqslant 1, \\ x+1, & x>1. \end{cases}$ 求 $\lim\limits_{x\to 1} f(x)$.

解 因为 $\lim\limits_{x\to 1^-} f(x)=\lim\limits_{x\to 1^-}(2\sqrt{x})=2$；$\lim\limits_{x\to 1^+} f(x)=\lim\limits_{x\to 1^+}(x+1)=2$，所以 $\lim\limits_{x\to 1} f(x)=2$.

4. 函数极限的性质

性质 1 （唯一性）如果极限 $\lim\limits_{x\to x_0} f(x)$（或 $\lim\limits_{x\to\infty} f(x)$）存在，那么这一极限唯一.

性质 2 （局部有界性）如果 $\lim\limits_{x\to x_0} f(x)=A$，那么存在 x_0 的某一去心邻域，在此邻域内函数 $f(x)$ 有界.

性质 3 （局部保号性）如果 $\lim\limits_{x\to x_0} f(x)=A$，当 $A>0$（或 $A<0$）时，则存在 x_0 的某一去心邻域，在此邻域内函数 $f(x)>0$（或 $f(x)<0$）.

性质 4 如果在 x_0 的某一去心邻域内 $f(x)\geqslant 0$（或 $f(x)\leqslant 0$），且 $\lim\limits_{x\to x_0} f(x)=A$，那么 $A\geqslant 0$（或 $A\leqslant 0$）.

注意： 当 $f(x)>0$（或 $f(x)<0$）时，A 可以为 0.

1.2.3 无穷小与无穷大

考虑自变量在某一变化过程中，函数 $f(x)$ 的两种特殊变化趋势：其一是 $|f(x)|$

无限接近于 0; 其二是 $|f(x)|$ 无限变大(就是 $f(x)$ 无限增大或 $f(x)$ 无限减小)，(此时函数虽无极限，但有确定的变化趋势). 前者称为无穷小，后者称为无穷大.

1. 无穷小量

在讨论变量的极限时，经常遇到以零为极限的变量. 例如，数列 $\left\{\frac{1}{2^n}\right\}$ 当 $n\to\infty$ 时极限为 0；函数 $\frac{1}{x}$ 当 $x\to\infty$ 时，其极限也为 0；函数 $x-1$ 当 $x\to 1$ 时，其极限也为 0. 对于这些在自变量的某一变化过程中以零为极限的变量称为无穷小量. 下面给出定义：

（1）**定义 1.12** 如果函数 $f(x)$ 当 $x\to x_0$（或 $x\to\infty$）时的极限为零，那么称函数 $f(x)$ 为当 $x\to x_0$（或 $x\to\infty$）时的**无穷小量**（简称**无穷小**）.

例如，因为 $\lim\limits_{x\to\infty}\frac{1}{x}=0$，所以函数 $\frac{1}{x}$ 为当 $x\to\infty$ 时的无穷小；

因为 $\lim\limits_{x\to 1}(x-1)=0$，所以函数 $x-1$ 为当 $x\to 1$ 时的无穷小；

因为 $\lim\limits_{n\to\infty}\frac{1}{n+1}=0$，所以数列 $\left\{\frac{1}{n+1}\right\}$ 为当 $n\to\infty$ 时的无穷小.

注意：

1. 无穷小与一个很小的确定常数（如 10^{-24}）不能混为一谈.

2. 讨论无穷小时，要注意自变量的变化过程，$\lim\limits_{x\to 2}(x-2)^2=0$，$(x-2)^2$ 是 $x\to 2$ 时的无穷小，而当 $x\to 1$ 或 $x\to 0$ 时 $(x-2)^2$ 不是无穷小.

3. 因为 $f(x)\equiv 0$，其绝对值可以任意小，在自变量任何一个变化过程中，极限总为零，所以零可以作为无穷小唯一的常数. 即常数零在自变量任何一个变化过程中都是无穷小量，但无穷小量不是常数零.

（2）无穷小的代数性质

性质 1 有限个无穷小之和仍为无穷小量.

性质 2 有界变量与无穷小量的乘积为无穷小量.

推论 1 常数与无穷小之积为无穷小.

推论 2 有限个无穷小之积为无穷小.

特别地有：若 $f(x)\to 0$，则 $[f(x)]^n\to 0\quad(n\in\mathbf{N}^+)$.

例 1.19 求极限 $\lim\limits_{x\to\infty}\frac{\sin x}{x}$.

解
$$\lim_{x\to\infty}\frac{\sin x}{x}=\lim_{x\to\infty}\left(\frac{1}{x}\cdot\sin x\right)=0\quad\text{（由性质 2 可得）}.$$

（3）无穷小与函数极限的关系

定理 1.3 在自变量 x 的某一变化过程(指 $x\to x_0$，$x\to x_0^-$，$x\to x_0^+$ 或 $x\to\infty$，$x\to+\infty$，$x\to-\infty$）中，函数 $f(x)$ 具有极限 A 的充分必要条件是 $f(x)=A+\alpha$，

其中α是自变量x在同一变化过程中的无穷小.

2. 无穷大

与无穷小量相反，有一类函数在自变量的某一变化过程中绝对值可以无限增大. 我们首先讨论一下函数$y=\dfrac{1}{x-1}$当$x\to 1$时的变化趋势：

当x越来越接近于1时，$\left|\dfrac{1}{x-1}\right|$越变越大，当$x$无限接近于1的过程中，$\left|\dfrac{1}{x-1}\right|$可以任意变大，所谓"任意变大"是指它可以大过事先指定的任意大的正数.

定义 1.13 在自变量x的某一变化过程（指$x\to x_0$，$x\to x_0^-$，$x\to x_0^+$或$x\to\infty$，$x\to+\infty$，$x\to-\infty$）中，函数$f(x)$的绝对值无限增大，则称$f(x)$为在此变化过程中的**无穷大量**（简称**无穷大**）. 记作$\lim f(x)=\infty$，其中"lim"是简记符号，是前述极限过程.

注意：

1. 这里$\lim f(x)=\infty$只是沿用了极限符号，并不意味着变量$f(x)$的极限存在；
2. 无穷大∞不是数，不可与绝对值很大的常数（如10^{16}等）混为一谈；
3. 无穷大是指绝对值可以任意变大的一个变量.

例 1.20 下列变量中，哪个是无穷大，哪个是无穷小，为什么？

（1）$\tan x\left(x\to\dfrac{\pi}{2}\right)$；（2）$\dfrac{\sin x}{1+\cos x}(x\to 0)$；

（3）$\ln x(x\to 0^+)$；（4）$2^{\frac{1}{x}}(x\to 0)$.

解 （1）因为$\lim\limits_{x\to\frac{\pi}{2}}\tan x=\infty$，所以$\tan x$是$x\to\dfrac{\pi}{2}$时的无穷大；

（2）因为$\lim\limits_{x\to 0}\dfrac{\sin x}{1+\cos x}=0$，所以$\dfrac{\sin x}{1+\cos x}$是$x\to 0$时的无穷小；

（3）因为$\lim\limits_{x\to 0^+}\ln x=-\infty$，所以$\ln x$是$x\to 0^+$时的无穷大（负无穷大）；

（4）因为$\lim\limits_{x\to 0^+}2^{\frac{1}{x}}=+\infty$，$\lim\limits_{x\to 0^-}2^{\frac{1}{x}}=0$，所以$2^{\frac{1}{x}}$既不是$x\to 0^+$时的无穷大，又不是$x\to 0^-$时的无穷小.

3. 无穷小与无穷大的关系

对于函数$f(x)=x$与$\dfrac{1}{f(x)}=\dfrac{1}{x}$：

当$x\to\infty$时，$f(x)=x\to\infty$，$\dfrac{1}{f(x)}=\dfrac{1}{x}\to 0$；当$x\to 0$时，$f(x)=x\to 0$，$\dfrac{1}{f(x)}=\dfrac{1}{x}\to\infty$.

由此可得无穷小与无穷大之间的关系，即

定理 1.4 在自变量的某一变化过程中：

（1）若 $f(x)$ 为无穷大，则在同一变化过程中函数 $\dfrac{1}{f(x)}$ 为无穷小；

（2）若 $f(x)$ 为无穷小，且 $f(x)\neq 0$，则在同一变化过程中函数 $\dfrac{1}{f(x)}$ 为无穷大.

练习题 1.2

1．选择题

（1）下列数列收敛的有（　　）.

A．$\{(-2)^n\}$　　B．$\{(-1)^n\}$

C．$\left\{\left(\dfrac{2n-1}{2n+1}\right)\right\}$　　D．$\left\{(-1)^n\dfrac{n}{n+1}\right\}$

（2）数列 $\{x_n\}$ 收敛是数列有界的（　　）.

A．充要条件　　B．充分条件

C．必要条件　　D．无关条件

（3）函数 $f(x)$ 在 $x=x_0$ 处有定义，是 $x\to x_0$ 时 $f(x)$ 有极限的（　　）.

A．充要条件　　B．充分条件

C．必要条件　　D．无关条件

（4）$f(x_0-0)$ 与 $f(x_0+0)$ 都存在且相等是函数 $f(x)$ 在 $x=x_0$ 处有极限的（　　）.

A．充要条件　　B．充分条件

C．必要条件　　D．无关条件

（5）函数 $f(x)=x\sin\dfrac{1}{x}$ 在点 $x=0$ 处（　　）.

A．有定义且有极限　　B．无定义但有极限

C．有定义但无极限　　D．无定义且无极限

（6）下列函数在指定的变化过程中，（　　）是无穷小量.

A．$\dfrac{1}{\mathrm{e}^x}$, $(x\to\infty)$　　B．$\dfrac{\sin x}{x}$, $(x\to\infty)$

C．$\ln(1+x)$, $(x\to 1)$　　D．$\dfrac{\sqrt{x+1}-1}{x}$, $(x\to 0)$

2．设函数 $f(x)=\begin{cases}2x+1, & x\leqslant 0,\\ x^2+1, & x>0.\end{cases}$ 利用函数极限存在的充要条件，判断极限 $\lim\limits_{x\to 0}f(x)$ 是否存在.

3．在下列各题中，指出哪些是无穷小？哪些是无穷大？

（1）$2^{-x}(x \to +\infty)$；　　（2）$\dfrac{x+1}{x^2-4}(x \to 2)$；

（3）$\dfrac{\sin x}{x}(x \to \infty)$；　　（4）$\ln|x|(x \to 0)$．

1.3 极限的运算

1.3.1 极限的运算法则

利用极限的定义只能计算一些简单函数的极限，运用极限的四则运算法则可以解决一些较复杂函数的极限问题．

1．极限的四则运算法则

在下面的讨论中，记号“lim”下方没有标明自变量的变化过程，实际上，下面的定理对 $x \to x_0$ 及 $x \to \infty$ 都是成立的．

定理 1.5　设在自变量的某同一变化过程中 $\lim f(x) = A$，$\lim g(x) = B$，则

（1）$\lim[f(x) \pm g(x)] = \lim f(x) \pm \lim g(x) = A \pm B$；

（2）$\lim[f(x) \cdot g(x)] = \lim f(x) \cdot \lim g(x) = A \cdot B$；

（3）当 $B \neq 0$ 时，有 $\lim \dfrac{f(x)}{g(x)} = \dfrac{\lim f(x)}{\lim g(x)} = \dfrac{A}{B}$．

其中定理中的（1）、（2）和、差与积的运算可以推广到有限个具有极限的函数的情形．根据极限的四则运算法则，说明了“求极限”与“四则运算”的可换性，使用这些运算法则求极限时，应注意，参与运算的函数应为有限个，且各自的极限都存在．

推论　若 $\lim f(x) = A$，C 为常数，$n \in \mathbf{N}^+$，则

（1）$\lim[Cf(x)] = C\lim f(x) = CA$；

（2）$\lim[f(x)]^n = [\lim f(x)]^n = A^n$．

例 1.21　求 $\lim\limits_{x \to 1}(3x-1)$．

解　$\lim\limits_{x \to 1}(3x-1) = \lim\limits_{x \to 1} 3x - \lim\limits_{x \to 1} 1 = 3\lim\limits_{x \to 1} x - 1 = 3 \times 1 - 1 = 2$．

注：由极限的四则运算法则可知：求多项式函数 $P(x)$ 当 $x \to x_0$ 时的极限时，只要用 x_0 代替多项式中的 x，即

$$\lim_{x \to x_0} P(x) = P(x_0)\text{．}$$

例 1.22　求 $\lim\limits_{x \to 1} \dfrac{x^2-2}{x^2-x+1}$．

解 这里分母极限不为零，故

$$\lim_{x\to1}\frac{x^2-2}{x^2-x+1}=\frac{\lim\limits_{x\to1}(x^2-2)}{\lim\limits_{x\to1}(x^2-x+1)}=\frac{1-2}{1-1+1}=-1.$$

注：对于有理分式函数 $\frac{P(x)}{Q(x)}$（其中 $P(x)$，$Q(x)$ 为多项式），当分母 $Q(x)$ 在 $x\to x_0$ 时的极限 $Q(x_0)\neq0$ 时，根据商式的极限运算法则，就有

$$\lim_{x\to x_0}\frac{P(x)}{Q(x)}=\frac{\lim\limits_{x\to x_0}P(x)}{\lim\limits_{x\to x_0}Q(x)}=\frac{P(x_0)}{Q(x_0)}.$$

对于有理分式函数 $\frac{P(x)}{Q(x)}$（其中 $P(x)$，$Q(x)$ 为多项式），当分母 $Q(x)$ 在 $x\to x_0$ 时的极限 $Q(x_0)=0$ 时，商式的极限运算法则就不能用了，需要另外处理的方法，请看下面的例题.

例 1.23 求 $\lim\limits_{x\to4}\frac{(x-4)^2}{x^2-16}$.

解 当 $x\to4$ 时，分子和分母的极限均为零，于是分子和分母不能分别取极限. 这时由于**分子和分母中有公因子** $x-4$，由于 $x\neq4$，所以 $x-4\neq0$，可先**约去这个不为零的公因子**，再求极限得

$$\lim_{x\to4}\frac{(x-4)^2}{x^2-16}=\lim_{x\to4}\frac{x-4}{x+4}=\frac{4-4}{4+4}=0.$$

注：此题中，当 $x\to x_0$ 时，分子和分母的极限均为零，这说明分子与分母有公因子 $x-x_0$，此类题的解题方法是先**约去这个不为零的公因子** $x-x_0$，然后再求极限.

例 1.24 求 $\lim\limits_{x\to2}\frac{4x-1}{x-2}$.

解 当 $x\to2$ 时，分母的极限为零，而分子的极限不为零. 这时先求 $\lim\limits_{x\to2}\frac{x-2}{4x-1}=0$. 从而

$$\lim_{x\to2}\frac{4x-1}{x-2}=\infty.$$

注：此题中，当 $x\to x_0$ 时，分母的极限为零，而分子的极限不为零. 解题方法是：先求 $\lim\limits_{x\to x_0}\frac{Q(x)}{P(x)}=0$，从而 $\lim\limits_{x\to x_0}\frac{P(x)}{Q(x)}=\infty$.

上面几个例题是求有理分式函数在有限点处的极限，下面再看有理分式函数在无穷远处的极限.

例 1.25 求下列各极限：

（1）$\lim\limits_{x\to\infty}\dfrac{1-x-3x^3}{1+x^2+4x^3}$；（2）$\lim\limits_{x\to\infty}\dfrac{3x^2-2x-1}{x^3-x^2+2}$；

（3）$\lim\limits_{x\to\infty}\dfrac{2x^3+x^2-5}{x^2-3x+1}$.

解　（1）先**分子、分母同时除以** x^3，然后取极限，得

$$\lim_{x\to\infty}\frac{1-x-3x^3}{1+x^2+4x^3}=\lim_{x\to\infty}\frac{\frac{1}{x^3}-\frac{1}{x^2}-3}{\frac{1}{x^3}+\frac{1}{x}+4}=-\frac{3}{4}.$$

这是因为 $\lim\limits_{x\to\infty}\dfrac{1}{x^n}=\left(\lim\limits_{x\to\infty}\dfrac{1}{x}\right)^n=0$，其中 $n=1,2,3,\cdots$.

一般情形，$\lim\limits_{x\to\infty}\dfrac{a}{x^n}=a\lim\limits_{x\to\infty}\dfrac{1}{x^n}=a\left(\lim\limits_{x\to\infty}\dfrac{1}{x}\right)^n=0$，其中 a 为常数，n 为正整数.

（2）先**分子、分母同时除以** x^3，再求极限，得

$$\lim_{x\to\infty}\frac{3x^2-2x-1}{x^3-x^2+2}=\lim_{x\to\infty}\frac{\frac{3}{x}-\frac{2}{x^2}-\frac{3}{x^3}}{1-\frac{1}{x}+\frac{2}{x^3}}=\frac{0}{1}=0.$$

（3）先求 $\lim\limits_{x\to\infty}\dfrac{x^2-3x+1}{2x^3+x^2-5}$，类似于第（2）小题，分子、分母同时除以 x^3，得

$$\lim_{x\to\infty}\frac{\frac{1}{x}-\frac{3}{x^2}+\frac{1}{x^3}}{2+\frac{1}{x}-\frac{5}{x^3}}=\frac{0}{2}=0.$$

由上节**定理 1.4**，得原极限 $\lim\limits_{x\to\infty}\dfrac{2x^3+x^2-5}{x^2-3x+1}=\infty$.

一般情形，当 $a_0\neq 0$，$b_0\neq 0$，n，m 分别是有理分式的分母、分子的次数，有

$$\lim_{x\to\infty}\frac{a_0x^m+a_1x^{m-1}+\cdots+a_m}{b_0x^n+b_1x^{n-1}+\cdots+b_n}=\begin{cases}\dfrac{a_0}{b_0}, & 当m=n,\\ 0, & 当m<n,\\ \infty, & 当m>n.\end{cases}$$

例 1.26　求 $\lim\limits_{x\to 4}\dfrac{\sqrt{x}-2}{x-4}$.

解　因为分子、分母的极限都为 0，不能用商的极限运算法则求其极限. 将**分子有理化得**

$$\lim_{x\to 4}\frac{\sqrt{x}-2}{x-4}=\lim_{x\to 4}\frac{(\sqrt{x}-2)(\sqrt{x}+2)}{(x-4)(\sqrt{x}+2)}=\lim_{x\to 4}\frac{x-4}{(x-4)(\sqrt{x}+2)}=\lim_{x\to 4}\frac{1}{\sqrt{x}+2}=\frac{1}{4}.$$

2. 复合函数的极限法则

定理 1.6 设函数 $y=f(u)$ 与 $u=\varphi(x)$ 满足如下两个条件：

（1）当 $x\neq x_0$ 时，$\varphi(x)\neq a$，且 $\lim\limits_{x\to x_0}\varphi(x)=a$；

（2）$\lim\limits_{u\to a}f(u)=A$．

则复合函数 $f[\varphi(x)]$ 当 $x\to x_0$ 时的极限存在，且 $\lim\limits_{x\to x_0}f[\varphi(x)]=\lim\limits_{u\to a}f(u)=A$．

定理 1.6 表明：如果要计算复合函数 $f[\varphi(x)]$ 当 $x\to x_0$ 的极限即 $\lim\limits_{x\to x_0}f[\varphi(x)]$，可以先把复合函数分解成 $y=f(u)$，$u=\varphi(x)$，若函数 $f(u)$ 与 $\varphi(x)$ 满足定理的条件，应先求 $\lim\limits_{x\to x_0}\varphi(x)=a$，再求 $\lim\limits_{u\to a}f(u)$．综上而得极限 $\lim\limits_{x\to x_0}f[\varphi(x)]$．

定理 1.6 只给出了复合函数的自变量和中间变量在一种变化过程中的极限. 如果把条件（1）中的 $\lim\limits_{x\to x_0}\varphi(x)=a$ 换成 $\lim\limits_{x\to\infty}\varphi(x)=a$ 也可得类似结论. 如果把条件（1）中的 $\lim\limits_{x\to x_0}\varphi(x)=a$ 换成 $\lim\limits_{x\to x_0}\varphi(x)=\infty$ 或 $\lim\limits_{x\to\infty}\varphi(x)=\infty$，同时把条件（2）中的 $\lim\limits_{u\to a}f(u)=A$ 换成 $\lim\limits_{u\to\infty}f(u)=A$，可得类似的结论.

例 1.27 求 $\lim\limits_{x\to 2}\sqrt{\dfrac{x-2}{x^2-4}}$．

解 函数 $\sqrt{\dfrac{x-2}{x^2-4}}$ 是由 $y=\sqrt{u}$，$u=\varphi(x)=\dfrac{x-2}{x^2-4}$ 复合而成. 求本题极限时，先求 $\lim\limits_{x\to 2}\dfrac{x-2}{x^2-4}=\lim\limits_{x\to 2}\dfrac{1}{x+2}=\dfrac{1}{4}$，再求 $\lim\limits_{u\to\frac{1}{4}}\sqrt{u}=\dfrac{1}{2}$，于是

$$\lim_{x\to 2}\sqrt{\frac{x-2}{x^2-4}}=\frac{1}{2}.$$

1.3.2 极限存在准则与两个重要极限

利用极限运算法则，不难求有理函数及代数函数的极限，而对于一些超越函数如三角函数、反三角函数、指数函数、对数函数等的极限还是知之不多，为了扩大初等函数求极限的范围，下面介绍判定极限存在的两个充分性准则，作为应用准则的典型例子，将给出两个重要极限.

1. 夹逼准则

定理 1.7 设在 x_0 的某一去心邻域内，$g(x)\leqslant f(x)\leqslant h(x)$，且 $\lim\limits_{x\to x_0}g(x)=\lim\limits_{x\to x_0}h(x)=A$，则 $\lim\limits_{x\to x_0}f(x)=A$．

特别的，若数列 $\{x_n\}$、$\{y_n\}$、$\{z_n\}$ 满足 $y_n\leqslant x_n\leqslant z_n$，且 $\lim\limits_{n\to\infty}y_n=\lim\limits_{n\to\infty}z_n=a$，则 $\lim\limits_{n\to\infty}x_n=a$．

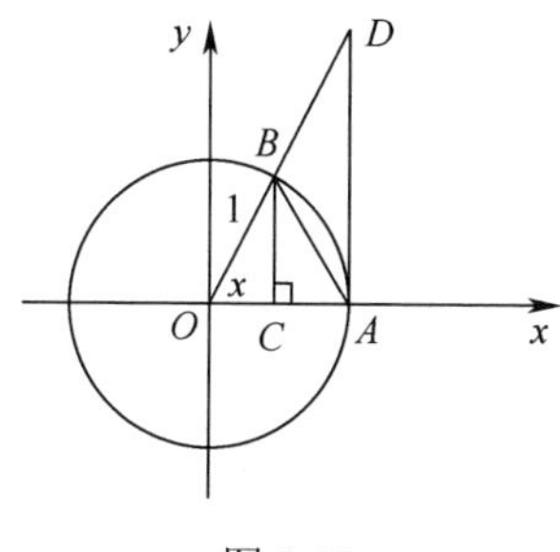

图 1-13

例 1.28 证明：$\lim\limits_{x\to 0}\frac{\sin x}{x}=1$（重要极限一）.

证明 因为是求极限 $\lim\limits_{x\to 0}\frac{\sin x}{x}$，所以只需要考虑当 x 在点 0 的某一个去心邻域内取值即可，不妨取 $U^0\left(0,\frac{\pi}{2}\right)$.

先考虑右邻域，设 $0<x<\frac{\pi}{2}$.

在图 1-13 所示的单位圆中，圆心角 $\angle AOB=x$，则有 $BC=\sin x$，$AD=\tan x$，$\overset{\frown}{AB}=x$，

由 $S_{\Delta AOB}<S_{扇形AOB}<S_{\Delta AOD}$，

故

$$\frac{1}{2}\sin x<\frac{1}{2}x<\frac{1}{2}\tan x.$$

上式每一项同除以 $\frac{1}{2}\sin x$，得

$$1<\frac{x}{\sin x}<\frac{1}{\cos x},$$

每一项取倒数，得

$$\cos x<\frac{\sin x}{x}<1.$$

再考虑左邻域，设 $-\frac{\pi}{2}<x<0$，则 $0<-x<\frac{\pi}{2}$. 由于 $\cos x$，$\frac{\sin x}{x}$，1 均为偶函数，故同样有 $\cos x<\frac{\sin x}{x}<1$.

综上所述，当 $x\in U^0\left(0,\frac{\pi}{2}\right)$ 时，都有 $\cos x<\frac{\sin x}{x}<1$.

又 $\lim\limits_{x\to 0}\cos x=\lim\limits_{x\to 0}1=1$，由夹逼准则，得

$$\lim_{x \to 0} \frac{\sin x}{x} = 1 .$$

一般的：重要极限一可以推广为：

若 $x \to x_0$（或 $x \to \infty$）时，$\varphi(x) \to 0$，则 $\lim\limits_{\substack{x \to x_0 \\ (x \to \infty)}} \dfrac{\sin \varphi(x)}{\varphi(x)} = 1$.

例 1.29 求极限 $\lim\limits_{x \to 0} \dfrac{\tan x}{x}$.

解 $\lim\limits_{x \to 0} \dfrac{\tan x}{x} = \lim\limits_{x \to 0} \dfrac{\sin x}{x} \cdot \dfrac{1}{\cos x} = \lim\limits_{x \to 0} \dfrac{\sin x}{x} \cdot \lim\limits_{x \to 0} \dfrac{1}{\cos x} = 1$.

例 1.30 求极限 $\lim\limits_{x \to 0} \dfrac{1 - \cos x}{x^2}$.

解 $\lim\limits_{x \to 0} \dfrac{1 - \cos x}{x^2} = \lim\limits_{x \to 0} \dfrac{2\sin^2 \dfrac{x}{2}}{4\left(\dfrac{x}{2}\right)^2} = \lim\limits_{x \to 0} \dfrac{1}{2}\left(\dfrac{\sin \dfrac{x}{2}}{\dfrac{x}{2}}\right)^2 = \dfrac{1}{2} \lim\limits_{x \to 0}\left(\dfrac{\sin \dfrac{x}{2}}{\dfrac{x}{2}}\right)^2 = \dfrac{1}{2}$.

例 1.31 求下列各极限：

（1）$\lim\limits_{x \to \infty} x \cdot \sin \dfrac{1}{x}$；（2）$\lim\limits_{x \to 2} \dfrac{\sin(x^2 - 4)}{x - 2}$；（3）$\lim\limits_{x \to \pi} \dfrac{\cos \dfrac{x}{2}}{x - \pi}$.

解 （1）$\lim\limits_{x \to \infty} x \cdot \sin \dfrac{1}{x} = \lim\limits_{x \to \infty} \dfrac{\sin \dfrac{1}{x}}{\dfrac{1}{x}} = 1$；

（2）$\lim\limits_{x \to 2} \dfrac{\sin(x^2 - 4)}{x - 2} = \lim\limits_{x \to 2} \dfrac{(x + 2)\sin(x^2 - 4)}{x^2 - 4} = \lim\limits_{x \to 2}(x + 2) \cdot \lim\limits_{x \to 2} \dfrac{\sin(x^2 - 4)}{x^2 - 4} = 4$；

（3）$\lim\limits_{x \to \pi} \dfrac{\cos \dfrac{x}{2}}{x - \pi} = \lim\limits_{x \to \pi} \dfrac{\sin\left(\dfrac{\pi}{2} - \dfrac{x}{2}\right)}{-2\left(\dfrac{\pi}{2} - \dfrac{x}{2}\right)} = -\dfrac{1}{2} \lim\limits_{x \to \pi} \dfrac{\sin\left(\dfrac{\pi}{2} - \dfrac{x}{2}\right)}{\dfrac{\pi}{2} - \dfrac{x}{2}} = -\dfrac{1}{2}$.

例 1.32 求极限 $\lim\limits_{x \to 0} x \sin \dfrac{1}{x}$.

解 因为当 $x \to 0$ 时，$\dfrac{1}{x}$ 的极限不等于 0，所以不能考虑用重要极限公式一. 而 $\sin \dfrac{1}{x}$ 是有界函数，当 $x \to 0$ 时，x 是无穷小量，根据有界变量与无穷小的乘积仍为无穷小，所以 $\lim\limits_{x \to 0} x \sin \dfrac{1}{x} = 0$.

2. 单调有界收敛准则

在数列极限部分讲过，收敛的数列必定有界，但有界的数列却未必收敛，因此，有界是数列收敛的必要条件而非充分条件，而下面的准则说明了：若一个数列不仅有界，而且是单调的（单调递增或单调递减），则该数列必收敛.

定理 1.8 若单调数列 $\{x_n\}$ 有界，则 $\lim\limits_{n\to\infty} x_n$ 一定存在.

证明略. 这个定理称为**单调有界收敛准则**，我们对其作如下几何解释：

不妨设数列 $\{x_n\}$ 是单调递增的，从数轴上看 x_n 只能向一个方向移动，所以只有两种可能的趋势：（1）点 x_n 沿数轴无限增大而移向无穷远，即 $x_n \to \infty$；（2）点 x_n 无限趋近于某一定点 A，即 x_n 趋于一个确定的常数 A. 若假定 $|x_n| \leqslant M(M>0)$，则第一种情形就不可能发生，那么必有（2）发生，即 $\{x_n\}$ 必有极限 A 且 $A \leqslant M$.

对于单调递减的数列，可作同样的解释.

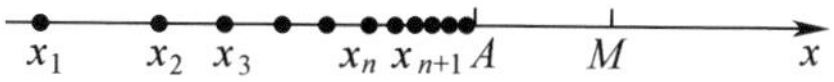

x_1 x_2 x_3 x_n x_{n+1} A M x

图 1-14

例 1.33 求 $\lim\limits_{n\to\infty}\left(1+\dfrac{1}{n}\right)^n$.

解 设 $x_n=\left(1+\dfrac{1}{n}\right)^n$，我们来证明数列 $\{x_n\}$ 单调增加并且有界. 按牛顿二项公式展开，有

$$
\begin{aligned}
x_n &= \left(1+\frac{1}{n}\right)^n \\
&= 1+\frac{n}{1!}\cdot\frac{1}{n}+\frac{n(n-1)}{2!}\cdot\frac{1}{n^2}+\frac{n(n-1)(n-2)}{3!}\cdot\frac{1}{n^3}+\cdots+\frac{n(n-1)\cdots(n-n+1)}{n!}\cdot\frac{1}{n^n} \\
&= 1+1+\frac{1}{2!}\left(1-\frac{1}{n}\right)+\frac{1}{3!}\left(1-\frac{1}{n}\right)\left(1-\frac{2}{n}\right)+\cdots+\frac{1}{n!}\left(1-\frac{1}{n}\right)\left(1-\frac{2}{n}\right)\cdots\left(1-\frac{n-1}{n}\right),
\end{aligned}
$$

类似的，

$$
\begin{aligned}
x_{n+1} &= \left(1+\frac{1}{n+1}\right)^{n+1} \\
&= 1+1+\frac{1}{2!}\left(1-\frac{1}{n+1}\right)+\frac{1}{3!}\left(1-\frac{1}{n+1}\right)\left(1-\frac{2}{n+1}\right)+\cdots+ \\
&\quad \frac{1}{n!}\left(1-\frac{1}{n+1}\right)\left(1-\frac{2}{n+1}\right)\cdots\left(1-\frac{n-1}{n+1}\right)+ \\
&\quad \frac{1}{(n+1)!}\left(1-\frac{1}{n+1}\right)\left(1-\frac{2}{n+1}\right)\cdots\left(1-\frac{n}{n+1}\right),
\end{aligned}
$$

比较 x_n，x_{n+1} 的展开式，可以看到除前两项外，x_n 的每一项都小于 x_{n+1} 的对应项，并且 x_{n+1} 还多了最后的一项，其值大于 0，因此

$$x_n < x_{n+1}.$$

这就说明数列 $\{x_n\}$ 是单调增加的，同时这个数列还是有界的. 因为，如果 x_n 的展开式中各项括号内的数用较大的数 1 代替，得

$$x_n < 1+1+\frac{1}{2!}+\frac{1}{3!}+\cdots+\frac{1}{n!} < 1+1+\frac{1}{2}+\frac{1}{2^2}+\cdots\frac{1}{2^{n-1}}$$

$$=1+\frac{1-\frac{1}{2^n}}{1-\frac{1}{2}}=3-\frac{1}{2^{n-1}}<3.$$

根据单调有界收敛准则，这个数列 $\{x_n\}$ 的极限存在，且极限值为 e. 即

$$\lim_{n\to\infty}\left(1+\frac{1}{n}\right)^n = \mathrm{e}.$$

这里 $\mathrm{e}=2.718\ 281\ 828\ 459\ 045\cdots$

可以证明，当 x 取实数而趋于 $+\infty$ 或 $-\infty$ 时，函数 $\left(1+\frac{1}{x}\right)^x$ 的极限都存在，且都等于 e.【证略】

综上，有重要极限二

$$\lim_{x\to\infty}\left(1+\frac{1}{x}\right)^x = \mathrm{e}.$$

一般的，重要极限二可以推广为

当 $x \to x_0$（或 $x\to\infty$）时，若 $u(x)\to 0$，则 $\lim\limits_{\substack{x\to x_0\\(x\to\infty)}}[1+u(x)]^{\frac{1}{u(x)}}=\mathrm{e}$.

例 1.34 求极限 $\lim\limits_{x\to\infty}\left(1+\frac{3}{x}\right)^x$.

解 $\lim\limits_{x\to\infty}\left(1+\frac{3}{x}\right)^x=\lim\limits_{x\to\infty}\left(1+\frac{3}{x}\right)^{\frac{x}{3}\cdot 3}=\lim\limits_{x\to\infty}\left[\left(1+\frac{3}{x}\right)^{\frac{x}{3}}\right]^3=\left[\lim\limits_{x\to\infty}\left(1+\frac{3}{x}\right)^{\frac{x}{3}}\right]^3=\mathrm{e}^3$.

例 1.35 求极限 $\lim\limits_{x\to\infty}\left(1-\frac{1}{x}\right)^x$.

解 $\lim\limits_{x\to\infty}\left(1-\frac{1}{x}\right)^x=\lim\limits_{x\to\infty}\left(1+\frac{1}{-x}\right)^{-x\cdot(-1)}=\lim\limits_{x\to\infty}\left[\left(1+\frac{1}{-x}\right)^{-x\cdot}\right]^{-1}=\mathrm{e}^{-1}$.

例 1.36 求极限 $\lim\limits_{x\to\infty}\left(\frac{x+3}{x-1}\right)^{x+1}$.

解

$$
\begin{aligned}
\lim_{x\to\infty}\left(\frac{x+3}{x-1}\right)^{x+1} &= \lim_{x\to\infty}\left(\frac{x-1+4}{x-1}\right)^{x+1} = \lim_{x\to\infty}\left(1+\frac{4}{x-1}\right)^{\left(\frac{x-1}{4}\cdot 4+2\right)} \\
&= \lim_{x\to\infty}\left[\left(1+\frac{4}{x-1}\right)^{\left(\frac{x-1}{4}\cdot 4\right)}\cdot\left(1+\frac{4}{x-1}\right)^{2}\right] \\
&= \lim_{x\to\infty}\left(1+\frac{4}{x-1}\right)^{\left(\frac{x-1}{4}\cdot 4\right)}\cdot\lim_{x\to\infty}\left(1+\frac{4}{x-1}\right)^{2} \\
&= \left[\lim_{x\to\infty}\left(1+\frac{4}{x-1}\right)^{\left(\frac{x-1}{4}\right)}\right]^{4} . \lim_{x\to\infty}\left(1+\frac{4}{x-1}\right)^{2} \\
&= \mathrm{e}^{4} . 1 = \mathrm{e}^{4} .
\end{aligned}
$$

例 1.37 求极限 $\lim\limits_{x\to 0}\sqrt[x]{1-2x}$.

解 $\lim\limits_{x\to 0}\sqrt[x]{1-2x} = \lim\limits_{x\to 0}(1-2x)^{\frac{1}{x}} = \lim\limits_{x\to 0}[1+(-2x)]^{-\frac{1}{2x}}]^{-2} = \mathrm{e}^{-2}$.

1.3.3 无穷小的比较

前面已说明了两个无穷小的和、差、积仍为无穷小．然而，两个无穷小之商的情形比较复杂．如：

$$
\lim_{x\to 0}\frac{\sin x}{x}=1 ,\quad \lim_{x\to 0}\frac{1-\cos x}{x^2}=\frac{1}{2} ,\quad \lim_{x\to 0}\frac{x}{x^2}=\infty ,\quad \lim_{x\to 0}\frac{x^2}{x}=0 .
$$

由此可见，在自变量的同一变化过程中，两个无穷小的商的极限，有不同的结果，通常称这种极限为“$\frac{0}{0}$”**型未定式极限**．未定式极限各不相同，反应了作为分子和分母两个无穷小趋于零的“快慢”程度的不同．

比较两个无穷小在自变量的同一变化过程中趋于零的“速度”是很有意义的，并能为处理未定式极限问题带来一些具体方法．

1．无穷小的比较

设 α 和 β 是在自变量的同一变化过程中的无穷小，即 $\lim\alpha=0$ ，$\lim\beta=0$ 且 $\alpha\neq 0$ ，则在该变化过程中：

（1）如果 $\lim\frac{\beta}{\alpha}=0$ ，就说 β 是比 α 高阶的无穷小，记作 $\beta=o(\alpha)$ ，在 $\beta\neq 0$ 时，也说 α 是比 β 低阶的无穷小；

（2）如果 $\lim\frac{\beta}{\alpha}=C(C\neq 0)$ 就说 β 与 α 是同阶无穷小；

（3）如果$\lim\frac{\beta}{\alpha}=1$，就说$\beta$与$\alpha$是等价无穷小，记作$\alpha\sim\beta$或$\beta\sim\alpha$.

等价无穷小是同阶无穷小的特殊情形，即$C=1$的情形.

例如，（1）因为$\lim\limits_{x\to0}\frac{x^2}{2x}=0$，所以当$x\to0$时，$x^2$是比$2x$高阶的无穷小，即$x^2=o(2x)(x\to0)$或者说当$x\to0$时，$2x$是比$x^2$低阶的无穷小；

（2）当$x\to1$时，$\lim\limits_{x\to1}\frac{x^2-1}{x^2-3x+2}=\lim\limits_{x\to1}\frac{(x-1)(x+1)}{(x-1)(x-2)}=-2$，所以，当$x\to1$时，$x^2-1$与$x^2-3x+2$是同阶无穷小；

（3）因为$\lim\limits_{x\to0}\frac{\sin x^2}{x^2}=1$，所以当$x\to0$时，$\sin x^2$和$x^2$是等价无穷小，即$\sin x^2\sim x^2(x\to0)$.

下面给出几个常用的等价无穷小.

（1）当$x\to0$时，

$$\sin x\sim\tan x\sim\arcsin x\sim\arctan x\sim\ln(1+x)\sim\mathrm{e}^x-1\sim x,$$

$$1-\cos x\sim\frac{1}{2}x^2,\quad a^x-1\sim x\ln a,\quad (1+x)^{\mu}-1\sim\mu x(\mu\neq0).$$

（2）当$x\to x_0$（或$x\to\infty$）时，若$\varphi(x)\to0$，（1）中x的地方，可以换成$\varphi(x)$.

2. 等价无穷小的性质

定理 1.9 （等价无穷小的替换原理） 若在自变量的同一变化过程中，$\alpha,\alpha',\beta,\beta'$都是无穷小，且$\alpha\sim\alpha',\beta\sim\beta'$，如果$\lim\frac{\beta'}{\alpha'}$存在，则$\lim\frac{\beta}{\alpha}=\lim\frac{\beta'}{\alpha'}$.

证明 $\lim\frac{\beta}{\alpha}=\lim\left(\frac{\beta}{\beta'}\cdot\frac{\beta'}{\alpha'}\cdot\frac{\alpha'}{\alpha}\right)=\lim\frac{\beta}{\beta'}\cdot\lim\frac{\beta'}{\alpha'}\cdot\lim\frac{\alpha'}{\alpha}=\lim\frac{\beta'}{\alpha'}$.

例如，当$x\to0$时，$\sin mx\sim mx,\tan nx\sim nx,(mn\neq0)$. 所以有

$$\lim_{x\to0}\frac{\sin mx}{\tan nx}=\lim_{x\to0}\frac{mx}{nx}=\frac{m}{n}\quad(mn\neq0).$$

例 1.38 求极限$\lim\limits_{x\to0}\frac{\tan x-\sin x}{x^3}$.

解
$$\lim_{x\to0}\frac{\tan x-\sin x}{x^3}=\lim_{x\to0}\frac{\sin x(1-\cos x)}{x^3\cos x}=\lim_{x\to0}\left(\frac{\sin x}{x}\frac{1-\cos x}{x^2}\frac{1}{\cos x}\right)$$
$$=\lim_{x\to0}\frac{\sin x}{x}\lim_{x\to0}\frac{1-\cos x}{x^2}\lim_{x\to0}\frac{1}{\cos x}=\frac{1}{2}\lim_{x\to0}\frac{x^2}{x^2}=\frac{1}{2}.$$

也可以按下面方法计算:

因为当$x\to0$时，$\tan x\sim x,1-\cos x\sim\frac{1}{2}x^2$.

所以 $\tan x-\sin x=\tan x(1-\cos x)\sim\frac{1}{2}x^3$.

因此 $\lim\limits_{x\to0}\frac{\tan x-\sin x}{x^3}=\frac{1}{2}\lim\limits_{x\to0}\frac{x^3}{x^3}=\frac{1}{2}$.

但是下式的计算却是错误的，

$\lim\limits_{x\to0}\frac{\tan x-\sin x}{x^3}=\lim\limits_{x\to0}\frac{x-x}{x^3}=0$，因为 $\tan x-\sin x$ 与 $x-x$ 不是等价无穷小.

上例表明：在极限的计算中用同分子、分母（或分子、分母的某个因子）等价的无穷小进行替换可简化运算，因此，运用定理 1.9 是极限计算中常用到的方法.

练习题 1.3

1．计算下列各极限：

（1）$\lim\limits_{x\to3}\frac{x^2-9}{x-3}$；（2）$\lim\limits_{x\to\infty}\frac{x+1}{x^3-x+1}$；

（3）$\lim\limits_{x\to\infty}\frac{x^2+1}{2x^2-1}$；（4）$\lim\limits_{x\to0}\left(\frac{\sin x}{1+\cos x}\right)^n$；

（5）$\lim\limits_{x\to\infty}\frac{(x-1)^{10}(2x+3)^5}{12(x-2)^{15}}$；（6）$\lim\limits_{x\to0}\frac{\sqrt{1+x}-1}{x}$.

2．利用重要极限一求下列极限：

（1）$\lim\limits_{x\to0}\frac{\sin 2x}{x}$；（2）$\lim\limits_{x\to0}\frac{\sin 3x}{\tan x}$；

（3）$\lim\limits_{x\to\frac{\pi}{2}}\frac{\cos x}{x-\frac{\pi}{2}}$；（4）$\lim\limits_{x\to a}\frac{\sin^2 x-\sin^2 a}{x-a}$（$a$ 为常数）.

3．利用重要极限二求下列极限：

（1）$\lim\limits_{x\to\infty}\left(1-\frac{2}{x}\right)^x$；（2）$\lim\limits_{x\to0}(1+\tan x)^{\cot x}$；

（3）$\lim\limits_{x\to0}\left(\frac{1+x}{1-x}\right)^{\frac{1}{x}}$；（4）$\lim\limits_{x\to0}(1+3x)^{\frac{1}{x}}$.

4．利用等价无穷小的性质计算下列极限：

（1）$\lim\limits_{x\to0}\frac{\sin(x^3)}{(\sin x)^2}$；（2）$\lim\limits_{x\to0}\frac{\tan x-\sin x}{\ln(1+x^3)}$.

1.4 函数的连续性与间断点

1.4.1 函数的连续性

现实世界中许多连续变化着的现象，如一天中气温的变化、河水的流动、一个人的容颜随时间的变化而慢慢变老、一个孩子的身高随时间的变化而慢慢增高、金属丝受热长度的变化等，通常情况下，我们把不突然或不显著的变化认为是连续变化，这些现象反映到函数关系上就是函数的连续性．连续函数是微积分中研究的主要对象，微积分中许多问题的解决都将借助于函数的连续性．

为了刻画函数的连续性，我们先引入改变量（增量）的概念．

设函数 $y=f(x)$ 在点 x_0 的某邻域内有定义，当自变量由 x_0 变到 $x_0+\Delta x$ 时，相应的函数值由 $f(x_0)$ 变到 $f(x_0+\Delta x)$，称 Δx 为自变量在点 x_0 处的改变量（增量），而 $\Delta y=f(x_0+\Delta x)-f(x_0)$ 称为函数相应的改变量．记作 Δy．

应该注意：这里的 Δx，Δy 分别表示自变量的增量和函数的增量，可能取正也可能取负．

1．*函数在一点处的连续性*

所谓不突然改变，就是逐渐变化，也就是说，当自变量的改变量很微小时，函数的改变量也很微小；当自变量的改变量趋于 0 时，函数的改变量是无穷小．

定义 1.14　设函数 $y=f(x)$ 在点 x_0 的某邻域内有定义，若当自变量的改变量 $\Delta x\to 0$ 时，函数相应的改变量 $\Delta y\to 0$，即 $\lim\limits_{\Delta x\to 0}\Delta y=0$，则称**函数 $y=f(x)$ 在点 x_0 处连续**．

此定义揭示了函数连续的本质问题．

例 1.39　证明函数 $y=x^2$ 在点 x_0 处连续．

证明　当自变量 x 在 x_0 处的改变量为 Δx 时，函数 $y=x^2$ 对应的改变量为

$$\Delta y=(x_0+\Delta x)^2-{x_0}^2=2x_0\Delta x+(\Delta x)^2,$$

$$\lim_{\Delta x\to 0}\Delta y=\lim_{\Delta x\to 0}[2x_0\Delta x+(\Delta x)^2]=0.$$

所以 $y=x^2$ 在点 x_0 处连续．

在定义中若令 $x=x_0+\Delta x$，则 $\Delta x\to 0$，就是 $x\to x_0$；$\Delta y\to 0$，就是 $f(x)\to f(x_0)$，因此，$\lim\limits_{\Delta x\to 0}\Delta y=0$ 与 $\lim\limits_{x\to x_0}f(x)=f(x_0)$ 等价．所以函数 $y=f(x)$ 在点 x_0 处连续也可以叙述如下：

定义 1.15　设函数 $y=f(x)$ 在点 x_0 的某邻域内有定义，若 $f(x)$ 在点 x_0 的极限存在且等于它在点 x_0 处的函数值，即 $\lim\limits_{x\to x_0}f(x)=f(x_0)$，则称**函数 $y=f(x)$ 在点 x_0 处连续**．

由定义 1.15 得函数 $y=f(x)$ 在点 x_0 处连续的三要素:

（1）函数 $y=f(x)$ 在点 x_0 的某邻域内有定义；

（2）$\lim\limits_{x\to x_0} f(x)$ 存在；

（3）$\lim\limits_{x\to x_0} f(x)=f(x_0)$.

以上三个条件只要缺一个，函数在点 x_0 处就不连续．我们称不连续的点为函数的间断点.

例 1.40　讨论函数

$$f(x)=\begin{cases}2+x, & x<0,\\ 0, & x=0,\\ 3-\cos x, & x>0.\end{cases}$$

在 $x=0$ 处的连续性.

分析　按照函数 $y=f(x)$ 在点 x_0 处连续的三要素来一一对照，判断函数 $y=f(x)$ 在点 $x=0$ 处的连续性.

解　显然函数在点 $x=0$ 的某邻域内有定义，且 $f(0)=0$.

由于讨论的是分段函数在分段点处的连续性问题，必须求分段函数在分段点处的极限，因此要求分段函数在分段点处的左右极限.

由于 $\lim\limits_{x\to 0^-} f(x)=\lim\limits_{x\to 0^-}(2+x)=2$ ，$\lim\limits_{x\to 0^+} f(x)=\lim\limits_{x\to 0^+}(3-\cos x)=2$ ，所以 $\lim\limits_{x\to 0} f(x)=2$.

但 $\lim\limits_{x\to 0} f(x)\neq f(0)$. 故 $f(x)$ 在点 $x=0$ 处不连续.

例 1.41　讨论函数

$$f(x)=\begin{cases}x, & x\geqslant 0,\\ -x, & x<0.\end{cases}$$

在点 $x=0$ 处的连续性.

解　显然函数在点 $x=0$ 的某邻域内有定义，且 $f(0)=0$.

由于 $\lim\limits_{x\to 0^-} f(x)=\lim\limits_{x\to 0^-}(-x)=0$ ，$\lim\limits_{x\to 0^+} f(x)=\lim\limits_{x\to 0^+} x=0$ ，所以 $\lim\limits_{x\to 0} f(x)=0$.

故有 $\lim\limits_{x\to 0} f(x)=f(0)$. 所以 $f(x)$ 在点 $x=0$ 处连续.

例 1.42　讨论函数

$$f(x)=\begin{cases}x\sin\dfrac{1}{x}, & x\neq 0,\\ 0, & x=0.\end{cases}$$

在点 $x=0$ 处的连续性.

解　显然函数在点 $x=0$ 的某邻域内有定义，且 $f(0)=0$.

由于 $\lim\limits_{x\to 0} f(x)=\lim\limits_{x\to 0} x\sin\dfrac{1}{x}=0$ ，于是有 $\lim\limits_{x\to 0} f(x)=f(0)$. 所以 $f(x)$ 在点 $x=0$ 处

连续.

思考：判断在某点处的连续性，是否都需要分左右极限考虑呢？若不是分段函数，有没有必要分左右极限计算呢？

不难验证：**基本初等函数、多项式函数 $P(x)$ 及有理分式函数 $R(x)=\dfrac{P(x)}{Q(x)}$ 在其定义区间内的任何点处都连续**.

2. 函数在区间上的连续性

定义 1.16 若函数 $f(x)$ 在区间 I 上每一点处都连续，则称函数 $f(x)$ 在区间 I 上连续，或称函数 $f(x)$ 为区间 I 上的连续函数.

如果区间 I 包括端点，则函数 $f(x)$ 在端点连续是指在该点单侧连续，也就是说，函数 $f(x)$ 在右端点连续是指在该点左连续，在左端点连续是指在该点右连续.

例如，已证明函数 $f(x)=x^2$ 在点 $x_0\in(-\infty,+\infty)$ 处连续，由 x_0 的任意性知，函数 $f(x)=x^2$ 在区间 $(-\infty,+\infty)$ 上连续.

又如，不难证明函数 $f(x)=\sqrt{x}$ 在区间 $[0,+\infty)$ 上连续，由于 $\lim\limits_{x\to 0^+}\sqrt{x}=f(0)=0$，即函数 $f(x)=\sqrt{x}$ 在 $x=0$ 处右连续，因此，函数 $f(x)=\sqrt{x}$ 在区间 $[0,+\infty)$ 上连续.

我们不难得到，**所有的基本初等函数在其有定义的区间上都是连续函数**.

连续函数的几何意义：若函数 $f(x)$ 在区间 I 上连续，则函数 $f(x)$ 在区间 I 上的图形是一条连续而不间断的曲线.

例 1.43 讨论函数 $y=\sin x$ 的连续性.

解 对任一 $x_0\in(-\infty,+\infty)$，$\Delta y=\sin(x_0+\Delta x)-\sin x_0=2\cos\left(x_0+\dfrac{\Delta x}{2}\right)\sin\dfrac{\Delta x}{2}$，

因为 $\left|\cos\left(x_0+\dfrac{\Delta x}{2}\right)\right|\leqslant 1$ 有界，且 $\lim\limits_{\Delta x\to 0}\sin\dfrac{\Delta x}{2}=0$，所以 $\lim\limits_{\Delta x\to 0}\Delta y=0$.

因此 $y=\sin x$ 在点 x_0 处连续，由于 x_0 的任意性，故 $y=\sin x$ 在 $(-\infty,+\infty)$ 内连续.

例 1.44 讨论函数

$$f(x)=\begin{cases} x, & 0\leqslant x<1, \\ x-1, & 1\leqslant x<2, \\ 0, & x=2. \end{cases}$$

的连续性.

解 因为 $\lim\limits_{x\to 0^+}f(x)=\lim\limits_{x\to 0^+}x=0=f(0)$；

$\lim\limits_{x\to 1^-}f(x)=\lim\limits_{x\to 1^-}x=1$，$\lim\limits_{x\to 1^+}f(x)=\lim\limits_{x\to 1^+}(x-1)=0$；

$\lim\limits_{x\to 2^-}f(x)=\lim\limits_{x\to 2^-}(x-1)=1$，$f(2)=0$；

所以函数 $f(x)$ 在 $x=0$ 右连续，在 $x=1$，$x=2$ 处均不连续，即函数 $f(x)$ 在区间 $[0,1)$ 和区间 $(1,2)$ 内连续.

1.4.2 函数的间断点及其类型

1. 间断点的概念

定义 1.17 若函数 $y=f(x)$ 在点 x_0 处不连续，则说函数 $f(x)$ 在点 x_0 处间断，并称点 x_0 为函数 $f(x)$ 的一个**间断点**或**不连续点**.

由函数连续的定义可知，函数 $f(x)$ 在点 x_0 处间断必有下列三种情形之一：

（1）在 $x=x_0$ 点无定义，而在 x_0 的去心邻域内有定义；

（2）虽在 $x=x_0$ 处有定义，但 $\lim\limits_{x\to x_0} f(x)$ 不存在；

（3）虽在 $x=x_0$ 处有定义，且 $\lim\limits_{x\to x_0} f(x)$ 存在，但 $\lim\limits_{x\to x_0} f(x)\neq f(x_0)$，

则称点 x_0 为函数 $f(x)$ 的一个间断点或不连续点.

2. 间断点的分类

根据间断点的情形，将间断点分为两类：

第一类间断点：$f(x_0^-)$，$f(x_0^+)$ 都存在，而 x_0 为间断点；

第二类间断点：$f(x_0^-)$，$f(x_0^+)$ 中至少有一个不存在.

在第一类间断点中，若 $f(x_0^-)=f(x_0^+)$，即 $\lim\limits_{x\to x_0} f(x)$ 存在，则函数 $f(x)$ 在 x_0 处间断的原因，或者是函数 $f(x)$ 在 x_0 处无定义，或者是函数 $f(x)$ 在 x_0 处有定义但 $\lim\limits_{x\to x_0} f(x)\neq f(x_0)$. 对于这两种情形，通过补充或改变函数 $f(x)$ 在 x_0 处的定义，令 $f(x_0)=\lim\limits_{x\to x_0} f(x)$，可使函数 $f(x)$ 在 x_0 处连续，因此，称这种间断点 x_0 为函数 $f(x)$ 的**可去间断点**；若 $f(x_0^-)\neq f(x_0^+)$，称这种间断点 x_0 为函数 $f(x)$ 的**跳跃间断点**.

例如，$f(x)=\dfrac{\sin x}{x}$，因为 $\lim\limits_{x\to 0}\dfrac{\sin x}{x}=1$，所以 $x=0$ 为 $f(x)=\dfrac{\sin x}{x}$ 的可去间断点. 若补充 $f(0)=1$，则补充后的函数在 $x=0$ 处连续.

再如，$f(x)=\dfrac{|x|}{x}=\begin{cases}-1, & x<0\\ 1, & x>0\end{cases}$，因为 $\lim\limits_{x\to 0^-} f(x)=-1$，$\lim\limits_{x\to 0^+} f(x)=1$，所以 $x=0$ 为跳跃间断点.

例 1.45 讨论函数 $f(x)=\dfrac{1}{x-1}-\dfrac{2}{x^2-1}$ 的间断点类型.

解 如图 1-15 所示，$f(x)=\dfrac{1}{x-1}-\dfrac{2}{x^2-1}=\dfrac{x-1}{x^2-1}$.

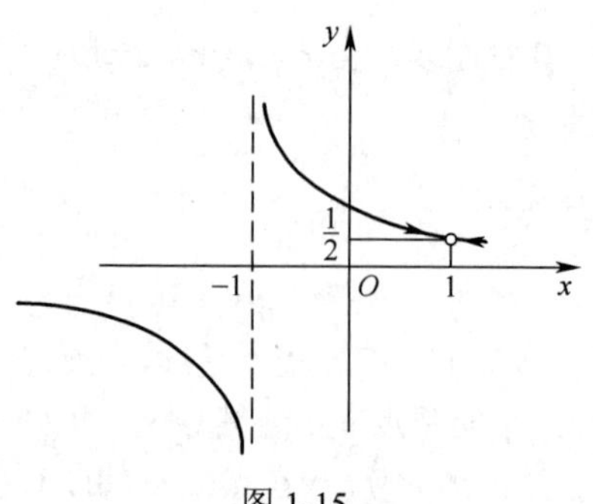

图 1-15

显然，当 $x=\pm1$ 时，$f(x)$ 无定义，故为间断点.

在 $x=-1$ 处，$\lim\limits_{x\to-1} f(x)=\lim\limits_{x\to-1}\dfrac{1}{x+1}=\infty$；

在 $x=1$ 处，$\lim\limits_{x\to1} f(x)=\lim\limits_{x\to1}\dfrac{1}{x+1}=\dfrac{1}{2}$.

故 $x=-1$ 为第二类间断点（**无穷间断点**）；$x=1$ 为可去间断点.

例 1.46 设函数 $f(x)=\begin{cases} x\sin\dfrac{1}{x}, & x<0, \\ 0, & x=0, \\ \sin\dfrac{1}{x}, & x>0. \end{cases}$ 求其间断点并判断类型.

解 $\lim\limits_{x\to0^-} f(x)=\lim\limits_{x\to0^-} x\sin\dfrac{1}{x}=0$，

$\lim\limits_{x\to0^+} f(x)=\lim\limits_{x\to0^+}\sin\dfrac{1}{x}$ 不存在.

所以 $x=0$ 为 $f(x)$ 的第二类间断点（**振荡间断点**）.

1.4.3 初等函数的连续性

由函数的连续性定义可知，如果求函数在连续点处的极限值，只要求出该点处的函数值即可. 这为我们求连续函数在其定义域中某一点的极限提供了一种极其简单的方法. 如果我们能够说明初等函数在其定义区间内的任一点处都连续（或者说初等函数是其定义区间内的连续函数），那么求初等函数定义区间内任一点处的极限，都可以通过求函数值来实现.

已知基本初等函数在其定义域内是连续函数，若能证明连续函数的和、差、积、商仍为连续函数，多个连续函数复合之后仍为连续函数，根据初等函数的构成，就可以说明初等函数在其定义区间内是连续函数.

1. 连续函数的四则运算

定理 1.10 两个连续函数的和、差、积、商（分母不为 0）也为连续函数.

证明 这里仅证明和的情形，其他情形读者可以自行证明.

不妨设函数 $f(x)$ 和 $g(x)$ 在 $x=x_0$ 处连续，则 $\lim\limits_{x\to x_0} f(x)=f(x_0)$，$\lim\limits_{x\to x_0} g(x)=g(x_0)$，令 $F(x)=f(x)+g(x)$，根据极限的运算准则有

$$\lim_{x\to x_0} F(x)=\lim_{x\to x_0}[f(x)+g(x)]=\lim_{x\to x_0} f(x)+\lim_{x\to x_0} g(x)=f(x_0)+g(x_0)=F(x_0).$$

这就证明了函数 $F(x)=f(x)+g(x)$ 在 $x=x_0$ 处连续.

利用归纳法，可以证明**定理 1.10** 对于任意有限个函数的情形，结论同样成立.

2. 反函数的连续性

定理 1.11 若函数 $y=f(x)$ 在某区间上单调增加（或减小）且连续，则其反函数 $x=\varphi(y)$ 在相应的区间上单调增加（或减小）且连续.（证明略）

例如，三角函数 $y=\sin x$ 在 $\left[-\dfrac{\pi}{2},\dfrac{\pi}{2}\right]$ 上单调增加且连续，则其反函数 $y=\arcsin x$ 在对应区间 $[-1,1]$ 上也是单调增加且连续.

同样可得：反三角函数 $y=\arccos x$，$y=\arctan x$，$y=\operatorname{arccot} x$ 在其定义域内都是单调连续的.

3. 复合函数的连续性

定理 1.12 设函数 $u=\varphi(x)$ 在点 x_0 处连续，函数 $y=f(u)$ 在 $u_0=\varphi(x_0)$ 处连续，则复合函数 $y=f[\varphi(x)]$ 在点 x_0 处连续.

证明 由于函数 $u=\varphi(x)$ 在点 x_0 处连续，函数 $y=f(u)$ 在 $u_0=\varphi(x_0)$ 处连续，所以 $u_0=\varphi(x_0)=\lim\limits_{x\to x_0}\varphi(x)$，$\lim\limits_{u\to u_0} f(u)=f(u_0)$，于是得

$$\lim_{x\to x_0} f[\varphi(x)]=\lim_{u\to u_0} f(u)=f(u_0)=f[\varphi(x_0)],$$

因此，复合函数 $y=f[\varphi(x)]$ 在点 x_0 处连续.

我们把式子 $\lim\limits_{x\to x_0} f[\varphi(x)]=\lim\limits_{u\to u_0} f(u)=f(u_0)=f[\varphi(x_0)]$ 改写为

$$\lim_{x\to x_0} f[\varphi(x)]=f[\lim_{x\to x_0}\varphi(x)].$$

上式说明在求由两个连续函数复合而成的复合函数的极限时，函数符号“f”与极限符号“lim”可以交换次序，这一结果可以推广到连续函数多次复合的情形.

4. 初等函数的连续性

由基本初等函数的连续性和上述定理得：**初等函数在其定义区间内总是连续的**. 因而求初等函数定义区间内任一点处的极限值，只需求出该点处的函数值即可.

例 1.47 求极限 $\lim\limits_{x\to\frac{\pi}{2}}\ln\sin x$.

解 $\lim\limits_{x\to\frac{\pi}{2}}\ln\sin x=\ln\lim\limits_{x\to\frac{\pi}{2}}\sin x=\ln 1=0$.

例 1.48 求极限 $\lim\limits_{x\to 0}\dfrac{\sqrt{1+x^2}-1}{x}$.

解 $\lim\limits_{x\to 0}\dfrac{\sqrt{1+x^2}-1}{x}=\lim\limits_{x\to 0}\dfrac{(\sqrt{1+x^2}-1)(\sqrt{1+x^2}+1)}{x(\sqrt{1+x^2}+1)}=\lim\limits_{x\to 0}\dfrac{x}{(\sqrt{1+x^2}+1)}=0$.

1.4.4 闭区间上连续函数的性质

闭区间上的连续函数具有一些重要的性质，这些性质是我们今后用于分析和论证某些问题的重要依据．下面我们不加证明地给出这些性质．

1．最值定理

定理 1.13（最值定理） 闭区间上的连续函数必有最大值和最小值．即若函数 $f(x)$ 在闭区间 $[a,b]$ 上连续，则必存在 $x_1,x_2\in[a,b]$，对于任意的 $x\in[a,b]$，恒有 $f(x_1)\leqslant f(x)\leqslant f(x_2)$，其中 $f(x_1)$ 是函数 $f(x)$ 的最小值，$f(x_2)$ 是函数 $f(x)$ 的最大值．

推论 1 闭区间上的连续函数一定在该区间上有界．

2．介值定理

定理 1.14（介值定理） 若函数 $f(x)$ 在闭区间 $[a,b]$ 上连续，$f(a)\neq f(b)$，μ 是介于 $f(a)$ 与 $f(b)$ 之间的任意值，则在 (a,b) 内至少有一点 ξ，使得 $f(\xi)=\mu$．

如图 1-16 所示，介值定理的几何意义为：介于直线 $y=f(a)$ 与 $y=f(b)$ 之间的任一直线 $y=\mu$（μ 为常数）与连续曲线 $y=f(x)$ 至少交于一点．

推论 2 闭区间上的连续函数必取得最大值与最小值之间的任何值．

推论 3（零点定理） 若函数 $f(x)$ 在闭区间 $[a,b]$ 上连续，且 $f(a)\cdot f(b)<0$，则至少存在一点 $\xi\in(a,\ b)$，使 $f(\xi)=0$（即 ξ 是 $f(x)$ 的零点或 ξ 是方程 $f(x)=0$ 的根）．

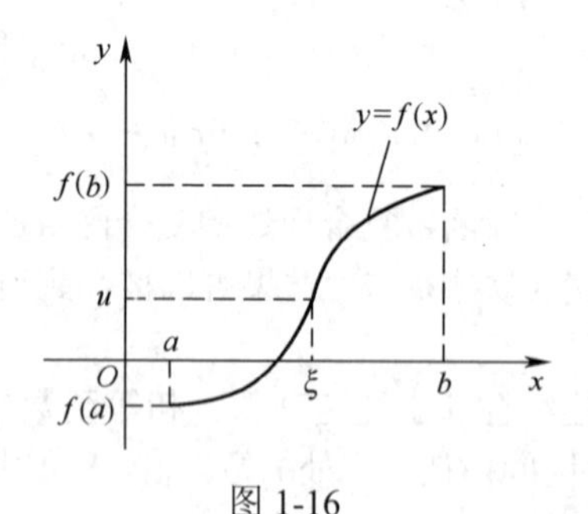

图 1-16

例 1.49 试证：方程 $x^3-4x^2+1=0$ 在区间 $(0,1)$ 内至少有一实根．

证明 设函数 $f(x)=x^3-4x^2+1$，则函数 $f(x)$ 在闭区间 $[0,1]$ 上连续．又 $f(0)=1>0$，$f(1)=-2<0$，由零点定理知，至少存在一点 $\xi\in(0,\ 1)$，使 $f(\xi)=\xi^3-4\xi^2+1=0$，即方程 $x^3-4x^2+1=0$ 在 $(0,1)$ 内至少有一实根．

练习题 1.4

1．选择题

（1）函数 $y=\dfrac{\sqrt{x+1}}{x-2}$ 的连续区间为（　　）.

A．$[-1,+\infty)$　　B．$[2,+\infty)$

C．$[-1,2)\cup(2,+\infty)$　　D．$[-1,2)$

（2）函数 $f(x)=\begin{cases}x^2+1, & 0\leqslant x\leqslant 1,\\ 2x, & 1<x\leqslant 2.\end{cases}$ 的连续区间为（　　）.

A．$[1,2]$　　B．$[0,2]$

C．$[0,1)\cup(1,2]$　　D．$[0,1)$

（3）设函数 $f(x)=\begin{cases}(1-x)^{\frac{1}{x}}, & x\neq 0,\\ a, & x=0.\end{cases}$ 在点 $x=0$ 处连续，则 $a=$（　　）.

A．1　　B．e

C．e^{-1}　　D．-1

（4）函数 $y=f(x)$ 在点 $x=x_0$ 处有定义是 $f(x)$ 在点 x_0 处连续的（　　）.

A．必要条件　　B．充分条件

C．充要条件　　D．无关条件

（5）函数 $y=-\dfrac{1}{x}$ 在区间 $[1,2)$ 内的最小值是（　　）.

A．1　　B．$-\dfrac{1}{2}$

C．不存在　　D．-1

（6）方程 $x^3-3x^2+1=0$ 在开区间 $(0,1)$ 内（　　）.

A．恰有一实根　　B．至少有一个实根

C．至少有两个实根　　D．无实根

2．求下列各极限：

（1）$\lim\limits_{x\to 0}\sqrt{x^2-2x+4}$；　　（2）$\lim\limits_{x\to 0}(\cos 2x)^5$；

（3）$\lim\limits_{x\to 0}\ln\left(\dfrac{\sin x}{x}\right)^2$；　　（4）$\lim\limits_{x\to\frac{\pi}{2}}(1+\cos x)^{-2\sec x}$.

3．设函数 $f(x)$ 在 $[a,b]$ 上连续，且 $f(a)<a$，$f(b)>b$，试证明至少存在一点 ξ，使 $f(\xi)=\xi$.

习题一

1. 填空题

（1）函数 $y=\dfrac{\sqrt{2x+1}}{2x^2-x-1}$ 的定义域是__________.

（2）设 $f(x)=x^3+x^2+1$，则 $f[f(0)]=$__________.

（3）函数 $y=\ln(1+x^2)$ 的单调增加区间是__________.

（4）$\lim\limits_{x\to 0}\left(x\sin\dfrac{1}{x}+\dfrac{1}{x}\sin x\right)=$__________.

（5）函数 $y=\dfrac{2x}{x^2+2}$ 的连续区间是__________.

（6）若函数 $f(x)=\begin{cases}x^2+1, & x<0,\\ 2x+b, & x\geqslant 0.\end{cases}$ 在 $x=0$ 处连续，则 $b=$__________.

（7）$\lim\limits_{x\to\infty}\mathrm{e}^{\frac{1}{x}}=$__________.

（8）函数 $f(x)=\begin{cases}x\sin\dfrac{1}{x}, & x<0,\\ x+1, & x\geqslant 0.\end{cases}$ 的间断点是 $x=$__________.

2. 选择题

（1）邻域 $U^{\circ}(5,1)$ 用区间或数集表示为（　　）.

A. $I=\{x||x-5|<1\}$　　B. $I=\{x|0\leqslant|x-5|\leqslant 1\}$

C. (4，5)∪(5，6)　　D. (4，6)

（2）下列各对函数相同的是（　　）.

A. $f(x)=1, g(x)=\sec^2 x-\tan^2 x$

B. $f(x)=\dfrac{x^2-9}{x+3}, g(x)=x-3$

C. $f(x)=\dfrac{\pi}{2}x, g(x)=x(\arcsin x+\arccos x)$

D. $f(x)=\ln x, g(x)=2\ln\sqrt{x}$

（3）下列各对函数能构成复合函数的是（　　）.

A. $y=u^2, u=\sin x, x\in(-\infty,+\infty)$

B. $y=\ln u, u=\cos x, x\in(-\infty,+\infty)$

C. $y=\lg u, u=\arcsin x, x\in[-1,1]$

D. $y=\sqrt{1-u^2}, u=\mathrm{e}^x, x\in[-\infty,+\infty]$

(4) 下列函数中是偶函数的是（　　）.

A. $y=\dfrac{e^{x}+e^{-x}}{2}$　　B. $y=x^{3}+1$

C. $y=x\sin(x+1)$　　D. $y=\ln(x+\sqrt{1+x^{2}})$

(5) $\lim\limits_{n\to\infty}\dfrac{3n+\cos n^{2}}{n}=$（　　）.

A. 0　　B. 1

C. 2　　D. 3

(6) 当 $x\to\infty$ 时，下列变量是无穷小量的是（　　）.

A. $\dfrac{1}{x}\sin x$　　B. $x\ln(1+x)$

C. $\dfrac{e^{x}-1}{x}$　　D. $x\sin\dfrac{1}{x}$

(7) 函数 $y=x^{2}-1$ 在区间 $[-1,2)$ 内的最大值是（　　）.

A. 0　　B. 3

C. -1　　D. 不存在

(8) 下列函数在指定的变化过程中，（　　）不是无穷小量.

A. $1-e^{\frac{1}{x}},\ (x\to\infty)$　　B. $\dfrac{\sin x}{x},\ (x\to\infty)$

C. $\dfrac{\sqrt{x+1}-1}{x},\ (x\to 0)$　　D. $\ln(1+x),\ (x\to 0)$

3. 计算题

(1) $\lim\limits_{x\to 1}\dfrac{\sqrt{3-x}-\sqrt{1+x}}{x^{2}-1}$；　　(2) $\lim\limits_{x\to\infty}\dfrac{x^{2}+\cos^{2}x-1}{(x+\sin x)^{2}}$；

(3) $\lim\limits_{x\to 0}\left(\dfrac{2-x}{2}\right)^{\frac{1}{x}+1}$；　　(4) $\lim\limits_{x\to\infty}\dfrac{(x^{10}-2)(3x+1)^{20}}{(2x+3)^{30}}$；

(5) $\lim\limits_{x\to 2}\left(\dfrac{1}{x-2}-\dfrac{4}{x^{2}-4}\right)$；　　(6) $\lim\limits_{x\to 0}\dfrac{\sin x^{3}\tan x}{1-\cos x^{2}}$.

4. 讨论下列函数 $f(x)$ 的连续性，并写出其连续区间.

$$f(x)=\begin{cases}(x-2)^{2}, & x>1,\\ x, & -1\leqslant x\leqslant 1,\\ x+1, & x<-1.\end{cases}$$

5．设函数

$$f(x)=\begin{cases} x\sin\dfrac{1}{x}+b, & x<0, \\ a, & x=0, \\ \dfrac{\sin x}{x}, & x>0. \end{cases}$$

问：（1）a,b 为何值时，$f(x)$ 在 $x=0$ 处有极限存在？

（2）a,b 为何值时，$f(x)$ 在 $x=0$ 处连续？

第 2 章　导数与微分

【学习目标】

- 理解导数的概念和导数的几何意义，会求平面曲线的切线方程.
- 理解函数的可导性与连续性之间的关系.
- 掌握导数的四则运算法则和复合函数的求导法则.
- 掌握基本初等函数的导数公式.
- 了解高阶导数的概念，会求简单函数的 n 阶导数.
- 会求隐函数和由参数方程所确定的函数导数.
- 了解微分的定义和一阶微分形式不变性.
- 掌握微分的四则运算法则，会求函数的微分.

导数与微分是微积分学中的重要概念. 导数反映了函数相对于自变量变化而变化的快慢程度，即变化率问题，它使得人们能够用数学工具描述事物变化的快慢及解决与之相关的实际问题，在科学技术、工程技术及经贸等领域有着广泛的应用. 微分反映当自变量有微小变化时，函数大约有多少变化. 微分在近似计算中发挥着重要作用. 本章主要讨论函数的导数与微分的概念及其计算方法.

2.1　导数的概念

2.1.1　引例

为了说明微分学中的基本概念——导数，我们先讨论以下两个问题，这两个问题都与导数概念的形成有着密切的关系. 第一，求非匀速直线运动的速度；第二，求曲线的切线问题. 曲线的切线是微分学的基本问题，这一概念打开了通向数学知识与真理的巨大宝库之门. 下面就以这两个问题作为引例来引入导数概念.

引例 2.1　【变速直线运动的速度】

设某质点作变速直线运动，描述质点运动位置的位移函数为 $s=s(t)$. 现在考察质点在 $t=t_0$ 时的瞬时速度.

当时间 t 由 t_0 变化到 $t_0+\Delta t$ 时，质点在这段时间内所经过的位移是 $\Delta s=s(t_0+\Delta t)-s(t_0)$. 若质点作匀速直线运动，则质点在时刻 t_0 的速度为

$\dfrac{\Delta s}{\Delta t}=\dfrac{s(t_0+\Delta t)-s(t_0)}{\Delta t}$，此时 $\dfrac{\Delta s}{\Delta t}$ 是不随时间改变的常量.

当质点作变速直线运动时，其速度将随时间的变化而变化. 此时 $\dfrac{\Delta s}{\Delta t}$ 表示质点从 t_0 到 $t_0+\Delta t$ 这段时间内的平均速度 $\overline{v}$，若时间间隔 Δt 较小，可用 $\overline{v}$ 近似表示质点在时刻 t_0 的速度 $v(t_0)$，即

$$v(t_0)\approx\overline{v}=\frac{s(t_0+\Delta t)-s(t_0)}{\Delta t}.$$

显然，Δt 越小，近似程度越高. 若 $\Delta t\to 0$ 时，$\dfrac{\Delta s}{\Delta t}$ 的极限存在，我们就称该极限值为质点在 t_0 时刻的瞬时速度，即

$$v(t_0)=\lim_{\Delta t\to 0}\frac{\Delta s}{\Delta t}=\lim_{\Delta t\to 0}\frac{s(t_0+\Delta t)-s(t_0)}{\Delta t}.$$

引例 2.2 【平面曲线切线的斜率】

已知曲线 c 为函数 $y=f(x)$ 的图像如图 2-1 所示，点 $M(x_0,y_0)$ 是曲线 c 上的一点，$y_0=f(x_0)$. 另取 c 上的一点 $N(x_0+\Delta x,f(x_0+\Delta x))$，作割线 MN，则割线的斜率为

$$k_{MN}=\tan\varphi=\frac{f(x_0+\Delta x)-f(x_0)}{\Delta x}=\frac{\Delta y}{\Delta x}.$$

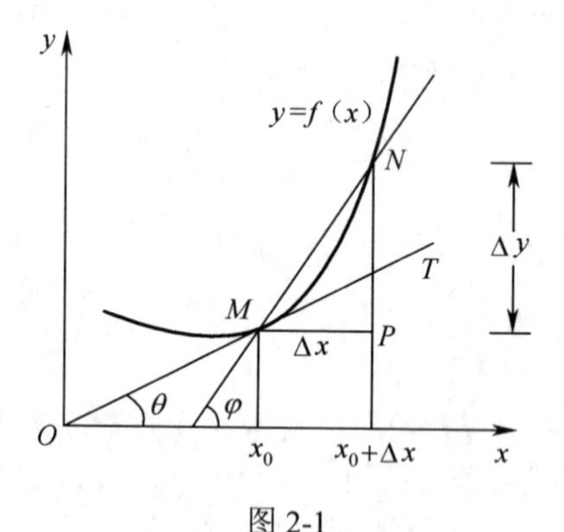

图 2-1

这里 φ 为割线 MN 的倾斜角，设 θ 是切线 MT 的倾斜角，当 $\Delta x\to 0$ 时，点 N 沿曲线趋于点 M. 若上式的极限存在，记为 k，则此极限值 k 就是所求切线 MT 的斜率，即

$$k=\tan\theta=\lim_{\Delta x\to 0}\tan\varphi=\lim_{\Delta x\to 0}\frac{\Delta y}{\Delta x}=\lim_{\Delta x\to 0}\frac{f(x_0+\Delta x)-f(x_0)}{\Delta x}.$$

在自然科学、工程技术及社会科学等不同领域中，还有许多实际问题，如电

流强度，化学反应速度，经济领域中的边际分析等，虽然它们的实际意义不同，但都能导出同样的数学结构，即当自变量的改变量趋于零时，函数改变量与自变量改变量之比的极限．这就是导数的本质，我们把这种具有特定意义的极限抽象出来就是函数的导数的概念．

2.1.2 导数的定义

1. 导数的定义

定义 2.1 设函数 $y=f(x)$ 在点 x_0 的某个邻域内有定义，当自变量 x 在点 x_0 处的改变量 $\Delta x\neq 0$（点 $x_0+\Delta x$ 在该邻域内）时，函数 $f(x)$ 相应的改变量

$$\Delta y=f(x_0+\Delta x)-f(x_0).$$

如果当 $\Delta x\to 0$ 时，极限 $\lim\limits_{\Delta x\to 0}\dfrac{\Delta y}{\Delta x}=\lim\limits_{\Delta x\to 0}\dfrac{f(x_0+\Delta x)-f(x_0)}{\Delta x}$ 存在，则称函数 $y=f(x)$ 在点 x_0 处**可导**，并称此极限值为函数 $y=f(x)$ 在点 x_0 处的**导数**，记作 $f'(x_0)$，也可记为 $y'\big|_{x=x_0}$，$\dfrac{\mathrm{d}y}{\mathrm{d}x}\Big|_{x=x_0}$ 或 $\dfrac{\mathrm{d}f(x)}{\mathrm{d}x}\Big|_{x=x_0}$．即

$$f'(x_0)=\lim_{\Delta x\to 0}\frac{\Delta y}{\Delta x}=\lim_{\Delta x\to 0}\frac{f(x_0+\Delta x)-f(x_0)}{\Delta x}. \tag{2.1}$$

如果 $\lim\limits_{\Delta x\to 0}\dfrac{\Delta y}{\Delta x}$ 不存在，则称函数 $y=f(x)$ 在点 x_0 处**不可导**．特别地，若不可导的原因是由于 $\Delta x\to 0$ 时，$\dfrac{\Delta y}{\Delta x}\to\infty$，为了使用方便，也称函数 $y=f(x)$ 在点 x_0 处的导数为无穷大，记为 $f'(x_0)=\infty$．

注：导数的定义式（2.1）也可取其他的不同形式，常见的有：

（1）令 $x_0+\Delta x=x$，则当 $\Delta x\to 0$ 时，有 $x\to x_0$，因此在点 x_0 处的导数 $f'(x_0)$ 也可记作

$$f'(x_0)=\lim_{x\to x_0}\frac{f(x)-f(x_0)}{x-x_0}.$$

（2）令 $\Delta x=h$，则当 $\Delta x\to 0$，即 $h\to 0$ 时，在点 x_0 处的导数 $f'(x_0)$ 也可记作

$$f'(x_0)=\lim_{h\to 0}\frac{f(x_0+h)-f(x_0)}{h}.$$

引入了导数的概念后，前面引例中的两个问题就可以这样描述：

（1）质点运动的瞬时速度 $v(t_0)$ 是位移函数 $s=s(t)$ 在 t_0 处的导数，即

$$v(t_0)=s'(t_0)=\frac{\mathrm{d}s}{\mathrm{d}t}\Big|_{t=t_0}. \tag{2.2}$$

（2）曲线 $y=f(x)$ 在点 $M(x_0,y_0)$ 处的切线的斜率就是函数 $y=f(x)$ 在点 x_0 处的导数，即

$$k = \tan\theta = f'(x_0) = \left.\frac{\mathrm{d}y}{\mathrm{d}x}\right|_{x=x_0}. \tag{2.3}$$

其中θ为切线MT的倾斜角.

定义 2.2 如果函数$y = f(x)$在开区间(a,b)内每一点处都可导，则称函数$y = f(x)$在区间(a,b)内可导，这时，对于(a,b)内每一个确定的x，都对应着$f(x)$的一个确定的导数值$f'(x)$，这样就构成了一个新的函数，称这个新的函数为函数$f(x)$在(a,b)内的**导函数**，简称**导数**，记作y'，$f'(x)$，$\frac{\mathrm{d}y}{\mathrm{d}x}$或$\frac{\mathrm{d}f(x)}{\mathrm{d}x}$. 把（2.1）式中的$x_0$换成$x$，就得到导函数的定义式

$$f'(x) = \lim_{\Delta x \to 0}\frac{f(x+\Delta x) - f(x)}{\Delta x}.$$

显然，函数$y = f(x)$在点x_0处的导数$f'(x_0)$就是导函数$f'(x)$在点x_0处的函数值，即

$$f'(x_0) = f'(x)\big|_{x=x_0}.$$

由于导数是由极限来定义的，它是一类特殊的极限. 因此，我们把点x_0处函数的改变量与自变量的改变量之比的左、右极限分别称为点x_0处的**左、右导数**，分别记为$f'_-(x_0)$，$f'_+(x_0)$，即

左导数 $$f'_-(x_0) = \lim_{\Delta x \to 0^-}\frac{f(x_0+\Delta x) - f(x_0)}{\Delta x} = \lim_{x \to x_0^-}\frac{f(x) - f(x_0)}{x - x_0};$$

右导数 $$f'_+(x_0) = \lim_{\Delta x \to 0^+}\frac{f(x_0+\Delta x) - f(x_0)}{\Delta x} = \lim_{x \to x_0^+}\frac{f(x) - f(x_0)}{x - x_0}.$$

易知，函数$f(x)$在点x_0处可导的充分必要条件是：函数$f(x)$在点x_0处的左、右导数均存在且相等.

如果$y = f(x)$在区间(a,b)内可导，且$f'_+(a)$和$f'_-(b)$都存在，那么就称$f(x)$在闭区间$[a,b]$上可导.

由导数的定义知，求函数$f(x)$的导数可按以下三步进行：

（1）求函数增量$\Delta y = f(x+\Delta x) - f(x)$；

（2）算比值（平均变化率）$\frac{\Delta y}{\Delta x}$；

（3）取极限（求瞬时变化率）$\lim\limits_{\Delta x \to 0}\frac{\Delta y}{\Delta x}$.

下面根据导函数的定义求一些简单函数的导数.

例 2.1 求函数$f(x) = C$（C为常数）的导数.

解 （1）$\Delta y = f(x+\Delta x) - f(x) = C - C = 0$；

（2）$\frac{\Delta y}{\Delta x} = \frac{0}{\Delta x} = 0$；

（3）$f'(x)=\lim\limits_{\Delta x\to 0}\dfrac{\Delta y}{\Delta x}=\lim\limits_{\Delta x\to 0}0=0$.

即 $$(C)'=0 .$$

也就是说，**常数的导数等于零**.

例 2.2 求 $f(x)=x^2$ 的导函数，并求 $f'(2)$.

解 （1）$\Delta y=(x+\Delta x)^2-x^2=2x\Delta x+(\Delta x)^2$ ；

（2）$\dfrac{\Delta y}{\Delta x}=2x+\Delta x$ ；

（3）$f'(x)=\lim\limits_{\Delta x\to 0}\dfrac{\Delta y}{\Delta x}=\lim\limits_{\Delta x\to 0}[2x+\Delta x]=2x$.

所以 $$f'(2)=2x\big|_{x=2}=4 .$$

注：一般地，对于幂函数 $y=x^\mu$ （ μ 为实数），均有 $(x^\mu)'=\mu x^{\mu-1}$.

我们将在本章第二节给出这个公式的证明.

例 2.3 求正弦函数 $f(x)=\sin x$ 的导数.

解 （1）$\Delta y=\sin(x+\Delta x)-\sin x=2\sin\dfrac{\Delta x}{2}\cos\left(x+\dfrac{\Delta x}{2}\right)$ ；

（2）$\dfrac{\Delta y}{\Delta x}=\dfrac{2\sin\dfrac{\Delta x}{2}\cos\left(x+\dfrac{\Delta x}{2}\right)}{\Delta x}=\dfrac{\sin\dfrac{\Delta x}{2}}{\dfrac{\Delta x}{2}}\cos\left(x+\dfrac{\Delta x}{2}\right)$ ；

（3）$f'(x)=\lim\limits_{\Delta x\to 0}\dfrac{\Delta y}{\Delta x}=\lim\limits_{\Delta x\to 0}\dfrac{\sin\dfrac{\Delta x}{2}}{\dfrac{\Delta x}{2}}\cdot\lim\limits_{\Delta x\to 0}\cos\left(x+\dfrac{\Delta x}{2}\right)=\cos x$.

即 $$(\sin x)'=\cos x .$$

类似地，可以证明余弦函数 $y=\cos x$ 的导数为 $(\cos x)'=-\sin x$.

例 2.4 求函数 $y=\log_a x(a>0，a\neq 0)$ 的导数.

解 （1）$\Delta y=\log_a(x+\Delta x)-\log_a x=\log_a\left(1+\dfrac{\Delta x}{x}\right)=\dfrac{\ln\left(1+\dfrac{\Delta x}{x}\right)}{\ln a}$ ；

（2）$\dfrac{\Delta y}{\Delta x}=\dfrac{\ln\left(1+\dfrac{\Delta x}{x}\right)}{\ln a\cdot\Delta x}$ ；

当 $\Delta x\to 0$ 时，利用等价无穷小 $\ln\left(1+\dfrac{\Delta x}{x}\right)\sim\dfrac{\Delta x}{x}$ ，则有

（3）$y' = \lim_{\Delta x \to 0} \frac{\Delta y}{\Delta x} = \lim_{\Delta x \to 0} \frac{\ln\left(1+\frac{\Delta x}{x}\right)}{\ln a \cdot \Delta x} = \lim_{\Delta x \to 0} \frac{\frac{\Delta x}{x}}{\ln a \cdot \Delta x} = \frac{1}{x \ln a}$.

即
$$(\log_a x)' = \frac{1}{x \ln a}.$$

当 $a = \mathrm{e}$ 时，得到自然对数函数的导数为 $(\ln x)' = \frac{1}{x}$.

此题也可用重要极限二求出,读者不妨自己计算一下.

案例 2.1 【电流问题】 设通过导线某横截面的电量是时间 t 的函数 $Q = Q(t) = t + \sqrt{t}$（单位：C），在 $t = 4\,\mathrm{s}$ 时，通过该导线的电流 I 是多少？

解 由物理学知识可知电流是电量对时间的变化率，$\frac{\Delta Q}{\Delta t}$ 是在 Δt 时间段上的平均电流，$I(t) = \lim_{\Delta t \to 0} \frac{\Delta Q}{\Delta t}$ 为 t 时刻的瞬时电流，案例就是求 $t = 4\,\mathrm{s}$ 时的瞬时电流，根据导数的定义，所求问题就转化为求 $I(4) = Q'(4)$.

容易求出
$$I(t) = Q'(t) = \lim_{\Delta x \to 0} \frac{\Delta Q}{\Delta t} = 1 + \frac{1}{2\sqrt{t}},$$

于是
$$I(4) = Q'(4) = 1 + \left.\frac{1}{2\sqrt{t}}\right|_{t=4} = 1.25.$$

2. 导数的几何意义

由平面曲线切线问题的讨论及导数的定义可知，函数 $y = f(x)$ 在点 x_0 处的导数 $f'(x_0)$ 在几何上表示曲线 $y = f(x)$ 在点 $M(x_0, f(x_0))$ 处的切线斜率，即
$$f'(x_0) = \tan\theta.$$
其中 θ 为切线的倾斜角.

过切点 $M(x_0, f(x_0))$ 且垂直于切线的直线称为曲线 $y = f(x)$ 在点 M 处的**法线**.

根据导数的几何意义，并且应用直线的点斜式方程，曲线 $y = f(x)$ 在点 $M(x_0, f(x_0))$ 处的切线方程为
$$y - f(x_0) = f'(x_0)(x - x_0).$$

如果 $f'(x_0) \neq 0$，那么曲线 $y = f(x)$ 在点 $M(x_0, f(x_0))$ 处的法线方程为
$$y - f(x_0) = -\frac{1}{f'(x_0)}(x - x_0).$$

如果 $f'(x_0) = 0$，那么曲线 $y = f(x)$ 在点 $M(x_0, f(x_0))$ 处的切线方程为
$$y = f(x_0) \text{ 或 } y = y_0.$$
相应地，法线方程为
$$x = x_0.$$

特别地，如果函数 $y = f(x)$ 在点 x_0 处连续，且导数为无穷大（$y = f(x)$ 在点 x_0

处不可导），此时曲线 $y=f(x)$ 在点 $M(x_0,f(x_0))$ 处具有垂直于 x 轴的切线 $x=x_0$，法线为 $y=y_0$．

例 2.5 求曲线 $y=x^2$ 在点 $(1,1)$ 处的切线方程和法线方程.

解 由导数的几何意义，曲线 $y=x^2$ 在点 $(1,1)$ 处的切线斜率为 $f'(1)=2x\big|_{x=1}=2$，则切线方程为

$$y-1=f'(1)(x-1)=2(x-1)=2x-2,$$

即

$$2x-y-1=0.$$

法线方程为

$$y-1=-\frac{1}{f'(1)}(x-1)=-\frac{1}{2}(x-1)=-\frac{1}{2}x+\frac{1}{2},$$

即

$$x+2y-3=0.$$

3. 函数可导性与连续性的关系

函数 $y=f(x)$ 在点 x_0 处连续是指 $\lim\limits_{\Delta x\to 0}\Delta y=0$．而在点 x_0 处可导是指 $\lim\limits_{\Delta x\to 0}\frac{\Delta y}{\Delta x}$ 存在，那么这两种极限有什么关系呢？

定理 2.1 若函数 $y=f(x)$ 在点 x_0 处可导，则函数 $f(x)$ 在点 x_0 处连续.

证明 函数 $y=f(x)$ 在点 x_0 处可导，即 $\lim\limits_{\Delta x\to 0}\frac{\Delta y}{\Delta x}$ 存在，所以

$$\lim_{\Delta x\to 0}\Delta y=\lim_{\Delta x\to 0}\left(\frac{\Delta y}{\Delta x}\cdot\Delta x\right)=\lim_{\Delta x\to 0}\frac{\Delta y}{\Delta x}\cdot\lim_{\Delta x\to 0}\Delta x=0.$$

即函数 $f(x)$ 在点 x_0 处连续.

但定理的逆命题不成立，即函数 $f(x)$ 在点 x_0 处连续，但函数 $y=f(x)$ 在点 x_0 处不一定可导，下面举例说明.

例 2.6 证明函数 $y=|x|$ 在 $x=0$ 处连续但不可导.

证明 因为在 $x=0$ 处，$\lim\limits_{\Delta x\to 0}\Delta y=\lim\limits_{\Delta x\to 0}|\Delta x|=0$，所以 $y=|x|$ 在 $x=0$ 处连续.

而在 $x=0$ 处，$y=|x|=\begin{cases}x, & x>0,\\ 0, & x=0,\\ -x, & x<0.\end{cases}$ 的左、右导数分别为

$$f'_+(0)=\lim_{x\to 0^+}\frac{f(x)-f(0)}{x-0}=\lim_{x\to 0^+}\frac{x-0}{x-0}=\lim_{x\to 0^+}1=1,$$

$$f'_-(0)=\lim_{x\to 0^-}\frac{f(x)-f(0)}{x-0}=\lim_{x\to 0^-}\frac{-x-0}{x-0}=\lim_{x\to 0^-}-1=-1.$$

函数 $y=|x|$ 在 $x=0$ 处左右导数不相等，从而在 $x=0$ 处不可导.

由此可见，函数在某点连续是函数在该点可导的必要条件，但不是充分条件，即**可导一定连续，连续不一定可导**.

练习题 2.1

1．设函数 $f(x)$ 在 $x=0$ 的邻域内有定义，且 $f(0)=0$ ，$f'(0)=1$ ，则 $\lim\limits_{x\to 0}\dfrac{f(x)}{x}=$________.

2．过曲线 $y=\mathrm{e}^{-2x}$ 上的一点 $(0,1)$ 的切线方程为________.

3．已知 $f(x)=\ln 2x$ ，则 $(f(2))'=$________.

4．用导数的定义求下列函数在某点处的导数：

（1）$f(x)=x^3$，$x_0=1$；（2）$f(x)=\dfrac{1}{x}$，$x_0=2$.

5．用导数的定义求下列函数的导数：

（1）$f(x)=3x-1$；（2）$y=\cos x$.

6．求曲线 $y=f(x)$ 上点 M_0 处的切线方程和法线方程：

（1）$f(x)=\ln x$，$M_0(\mathrm{e},1)$；（2）$f(x)=2^x$，$M_0(1,2)$.

2.2　导数基本运算法则

上节根据导数的定义求出了一些简单函数的导数，从本节开始我们将介绍求导的几个基本法则和基本初等函数的导数公式，借助于这些法则和公式，就能较方便地求出常见函数——初等函数的导数.

2.2.1　函数的和、差、积、商的求导法则

定理 2.2　设函数 $u=u(x)$ 及 $v=v(x)$ 在点 x 处都可导，那么它们的和、差、积、商（除分母为零的点外）在点 x 处也可导，并且有

（1）$[u(x)\pm v(x)]'=u'(x)\pm v'(x)$；

（2）$[u(x)v(x)]'=u'(x)v(x)+u(x)v'(x)$；

（3）$\left(\dfrac{u(x)}{v(x)}\right)'=\dfrac{u'(x)v(x)-u(x)v'(x)}{v^2(x)}$，（$v(x)\neq 0$）.

以上的三个法则都可以用导数的定义和极限的运算法则来验证，下面以法则（2）为例：

证明　$[u(x)v(x)]'=\lim\limits_{\Delta x\to 0}\dfrac{u(x+\Delta x)v(x+\Delta x)-u(x)v(x)}{\Delta x}$

$$
\begin{aligned}
&= \lim_{\Delta x\to 0}\left[\frac{u(x+\Delta x)-u(x)}{\Delta x}v(x+\Delta x)+u(x)\frac{v(x+\Delta x)-v(x)}{\Delta x}\right] \\
&= \lim_{\Delta x\to 0}\frac{u(x+\Delta x)-u(x)}{\Delta x}\lim_{\Delta x\to 0}v(x+\Delta x)+\lim_{\Delta x\to 0}u(x)\lim_{\Delta x\to 0}\frac{v(x+\Delta x)-v(x)}{\Delta x} \\
&= u'(x)v(x)+u(x)v'(x) .
\end{aligned}
$$

其中 $\lim\limits_{\Delta x\to 0}v(x+\Delta x)=v(x)$ （由于 $v(x)$ 在点 x 可导，故 $v(x)$ 在点 x 连续）.

于是法则（2）获得证明，法则（2）可简单地表示为

$$(uv)'=u'v+uv' .$$

定理 2.2 中的法则（1）、（2）可推广到任意有限个可导函数的情形. 例如，设 $u=u(x)$， $v=v(x)$， $w=w(x)$ 均可导，则有

$$(u+v-w)'=u'+v'-w' .$$

$$
\begin{aligned}
(uvw)' &= \left[(uv)w\right]'=(uv)'w+(uv)w' \\
&= (u'v+uv')w+(uv)w' .
\end{aligned}
$$

即

$$(uvw)'=u'vw+uv'w+uvw' .$$

在法则（2）中，当 $v(x)=C$ （ C 为常数）时，有

$$(Cu)'=Cu' .$$

例 2.7 求函数 $y=\sqrt[3]{x}+7x^3-\log_2 x+10$ 的导数.

解
$$
\begin{aligned}
y' &= (\sqrt[3]{x})'+7(x^3)'-(\log_2 x)'+(10)' \\
&= \frac{1}{3}x^{-\frac{2}{3}}+21x^2-\frac{1}{x\ln 2}+0 \\
&= \frac{1}{3\sqrt[3]{x^2}}+21x^2-\frac{1}{x\ln 2} .
\end{aligned}
$$

例 2.8 求函数 $y=\mathrm{e}^x\sin x$ 的导数.

解 $y'=(\mathrm{e}^x\sin x)' =(\mathrm{e}^x)'\sin x+\mathrm{e}^x(\sin x)' =\mathrm{e}^x\sin x+\mathrm{e}^x\cos x$.

例 2.9 求函数 $y=(\sin x-2\cos x)\ln x$ 的导数.

解
$$
\begin{aligned}
y' &= (\sin x-2\cos x)'\ln x+(\sin x-2\cos x)(\ln x)' \\
&= (\cos x+2\sin x)\ln x+\frac{1}{x}(\sin x-2\cos x) .
\end{aligned}
$$

例 2.10 求函数 $y=\tan x$ 的导数.

解
$$
\begin{aligned}
y' &= (\tan x)'=\left(\frac{\sin x}{\cos x}\right)' \\
&= \frac{(\sin x)'\cos x-\sin x(\cos x)'}{\cos^2 x}
\end{aligned}
$$

$$=\frac{\cos^2 x+\sin^2 x}{\cos^2 x}=\frac{1}{\cos^2 x}=\sec^2 x .$$

即

$$(\tan x)'=\sec^2 x .$$

类似方法可求得 $(\cot x)'=-\frac{1}{\sin^2 x}=-\csc^2 x$.

例 2.11 求函数 $y=\sec x$ 的导数.

解 $y'=(\sec x)'=\left(\frac{1}{\cos x}\right)'=-\frac{(\cos x)'}{\cos^2 x}=\frac{\sin x}{\cos^2 x}=\tan x\sec x$.

即

$$(\sec x)'=\tan x\sec x .$$

类似方法可求得 $(\csc x)'=-\cot x\csc x$.

例 2.12 求函数 $y=\frac{x\sin x}{1+\tan x}$ 的导数.

解 $y'=\left(\frac{x\sin x}{1+\tan x}\right)'=\frac{(x\sin x)'(1+\tan x)-(x\sin x)(1+\tan x)'}{(1+\tan x)^2}$

$$=\frac{(\sin x+x\cos x)(1+\tan x)-x\sin x\sec^2 x}{(1+\tan x)^2} .$$

2.2.2 复合函数的求导法则

前面求导问题的讨论，仅限于基本初等函数和一些较简单函数，对实际中将要遇到的大量复合函数，如 $\cos\sqrt{x}$，$\ln\sin x$，e^{x^2} 等这样的复合函数，如果可导，又将如何求它们的导数呢？借助于下面的重要法则，我们便可以解决这些问题，从而使得可以运用公式求导的函数的范围得到很大的扩充.

先讨论函数 $y=\sin 2x$ 的求导问题.

因为 $y=\sin 2x=2\sin x\cos x$ ，则由导数的四则运算法则，得

$$\frac{\mathrm{d}y}{\mathrm{d}x}=(\sin 2x)'=2(\sin x\cos x)'=2(\cos^2 x-\sin^2 x)=2\cos 2x .$$

另一方面， $y=\sin 2x$ 是由 $y=\sin u$，$u=2x$ 复合而成，

$$\frac{\mathrm{d}y}{\mathrm{d}u}=\cos u，\quad \frac{\mathrm{d}u}{\mathrm{d}x}=2 ,$$

于是有

$$\frac{\mathrm{d}y}{\mathrm{d}u}\frac{\mathrm{d}u}{\mathrm{d}x}=2\cos u=2\cos 2x .$$

从而可得等式

$$\frac{\mathrm{d}y}{\mathrm{d}x}=\frac{\mathrm{d}y}{\mathrm{d}u}\frac{\mathrm{d}u}{\mathrm{d}x}.$$

上述等式反映了复合函数的求导规律，一般有如下定理：

定理 2.3 （复合函数的求导法则） 如果函数 $u=\varphi(x)$ 在点 x 处可导，函数 $y=f(u)$ 在对应点 u 处可导，则复合函数 $y=f[\varphi(x)]$ 在点 x 处可导，且有

$$\frac{\mathrm{d}y}{\mathrm{d}x}=\frac{\mathrm{d}y}{\mathrm{d}u}\frac{\mathrm{d}u}{\mathrm{d}x} \text{或} y'_x=y'_u u'_x.$$

定理 2.3 说明：复合函数对自变量的导数等于复合函数对中间变量的导数乘以中间变量对自变量的导数．我们也把它形象地称为复合函数的**链式求导法则**.

该法则可以推广到多个中间变量的情况．例如，$y=f(u)$，$u=\varphi(v)$，$v=\psi(x)$，则复合函数 $y=f\{\varphi[\psi(x)]\}$ 的导数为 $\dfrac{\mathrm{d}y}{\mathrm{d}x}=\dfrac{\mathrm{d}y}{\mathrm{d}u}\dfrac{\mathrm{d}u}{\mathrm{d}v}\dfrac{\mathrm{d}v}{\mathrm{d}x}$.

例 2.13 求下列函数的导数.

（1） $y=\mathrm{e}^{x^2}$； （2） $y=\sqrt{3-2x^3}$； （3） $y=\cos x^3$；

（4） $y=\sin\dfrac{2x}{1+x^2}$； （5） $y=\ln\sin\mathrm{e}^x$.

解 （1） $y=\mathrm{e}^{x^2}$ 是由 $y=\mathrm{e}^u$，$u=x^2$ 复合而成，则

$$y'_x=y'_u\cdot u'_x=\mathrm{e}^u\cdot 2x=2x\mathrm{e}^{x^2}.$$

（2） $y=\sqrt{3-2x^3}$ 是由 $y=\sqrt{u}$，$u=3-2x^3$ 复合而成，则

$$y'_x=y'_u\cdot u'_x=\frac{1}{2\sqrt{u}}\cdot(-6x^2)=-\frac{3x^2}{\sqrt{3-2x^3}}.$$

（3） $y=\cos x^3$ 是由 $y=\cos u$，$u=x^3$ 复合而成，则

$$y'_x=y'_u\cdot u'_x=-\sin u\cdot 3x^2=-3x^2\sin x^3.$$

（4） $y=\sin\dfrac{2x}{1+x^2}$ 是由 $y=\sin u$，$u=\dfrac{2x}{1+x^2}$ 复合而成，则

$$y'_x=y'_u\cdot u'_x=\cos u\cdot\frac{2(1-x^2)}{(1+x^2)^2}=\frac{2(1-x^2)}{(1+x^2)^2}\cos\frac{2x}{1+x^2}.$$

（5） $y=\ln\sin\mathrm{e}^x$ 是由 $y=\ln u$，$u=\sin v$，$v=\mathrm{e}^x$ 复合而成，则

$$y'_x=y'_u\cdot u'_v\cdot v'_x=\frac{1}{u}\cdot\cos v\cdot\mathrm{e}^x=\frac{1}{\sin\mathrm{e}^x}\cdot\cos\mathrm{e}^x\cdot\mathrm{e}^x=\mathrm{e}^x\cot\mathrm{e}^x.$$

通常，对复合函数求导时我们不必每次写出具体的复合结构，但每次求导时要记住：把哪个式子整体看做了中间变量．中间变量可以在求导过程中不写出来，而直接写出函数对中间变量求导的结果，再乘以中间变量（即式子整体)对自变量的导数．熟练掌握这一方法可以提高求导速度.

例 2.14 求函数 $y=\ln\ln x$ 的导数.

解 $y' = \frac{1}{\ln x}(\ln x)' = \frac{1}{x\ln x}$.

例 2.15 求函数 $y = \mathrm{e}^{\sin\frac{1}{x}}$ 的导数.

解

$$y' = (\mathrm{e}^{\sin\frac{1}{x}})' = \mathrm{e}^{\sin\frac{1}{x}}\left(\sin\frac{1}{x}\right)'$$

$$= \mathrm{e}^{\sin\frac{1}{x}} \cdot \cos\frac{1}{x} \cdot \left(\frac{1}{x}\right)' = -\frac{1}{x^2}\mathrm{e}^{\sin\frac{1}{x}}\cos\frac{1}{x}.$$

例 2.16 求函数 $y = \ln(x + \sqrt{1+x^2})$ 的导数.

解

$$y' = \frac{1}{x+\sqrt{1+x^2}}(x+\sqrt{1+x^2})' = \frac{1}{x+\sqrt{1+x^2}}\left[1+\frac{1}{2\sqrt{1+x^2}}(1+x^2)'\right]$$

$$= \frac{1}{x+\sqrt{1+x^2}}\left(1+\frac{x}{\sqrt{1+x^2}}\right) = \frac{1}{x+\sqrt{1+x^2}} \cdot \frac{x+\sqrt{1+x^2}}{\sqrt{1+x^2}}$$

$$= \frac{1}{\sqrt{1+x^2}}.$$

例 2.17 设 $x > 0$，求幂函数 $y = x^\mu$ 的导数.

解 由于 $x^\mu = \mathrm{e}^{\mu\ln x}$，则

$$(x^\mu)' = (\mathrm{e}^{\mu\ln x})' = \mathrm{e}^{\mu\ln x}(\mu\ln x)'$$

$$= x^\mu \cdot \mu \cdot \frac{1}{x} = \mu x^{\mu-1}.$$

例 2.18 求函数 $y = \ln|x|$ 的导数.

解 由于

$$y = \ln|x| = \begin{cases} \ln x, & x > 0, \\ \ln(-x), & x < 0. \end{cases}$$

当 $x > 0$ 时，$(\ln|x|)' = (\ln x)' = \frac{1}{x}$；

当 $x < 0$ 时，$(\ln|x|)' = [\ln(-x)]' = \frac{1}{-x}(-x)' = \frac{1}{x}$，

所以

$$(\ln|x|)' = \frac{1}{x}.$$

2.2.3 反函数的求导法则

定理 2.4 如果函数 $x = \varphi(y)$ 在某一区间 I_y 单调、可导，且 $\varphi'(y) \neq 0$，则它的反函数 $y = f(x)$ 在对应的区间 $I_x = \{x | x = \varphi(y), y \in I_y\}$ 内也可导，且

$$f'(x)=\frac{1}{\varphi'(y)},$$

或记为
$$\frac{\mathrm{d}y}{\mathrm{d}x}=\frac{1}{\frac{\mathrm{d}x}{\mathrm{d}y}}.$$

上述结论可简单地说成：**反函数的导数等于直接函数导数的倒数**.

例 2.19 求函数 $y=\arcsin x(-1<x<1)$ 的导数.

解 $y=\arcsin x$，$x\in(-1,1)$ 是 $x=\sin y$，$y\in\left(-\frac{\pi}{2},\frac{\pi}{2}\right)$ 的反函数，又由于 $x=\sin y$ 在区间 $\left(-\frac{\pi}{2},\frac{\pi}{2}\right)$ 内单调增、可导，且 $(\sin y)'=\cos y>0$，因此在对应区间 $(-1,1)$ 内有

$$(\arcsin x)'=\frac{1}{\cos y}=\frac{1}{\sqrt{1-\sin^2 y}}=\frac{1}{\sqrt{1-x^2}},$$

于是有
$$(\arcsin x)'=\frac{1}{\sqrt{1-x^2}},\quad(-1<x<1).$$

类似地，可求得

$$(\arccos x)'=-\frac{1}{\sqrt{1-x^2}},\quad(-1<x<1).$$

例 2.20 求函数 $y=\arctan x\ (-\infty<x<+\infty)$ 的导数.

解 $y=\arctan x$，$x\in(-\infty,+\infty)$ 是 $x=\tan y$，$y\in\left(-\frac{\pi}{2},\frac{\pi}{2}\right)$ 的反函数，又由于 $x=\tan y$ 在区间 $\left(-\frac{\pi}{2},\frac{\pi}{2}\right)$ 内单调增、可导，且 $(\tan y)'=\sec^2 y>0$，因此在对应区间 $(-\infty,+\infty)$ 内有

$$(\arctan x)'=\frac{1}{\sec^2 y}=\frac{1}{1+\tan^2 y}=\frac{1}{1+x^2},$$

于是有
$$(\arctan x)'=\frac{1}{1+x^2}(-\infty<x<+\infty).$$

类似地，可求得

$$(\operatorname{arccot} x)'=-\frac{1}{1+x^2}(-\infty<x<+\infty).$$

例 2.21 求函数 $y=a^x(a>0,a\neq1)$ 的导数.

解 $y=a^x$ 是 $x=\log_a y$ 的反函数，而 $x=\log_a y$ 在区间 $(0<y<+\infty)$ 内单调、可导，且 $\frac{\mathrm{d}x}{\mathrm{d}y}=\frac{1}{y\ln a}\neq0$，因此在对应区间 $(-\infty<x<+\infty)$ 内有

$$\frac{dy}{dx}=\frac{1}{\frac{dx}{dy}}=y\ln a=a^x\ln a\ ,$$

即

$$(a^x)=a^x\ln a\quad(-\infty<x<+\infty).$$

当$a=\mathrm{e}$时，得

$$(\mathrm{e}^x)'=\mathrm{e}^x\quad(-\infty<x<+\infty).$$

例 2.22　求函数$y=(\arcsin x^3)$的导数.

解　$y'=(\arcsin x^3)'=\dfrac{1}{\sqrt{1-(x^3)^2}}\cdot(x^3)'=\dfrac{3x^2}{\sqrt{1-x^6}}$.

2.2.4　初等函数的导数

至此，我们已经推导出所有基本初等函数的导数，也给出了函数的和、差、积、商的求导法则以及复合函数和反函数的求导法则. 借助于基本初等函数的求导公式和各种求导法则，就可以求出初等函数的导数. 也就是说，上述讨论解决了初等函数的求导问题. 为了便于查阅，现将基本初等函数的导数公式和求导法则汇总如下：

1. 基本初等函数的公式

（1）$(C)'=0$；

（2）$(x^\mu)'=\mu x^{\mu-1}$（μ为实数, $x>0$）；

（3）$(a^x)'=a^x\ln a$，$(\mathrm{e}^x)'=\mathrm{e}^x$；

（4）$(\log_a x)'=\dfrac{1}{x\ln a}$，$(\ln x)'=\dfrac{1}{x}$；

（5）$(\sin x)'=\cos x$；

（6）$(\cos x)'=-\sin x$；

（7）$(\tan x)'=\sec^2 x$；

（8）$(\cot x)'=-\csc^2 x$；

（9）$(\sec x)'=\sec x\tan x$；

（10）$(\csc x)'=-\csc x\cot x$；

（11）$(\arcsin x)'=\dfrac{1}{\sqrt{1-x^2}}$；

（12）$(\arccos x)'=-\dfrac{1}{\sqrt{1-x^2}}$；

（13）$(\arctan x)'=\dfrac{1}{1+x^2}$；

（14）$(\mathrm{arccot}\, x)'=-\dfrac{1}{1+x^2}$.

2. 函数的和、差、积、商的求导法则

设$u=u(x)$，$v=v(x)$都是可导函数，C是常数，则

（1）$[u(x)\pm v(x)]'=u'(x)\pm v'(x)$；

（2）$[u(x)v(x)]'=u'(x)v(x)+u(x)v'(x)$，$[Cu(x)]'=Cu'(x)$；

（3）$\left(\dfrac{u(x)}{v(x)}\right)'=\dfrac{u'(x)v(x)-u(x)v'(x)}{v^2(x)}$　$(v(x)\neq 0)$.

3．复合函数的求导法则

设 $y=f(u)$ 和 $u=u(x)$ 都是可导函数，则复合函数 $y=f[u(x)]$ 的导数为

$$\frac{\mathrm{d}y}{\mathrm{d}x}=\frac{\mathrm{d}y}{\mathrm{d}u}\frac{\mathrm{d}u}{\mathrm{d}x} \quad 或 \quad y'_x=y'_u u'_x .$$

4．反函数的求导法则

设 $x=\varphi(y)$ 单调可导， $y=f(x)$ 是 $x=\varphi(y)$ 的反函数，则

$$f'(x)=\frac{1}{\varphi'(y)} \quad (\varphi'(y)\neq 0) \quad 或 \quad \frac{\mathrm{d}y}{\mathrm{d}x}=\frac{1}{\frac{\mathrm{d}x}{\mathrm{d}y}} \quad \left(\frac{\mathrm{d}x}{\mathrm{d}y}\neq 0\right).$$

练习题 2.2

1．设 $f(x)=x^2-x+5$，则 $f[f'(x)]=$________.

2．求下列函数在给定点的导数：

（1） $y=2\sin x-5\cos x$，求 $y'\big|_{x=\frac{\pi}{6}}$ 和 $y'\big|_{x=\frac{\pi}{3}}$；

（2） $f(x)=\dfrac{1}{1-x}+\dfrac{x^3}{3}$，求 $f'(0)$ 和 $f'(2)$.

3．求下列函数的导数：

（1） $y=4x^2-2x+1$；

（2） $y=2\sqrt{x}-\dfrac{1}{x}+2\sqrt{3}$；

（3） $y=\dfrac{1-x^3}{\sqrt{x}}$；

（4） $y=(\sqrt{x}+1)\left(\dfrac{1}{\sqrt{x}}-1\right)$.

4．求下列函数的导数：

（1） $y=\sin x^2$；

（2） $y=\sqrt{4-3x^2}$；

（3） $y=\ln\tan\dfrac{x}{2}$；

（4） $y=5^{x\ln x}$.

5．求下列函数的导数：

（1） $y=\cos^2 x\cos(x^2)$；

（2） $y=-\mathrm{e}^{-\cos^2\frac{x}{2}}$；

（3） $y=\dfrac{\ln x}{x^2}$；

（4） $y=\ln\sin\dfrac{1}{x}$；

（5） $y=\arccos\dfrac{x}{1+x^2}$；

（6） $y=x\arccos\dfrac{x}{2}+\sqrt{4-x^2}$.

2.3 高阶导数

在实际问题中，除了求函数的变化率外，有时还要研究函数的变化率相对于自变量的变化率，即求函数的导函数的导函数．例如，设质点作变速直线运动的位移函数为 $s=s(t)$，它在时刻 t 的速度为 $v(t)=s'(t)$．而加速度 $a(t)$ 为速度对时间的变化率，于是有 $a(t)=v'(t)=(s'(t))'$，即加速度 $a(t)$ 是位移函数 $s=s(t)$ 的导函数的导数，我们称 $(s'(t))'$ 或 $\frac{\mathrm{d}}{\mathrm{d}t}\left(\frac{\mathrm{d}s}{\mathrm{d}t}\right)$ 为 $s=s(t)$ 的二阶导数．

定义 2.3 如果函数 $f(x)$ 的导数 $f'(x)$ 在点 x 处可导，即

$$(f'(x))'=\lim_{\Delta x\to 0}\frac{f'(x+\Delta x)-f'(x)}{\Delta x}$$

存在，则称 $(f'(x))'$ 为函数 $f(x)$ 在点 x 处的**二阶导数**，记为

$$y'',\ f''(x),\ \frac{\mathrm{d}^2y}{\mathrm{d}x^2} \text{ 或 } \frac{\mathrm{d}^2f}{\mathrm{d}x^2}.$$

类似地，如果二阶导函数 $y''=f''(x)$ 的导数存在，这个导数就称为函数 $y=f(x)$ 的**三阶导数**，记为

$$y''',\ f'''(x),\ \frac{\mathrm{d}^3y}{\mathrm{d}x^3} \text{ 或 } \frac{\mathrm{d}^3f}{\mathrm{d}x^3}.$$

一般地，$f(x)$ 的 $n-1$ 阶 $(n\geqslant 2)$ 导数的导数，称为函数 $f(x)$ 的 **n 阶导数**．二阶或二阶以上的导数统称为**高阶导数**．当 $n\geqslant 4$ 时的 n 阶导数的记号为 $y^{(n)},\ f^{(n)}(x),\ \frac{\mathrm{d}^ny}{\mathrm{d}x^n}$ 或 $\frac{\mathrm{d}^nf}{\mathrm{d}x^n}$．显然，求高阶导数就是对函数 $f(x)$ 连续多次求导，所以仍可运用前面学过的求导方法计算高阶导数．

例 2.23 求函数 $y=\cos\ln x$ 的二阶导数．

解 $y'=-\sin\ln x\cdot(\ln x)'=-\frac{\sin\ln x}{x}$．

$$y''=-\frac{\cos\ln x\cdot(\ln x)'x-\sin\ln x}{x^2}=\frac{\sin\ln x-\cos\ln x}{x^2}.$$

例 2.24 求函数 $y=a^x\ (a>0,\ a\neq 1)$ 的 n 阶导数．

解 $y'=a^x\ln a$，

$y''=(a^x\ln a)'=a^x(\ln a)^2$，

……

则 $y^{(n)}=a^x(\ln a)^n$．

特别地 $(\mathrm{e}^x)^{(n)}=\mathrm{e}^x$．

例 2.25 求函数 $y=x^n$（n 为正整数）的 n 阶导数和 $n+1$ 阶导数．

解　$y' = nx^{n-1}$ ，

$y'' = n(n-1)x^{n-2}$ ，

$y''' = n(n-1)(n-2)x^{n-3}$ ，

不难看出

$$y^{(n)} = n(n-1)(n-2)\cdots 1 x^{n-n} = n!.$$

注意到函数 $y = x^n$ 的 n 阶导数为常数，所以

$$y^{(n+1)} = 0.$$

例 2.26　求函数 $y = \ln(1+x)$ 的 n 阶导数.

解　$y' = \dfrac{1}{1+x} = (1+x)^{-1}$ ，

$y'' = (-1)(1+x)^{-2}$ ，

$y''' = (-1)(-2)(1+x)^{-3}$ ，

……

则　$y^{(n)} = (-1)^{n-1}(n-1)!(1+x)^{-n}$.

例 2.27　求函数 $y = \sin x$ 的 n 阶导数.

解　$y' = \cos x = \sin\left(x + \dfrac{\pi}{2}\right)$ ，

$$y'' = \left[\sin\left(x + \frac{\pi}{2}\right)\right]' = \cos\left(x + \frac{\pi}{2}\right) = \sin\left(x + 2\cdot\frac{\pi}{2}\right),$$

$$y''' = \left[\sin\left(x + 2\cdot\frac{\pi}{2}\right)\right]' = \cos\left(x + 2\cdot\frac{\pi}{2}\right) = \sin\left(x + 3\cdot\frac{\pi}{2}\right),$$

……

则　$y^{(n)} = (\sin x)^{(n)} = \sin\left(x + n\cdot\dfrac{\pi}{2}\right)\ (n = 1, 2, \cdots)$.

同理可得　　$(\cos x)^{(n)} = \cos\left(x + n\cdot\dfrac{\pi}{2}\right)\ (n = 1, 2, \cdots)$.

练习题 2.3

1．设 $y = \ln\cos x$ ，则 $y'' =$ ＿＿＿＿＿＿.

2．求下列函数在给定点的二阶导数：

（1）$f(x) = x\sqrt{x^2 - 5}$ ，求 $f''(3)$ ；

（2）$f(x) = (\cos\ln x)^2$ ，求 $f''(\mathrm{e})$.

3．求下列函数的二阶导数：

（1）$y=x^4-2x^3+3$；　　（2）$y=e^x\cos x$；

（3）$y=x\arctan x$；　　（4）$y=\ln^2 x$；

（5）$y=(x^2+1)e^{-x}$；　　（6）$y=xe^{x^2}$．

2.4 隐函数的导数和由参数方程所确定的函数的导数

2.4.1 隐函数的导数

两个变量 y 与 x 之间的对应关系可以用不同的方式表达，最常见的有两种方式，一种是前面所讨论的函数表达方式 $y=f(x)$，用这种方式表示的函数称为**显函数**．另一种是由函数 y 与自变量 x 的关系式 $F(x,y)=0$ 来确定，即 y 与 x 之间的关系隐含在方程中，如 $x^2+2y-3=0$，$e^x+e^y-xy=0$ 等，我们称这种未解出因变量的方程 $F(x,y)=0$ 所确定的 y 与 x 之间的关系为**隐函数**．

有些隐函数可以化为显函数，例如 $x^2+2y-3=0$ 可化为 $y=-\frac{1}{2}x^2+\frac{3}{2}$．有些隐函数则不能化为显函数，例如 $e^x+e^y-xy=0$ 就不能化为显函数，但在实际问题中，有时需要计算隐函数的导数，所以需要研究隐函数直接求其导数的方法．我们希望能通过复合函数的求导法则，直接由方程 $F(x,y)=0$ 来计算它所确定的隐函数 $y=y(x)$ 的导数 y'，下面举例说明这种方法．

例 2.28　求由方程 $e^x+e^y-xy=0$ 所确定的隐函数 $y=y(x)$ 的导数．

解　因为 y 是 x 的函数，则 e^y 是 x 的复合函数，应用复合函数求导法则，方程 $e^x+e^y-xy=0$ 两端同时对 x 求导，则得

$$e^x+e^y y'-y-xy'=0.$$

由上式解出 y'，得隐函数的导数为

$$y'=\frac{y-e^x}{e^y-x}.$$

例 2.29　求由方程 $y^3+y-x-2x^3=0$ 所确定的隐函数 $y=y(x)$ 在 $x=0$ 处的导数．

解　先求出隐函数 $y^3+y-x-2x^3=0$ 的导函数，方程两边同时对 x 求导，得

$$3y^2y'+y'-1-6x^2=0.$$

解出 $y'=\dfrac{6x^2+1}{3y^2+1}$．

当 $x=0$ 时，有原方程得 $y=0$，所以

$$y'\big|_{x=0}=\frac{6x^2+1}{3y^2+1}\bigg|_{\substack{x=0\\y=0}}=1\ .$$

下面介绍**取对数求导法**，通常它可用来解决两种类型函数的求导问题.

（1）求函数 $y=f(x)^{g(x)}$ （**幂指函数**）的导数.

该函数虽然是显函数，但不能直接用初等函数的求导方法来求导，如果采取两边取对数，再用隐函数求导法则就很容易求出该函数的导数.

例 2.30 求幂指函数 $y=x^{\sin x}(x>0)$ 的导数.

解 对函数两边取自然对数，得 $\ln y=\sin x\ln x$.

两边再对 x 求导，其中 y 是 x 的函数，得

$$\frac{1}{y}y'=\cos x\ln x+\frac{\sin x}{x}\ .$$

所以
$$y'=y\left(\cos x\ln x+\frac{\sin x}{x}\right)=x^{\sin x}\left(\cos x\ln x+\frac{\sin x}{x}\right).$$

上述求导方法称为**取对数求导法**.

（2）由多个因子的积、商、乘方、开方而成的函数的求导问题.

例 2.31 求函数 $y=\sqrt{\dfrac{x(3x-1)}{(5x+3)(2-x)}}\left(\dfrac{1}{3}<x<2\right)$ 的导数.

解 对函数两边取自然对数，得

$$\ln y=\frac{1}{2}[\ln x+\ln(3x-1)-\ln(5x+3)-\ln(2-x)]\ ,$$

两边再对 x 求导，其中 y 是 x 的函数，得

$$\frac{1}{y}y'=\frac{1}{2}\left[\frac{1}{x}+\frac{3}{3x-1}-\frac{5}{5x+3}+\frac{1}{2-x}\right],$$

整理得

$$y'=\frac{1}{2}\sqrt{\frac{x(3x-1)}{(5x+3)(2-x)}}\left[\frac{1}{x}+\frac{3}{3x-1}-\frac{5}{5x+3}+\frac{1}{2-x}\right].$$

2.4.2 由参数方程所确定的函数的求导

如果变量 x 与 y 之间的函数关系是由参数方程

$$\begin{cases}x=\varphi(t),\\ y=\psi(t),\end{cases}\quad t\in[\alpha,\beta] \tag{2.4}$$

所确定，则称此函数为由**参数方程所确定的函数**.

例如，炮弹的弹道曲线可用参数方程表示为

$$\begin{cases} x = v_0 t\cos\alpha, \\ y = v_0 t\sin\alpha - \dfrac{1}{2}gt^2. \end{cases}$$

其中，g 是重力加速度，v_0 是初速度，α 是发射角.

对于上面的参数方程，为了求 $\dfrac{\mathrm{d}y}{\mathrm{d}x}$，可以消去参数 t，把函数显化，得

$$y = x\tan x - \frac{g\sec^2\alpha}{2v_0}x^2,$$

再对 x 求导即可.

但是对于复杂的参数方程，消去参数 t 往往会比较困难，甚至不可能，因此，我们希望能直接从参数方程组求出它所确定的函数的导数．下面讨论这种函数的求导法则.

在（2.4）中，如果函数 $x=\varphi(t)$ 在某个定义区间上具有单调、连续的反函数 $t=\varphi^{-1}(x)$，且反函数能与函数 $y=\psi(t)$ 构成复合函数，那么，由参数方程（2.4）所确定的函数就可以看成是由 $y=\psi(t)$，$t=\varphi^{-1}(x)$ 复合而成的函数 $y=\psi[\varphi^{-1}(x)]$．假定 $x=\varphi(t)$，$y=\psi(t)$ 都可导，且 $\varphi'(t)\neq 0$，根据复合函数求导法则与反函数求导公式，有

$$\frac{\mathrm{d}y}{\mathrm{d}x} = \frac{\mathrm{d}y}{\mathrm{d}t}\cdot\frac{\mathrm{d}t}{\mathrm{d}x} = \frac{\mathrm{d}y}{\mathrm{d}t}\cdot\frac{1}{\frac{\mathrm{d}x}{\mathrm{d}t}} = \frac{\frac{\mathrm{d}y}{\mathrm{d}t}}{\frac{\mathrm{d}x}{\mathrm{d}t}}.$$

即

$$\frac{\mathrm{d}y}{\mathrm{d}x} = \frac{\psi'(t)}{\varphi'(t)}. \tag{2.5}$$

如果 $x=\varphi(t)$，$y=\psi(t)$ 均二阶可导，那么从（2.5）式又可得到函数的二阶导数公式

$$\frac{\mathrm{d}^2y}{\mathrm{d}x^2} = \frac{\mathrm{d}}{\mathrm{d}x}\left(\frac{\mathrm{d}y}{\mathrm{d}x}\right) = \frac{\mathrm{d}}{\mathrm{d}t}\left(\frac{\mathrm{d}y}{\mathrm{d}x}\right)\cdot\frac{\mathrm{d}t}{\mathrm{d}x} = \frac{\frac{\mathrm{d}}{\mathrm{d}t}\left(\frac{\mathrm{d}y}{\mathrm{d}x}\right)}{\frac{\mathrm{d}x}{\mathrm{d}t}}$$

$$= \frac{\frac{\mathrm{d}}{\mathrm{d}t}\left[\frac{\psi'(t)}{\varphi'(t)}\right]}{\varphi'(t)} = \frac{\psi''(t)\varphi'(t) - \psi'(t)\varphi''(t)}{(\varphi'(t))^3}.$$

即

$$\frac{\mathrm{d}^2y}{\mathrm{d}x^2} = \frac{\psi''(t)\varphi'(t) - \psi'(t)\varphi''(t)}{(\varphi'(t))^3}. \tag{2.6}$$

例 2.32 求由参数方程 $\begin{cases} x = a\cos t, \\ y = b\sin t \end{cases}$ $(0 \leqslant t \leqslant 2\pi)$ 所确定的函数的一阶导数 $\dfrac{dy}{dx}$ 及二阶导数 $\dfrac{d^2y}{dx^2}$.

解 由参数方程的求导公式（2.5）和（2.6）式，得

$$\frac{dy}{dx} = \frac{(b\sin t)'}{(a\cos t)'} = -\frac{b\cos t}{a\sin t} = -\frac{b}{a}\cot t .$$

$$\frac{d^2y}{dx^2} = \frac{(b\sin t)''(a\cos t)' - (b\sin t)'(a\cos t)''}{[(a\cos t)']^3}$$

$$= \frac{ab(\sin^2 x + \cos^2 x)}{(-a\sin t)^3} = -\frac{b}{a^2\sin^3 t} .$$

练习题 2.4

1．方程式 $e^y + xy = e$ 确定变量 y 为 x 的函数，求 $y'\big|_{x=0}$．

2．下列方程式确定变量 y 为 x 的函数，求 y'．

（1） $x^2 - xy + y^2 = 3$；　　（2） $e^{xy} = x + y$；

（3） $x^2 + \ln y - xe^y = 0$；　　（4） $\sin y + e^y - xy^2 = e$．

3．用对数求导法求下列函数的导数：

（1） $y = (\cos x)^{\sin x}$；　　（2） $y = x^{2x} + (2x)^x$；

（3） $y = (x-1)\sqrt[3]{(3x+1)^2(x-2)}$；　　（4） $y = \left[\dfrac{x(3x-1)^2}{(5x+3)(2-x)}\right]^{\frac{1}{3}}$．

4．求下列方程所确定的 y 为 x 的函数的二阶导数 y''：

（1） $\dfrac{x^2}{a^2} - \dfrac{y^2}{b^2} = 1$；　　（2） $y = \tan(x+y)$．

5．求曲线 $x^{\frac{2}{3}} + y^{\frac{2}{3}} = a^{\frac{2}{3}}$ $(a>0)$ 在点 $\left(\dfrac{\sqrt{2}}{4}a, \dfrac{\sqrt{2}}{4}a\right)$ 处的切线方程.

6．求下列参数方程所确定的函数的导数：

（1） $\begin{cases} x = \ln t, \\ y = t^3, \end{cases}$ 求 $\dfrac{dy}{dx}$；　　（2） $\begin{cases} x = t + \arctan t, \\ y = t^3 + 6t, \end{cases}$ 求 $\dfrac{dy}{dx}$ 和 $\dfrac{d^2y}{dx^2}$．

2.5　函数的微分

在实际问题中，往往需要研究函数 $y = f(x)$ 在某一点当自变量有微小变化时，

函数相应的改变量的大小，即函数增量是多少？这个问题看似简单，但对于复杂的函数，计算函数的增量是比较复杂的，而我们总希望能找到函数增量的一个近似表达式，使它既能满足实际问题的要求，同时又能简化计算．这就有了下面关于微分的概念：

2.5.1 微分的定义

先分析一个具体问题：当边长为 x 时，正方形的面积函数为 $S=x^2$，如果正方形的边长从 x_0 变化到 $x_0+\Delta x$，相应的面积的改变量 $\Delta S=(x_0+\Delta x)^2-{x_0}^2=2x_0\Delta x+(\Delta x)^2$．面积改变量 ΔS 分成两部分：

（1）$2x_0\Delta x$ 是变量 Δx 的线性函数，其系数是函数 $S=x^2$ 在 x_0 处的导数．

（2）$(\Delta x)^2$ 是当 $\Delta x\to 0$ 时，比 Δx 高阶的无穷小．

当边长有微小变化时（$|\Delta x|$ 很小时），可以把第（2）部分忽略不计，用第（1）部分 $2x_0\Delta x$ 近似地表示 ΔS，即正方形面积的改变量 $\Delta S\approx 2x_0\Delta x$．我们把 $2x_0\Delta x$ 称为函数 $S=x^2$ 在点 x_0 处对应于自变量改变量 Δx 的微分．

定义 2.4 设函数 $y=f(x)$ 在点 x_0 处的某邻域内有定义，当自变量在 x_0 处取得增量 Δx（$x_0+\Delta x$ 仍在该邻域内）时，如果函数的增量 Δy 可以表示成

$$\Delta y=A\Delta x+o(\Delta x).$$

其中，A 是只与 x_0 有关而不依赖于 Δx 的常数，$o(\Delta x)$ 是比 Δx 高阶的无穷小，那么称函数 $y=f(x)$ 在点 x_0 处**可微**，$A\Delta x$ 称为函数 $y=f(x)$ 在点 x_0 处对应于自变量增量 Δx 的**微分**，记为 $\mathrm{d}y\big|_{x=x_0}$，即

$$\mathrm{d}y\big|_{x=x_0}=A\Delta x.$$

函数的微分 $A\Delta x$ 是变量 Δx 的线性函数，且与函数的增量 Δy 相差一个比 Δx 高阶的无穷小．当 $A\neq 0$ 时，它是 Δy 的主要部分，当 $|\Delta x|$ 很小时，就可以用微分 $\mathrm{d}y$ 作为增量 Δy 的近似值．

函数的微分与函数的导数一样，都是函数在一点处性态的表现，下面的定理给出二者之间的关系．

定理 2.5 函数 $y=f(x)$ 在点 x_0 处可微的充分必要条件是函数 $y=f(x)$ 在点 x_0 处可导．

证明 必要性 设函数 $y=f(x)$ 在点 x_0 处可微，即

$$\Delta y=f(x_0+\Delta x)-f(x_0)=A\Delta x+o(\Delta x).$$

上式两边除以 Δx，得

$$\frac{\Delta y}{\Delta x}=A+\frac{o(\Delta x)}{\Delta x}.$$

取极限，得

$$\lim_{\Delta x\to 0}\frac{\Delta y}{\Delta x}=A+\lim_{\Delta x\to 0}\frac{o(\Delta x)}{\Delta x}=A.$$

所以，函数 $y=f(x)$ 在点 x_0 处可导，且 $f'(x_0)=A$.

充分性　设函数 $y=f(x)$ 在点 x_0 处可导，即

$$\lim_{\Delta x\to 0}\frac{\Delta y}{\Delta x}=f'(x_0).$$

根据极限与无穷小关系，有

$$\frac{\Delta y}{\Delta x}=f'(x_0)+\alpha\text{，其中，当}\Delta x\to 0\text{时，}\alpha\to 0.$$

所以

$$\Delta y=f'(x_0)\Delta x+\alpha\Delta x.$$

显然，$\alpha\Delta x$ 是当 $\Delta x\to 0$ 时比 Δx 高阶的无穷小，即 $\Delta y=f'(x_0)\Delta x+o(\Delta x)$，其中 $f'(x_0)$ 是不依赖于 Δx 的常数，所以函数 $y=f(x)$ 在点 x_0 处可微，且 $\mathrm{d}y\big|_{x=x_0}=f'(x_0)\Delta x$.

由此可见，函数 $y=f(x)$ 在某点处可导与可微是等价的，且当 $y=f(x)$ 在点 x_0 处可微时，其微分是 $\mathrm{d}y\big|_{x=x_0}=f'(x_0)\Delta x$.

如果函数 $y=f(x)$ 在区间 I 内每一点处都可微，就称 $f(x)$ 是区间 I 内的**可微函数**．函数 $y=f(x)$ 在 I 内任意点 x 处的微分，称为**函数的微分**，记作 $\mathrm{d}y$ 或 $\mathrm{d}f(x)$，即

$$\mathrm{d}y=f'(x)\Delta x.$$

由于自变量 x 的微分 $\mathrm{d}x=x'\Delta x=\Delta x$，于是函数 $y=f(x)$ 的微分又可记为

$$\mathrm{d}y=f'(x)\mathrm{d}x.$$

从而有

$$\frac{\mathrm{d}y}{\mathrm{d}x}=f'(x).$$

它表明，函数的微分与自变量的微分之商等于该函数的导数．因此，导数又称为**微商**.

由微分的概念可知：要求函数的微分，只要求出函数的导数再乘以自变量的微分即可.

例 2.33　求函数 $y=\mathrm{e}^{2x}\sin x$ 的微分.

解　由于 $y'=2\mathrm{e}^{2x}\sin x+\mathrm{e}^{2x}\cos x$，则

$$\mathrm{d}y=(2\mathrm{e}^{2x}\sin x+\mathrm{e}^{2x}\cos x)\mathrm{d}x.$$

2.5.2　微分的几何意义

如图 2-2 所示，作函数 $y=f(x)$ 的图形，设 $M(x_0,y_0)$ 是曲线上一个定点．当自变量 x 在点 x_0 处有增量 Δx 时，就得到曲线上另一点 $N(x_0+\Delta x,y_0+\Delta y)$，$MP$ 是

曲线在点 M 处的切线．从图中可知

$$MQ=\Delta x,\quad QN=\Delta y,$$

$$PQ=(\tan\alpha)\Delta x=f'(x_0)\Delta x=\mathrm{d}y.$$

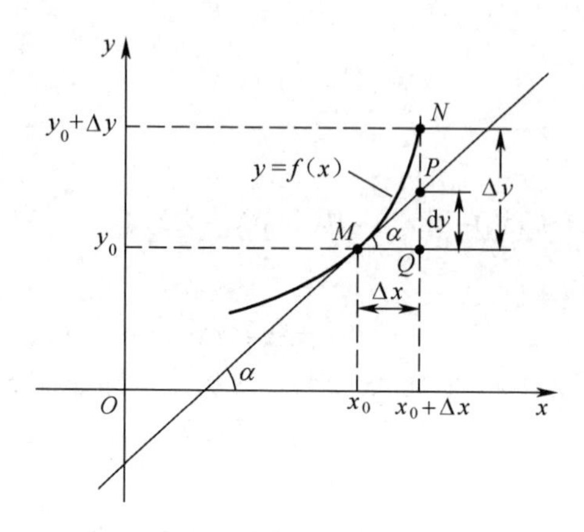

图 2-2

由此可知，微分的几何意义：当 Δy 是曲线 $y=f(x)$ 在 $M(x_0,y_0)$ 处纵坐标的增量时，$\mathrm{d}y$ 就是曲线 $y=f(x)$ 在 $M(x_0,y_0)$ 的切线 MP 的纵坐标的增量．当 $|\Delta x|$ 很小时，$|\Delta y-\mathrm{d}y|$ 比 $|\Delta x|$ 小得多，故可用 $\mathrm{d}y$ 近似地代替 Δy．因此，在点 M 的邻近，可用切线段 MP 近似地代替曲线弧 $\overset{\frown}{MN}$．也就是说，在点 M 的邻近，曲线和直线（切线）非常接近，$|\Delta x|$ 越小，二者越接近，当 $\Delta x\to 0$ 时，点 M 处的切线（直线）与曲线趋于一致．因此，**"在一定的条件下，直线与曲线应当是一回事"**．这里的条件就是自变量的变化很微小乃至于趋近于零．

从数量关系方面看，曲线反映非均匀变化，直线反映均匀变化，曲线向直线转化为我们用均匀变化过程来近似非均匀变化提供了理论根据．既然曲线与切线有如此密切的关系，因此，我们常用切线来研究曲线．

2.5.3　基本初等函数的微分公式与微分运算法则

利用函数的微分表达式 $\mathrm{d}y=f'(x)\mathrm{d}x$，以及基本初等函数的导数公式及求导法则，即可得

1. 基本初等函数的微分公式

（1）$\mathrm{d}(C)=0$；

（2）$\mathrm{d}(x^{\mu})=\mu x^{\mu-1}\mathrm{d}x$（$\mu$ 为实数，$x>0$）；

（3）$\mathrm{d}(a^x)=a^x\ln a\,\mathrm{d}x$，$\mathrm{d}(\mathrm{e}^x)=\mathrm{e}^x\mathrm{d}x$；

（4）$\mathrm{d}(\log_a x)=\dfrac{1}{x\ln a}\mathrm{d}x$，$\mathrm{d}(\ln x)=\dfrac{1}{x}\mathrm{d}x$；

（5） $d(\sin x) = \cos x dx$ ；

（6） $d(\cos x) = -\sin x dx$ ；

（7） $d(\tan x) = \sec^2 x dx$ ；

（8） $d(\cot x) = -\csc^2 x dx$ ；

（9） $d(\sec x) = \sec x \tan x dx$ ；

（10） $d(\csc x) = -\csc x \cot x dx$ ；

（11） $d(\arcsin x) = \frac{1}{\sqrt{1-x^2}} dx$ ；

（12） $d(\arccos x) = -\frac{1}{\sqrt{1-x^2}} dx$ ；

（13） $d(\arctan x) = \frac{1}{1+x^2} dx$ ；

（14） $d(\text{arccot}\, x) = -\frac{1}{1+x^2} dx$.

2. 函数的和、差、积、商的微分法则

设 $u = u(x)$ ， $v = v(x)$ 都是可微函数，则

（1） $d(u \pm v) = du \pm dv$ ；

（2） $d(uv) = vdu + udv$ ；

（3） $d\left(\frac{u}{v}\right) = \frac{vdu - udv}{v^2} (v \neq 0)$.

3. 复合函数的微分法则

设 $y = f(u)$ 和 $u = \varphi(x)$ 都是可微函数，则复合函数 $y = f[\varphi(x)]$ 的微分为

$$dy = f'(u)\varphi'(x)dx = f'[\varphi(x)]\varphi'(x)dx .$$

又因为 $du = \varphi'(x)dx$ ，则

$$dy = f'(u)du .$$

由此可见，无论 u 是自变量还是中间变量，微分形式 $dy = f'(u)du$ 保持不变，这个结论称为**一阶微分形式不变性**，它是不定积分换元积分法的理论基础.

例 2.34 用微分形式不变性求下列函数的微分：

（1） $y = \cos(3x-2)$ ； （2） $y = \cos\sqrt{x}$ ；

（3） $y = \ln(1+e^x)$ ； （4） $y = \arctan\sqrt{x^2+1}$.

解 （1） $dy = d[\cos(3x-2)] = -\sin(3x-2)d(3x-2) = -3\sin(3x-2)dx$ ；

（2） $dy = d(\cos\sqrt{x}) = -\sin\sqrt{x} \cdot d(\sqrt{x}) = -\frac{1}{2\sqrt{x}}\sin\sqrt{x}dx$ ；

（3） $dy = d[\ln(1+e^x)] = \frac{1}{1+e^x} \cdot d(1+e^x) = \frac{e^x}{1+e^x}dx$ ；

（4）$\mathrm{d}y=\mathrm{d}(\arctan\sqrt{x^2+1})=\dfrac{1}{1+x^2+1}\cdot\mathrm{d}(\sqrt{x^2+1})=\dfrac{1}{2+x^2}\cdot\dfrac{1}{2\sqrt{x^2+1}}\mathrm{d}(x^2+1)$

$$=\frac{1}{2+x^2}\cdot\frac{1}{2\sqrt{x^2+1}}\cdot 2x\mathrm{d}x=\frac{x}{(2+x^2)\sqrt{1+x^2}}\mathrm{d}x.$$

例 2.35 由方程 $\sin(x^2+y)=xy$ 确定变量 y 为 x 的函数，求微分 $\mathrm{d}y$.

解 方法一：方程 $\sin(x^2+y)=xy$ 等号两端同时对自变量 x 求导数，得到

$$\cos(x^2+y)\cdot(2x+y')=y+xy',$$

即

$$y'\cos(x^2+y)-xy'=y-2x\cos(x^2+y),$$

$$(\cos(x^2+y)-x)\,y'=y-2x\cos(x^2+y),$$

$$y'=\frac{y-2x\cos(x^2+y)}{\cos(x^2+y)-x},$$

所以微分为

$$\mathrm{d}y=\frac{y-2x\cos(x^2+y)}{\cos(x^2+y)-x}\mathrm{d}x.$$

方法二：利用微分形式不变性对方程 $\sin(x^2+y)=xy$ 两边同时求微分，有

$$\mathrm{d}[\sin(x^2+y)]=\mathrm{d}(xy),$$

得

$$\cos(x^2+y)\mathrm{d}(x^2+y)=y\mathrm{d}x+x\mathrm{d}y,$$

$$\cos(x^2+y)(2x\mathrm{d}x+\mathrm{d}y)=y\mathrm{d}x+x\mathrm{d}y,$$

整理得

$$[\cos(x^2+y)-x]\mathrm{d}y=[y-2x\cos(x^2+y)]\mathrm{d}x,$$

$$\mathrm{d}y=\frac{y-2x\cos(x^2+y)}{\cos(x^2+y)-x}\mathrm{d}x.$$

2.5.4 微分在近似计算中的应用

设函数 $y=f(x)$ 在点 x_0 处可导，且 $|\Delta x|$ 很小时，则有

$$\Delta y\approx \mathrm{d}y=f'(x_0)\Delta x. \tag{2.7}$$

利用（2.7）式我们可简便快捷地求 Δy 的近似值．即 $\Delta y\approx f'(x_0)\Delta x$.

又由于

$$\Delta y=f(x_0+\Delta x)-f(x_0)\approx f'(x_0)\Delta x,$$

则

$$f(x_0+\Delta x)\approx f(x_0)+f'(x_0)\Delta x. \tag{2.8}$$

利用（2.8）式我们又可以求 $f(x_0+\Delta x)$ 的近似值.

在（2.8）式中，令 $x_0+\Delta x=x$，则又有

$$f(x) \approx f(x_0) + f'(x_0)(x - x_0) \ . \tag{2.9}$$

利用(2.9)式告诉我们,可以用曲线上点$(x_0, f(x_0))$处的切线来近似代替曲线$f(x)$.

案例 2.2【金属膨胀】 设球半径$r = 10\text{ cm}$的金属球，遇热后半径伸长了0.01 cm，问体积增大了多少？

解 设球的体积为V，则$V = \dfrac{4}{3}\pi r^3$．当半径r增加Δr时，体积V对应的增量为ΔV，由（2.7）式有

$$\Delta V \approx \mathrm{d}V = 4\pi r^2 \mathrm{d}r \ .$$

把$r = 10\text{ cm}$，$\mathrm{d}r \approx \Delta r = 0.01\text{ cm}$，代入上式得

$$\Delta V \approx \mathrm{d}V = 4\pi \times 10^2 \times 0.01 = 4\pi = 12.57(\text{cm}^3) \ .$$

例 2.36 计算$\sqrt{1.05}$的近似值.

解 我们将这个问题看成求函数$f(x) = \sqrt{x}$在点$x = 1.05$处的函数值的近似值问题．由（2.8）式得

$$f(x_0 + \Delta x) \approx f(x_0) + f'(x_0)\Delta x = \sqrt{x_0} + \frac{1}{2\sqrt{x_0}}\Delta x \ .$$

令$x_0 = 1$，$\Delta x = 0.05$，便有

$$\sqrt{1.05} = f(1.05) \approx f(1) + f'(1)\Delta x = \sqrt{1} + \frac{1}{2\sqrt{1}} \times 0.05 = 1.025 \ .$$

在（2.9）式中，当$x_0 = 0$且$|x|$很小时，有

$$f(x) \approx f(0) + f'(0)x \ . \tag{2.10}$$

当$|x|$很小时，应用（2.10）式可以推得下面一些常用的近似计算公式：

（1）$\sqrt[n]{1+x} \approx 1 + \dfrac{x}{n}$；（2）$\mathrm{e}^x \approx 1 + x$；

（3）$\ln(1+x) \approx x$；（4）$\sin x \approx x$；

（5）$\tan x \approx x$.

证明 （1）取$f(x) = \sqrt[n]{1+x}$，于是$f(0) = 1$，

$$f'(0) = \frac{1}{n}(1+x)^{\frac{1}{n}-1}\bigg|_{x=0} = \frac{1}{n} \ .$$

代入$f(x) \approx f(0) + f'(0)x$，得

$$\sqrt[n]{1+x} \approx 1 + \frac{x}{n} \ .$$

（2）取$f(x) = \mathrm{e}^x$，于是$f(0) = 1$，

$$f'(0) = \mathrm{e}^x\big|_{x=0} = 1 \ .$$

代入 $f(x) \approx f(0) + f'(0)x$，得

$$e^x \approx 1 + x .$$

其他几个近似公式都可以用类似方法推得.

练习题 2.5

1．已知 $y = x^2$，计算函数在 $x = 1$ 处，当 Δx 分别等于 0.1,0.01 时的 Δy 及 dy .

2．将一个适当的函数填入下列空格内，使等式成立.

（1）$dx = \frac{1}{k}d(\quad)$（$k \neq 0$）；　　（2）$xdx = d(\quad)$；

（3）$\cos x dx = d(\quad)$；　　（4）$\sin 2x dx = d(\quad)$；

（5）$e^{-x}dx = d(\quad)$；　　（6）$\sec^2 3x dx = d(\quad)$.

3．求下列函数的微分：

（1）$y = 4x^3 - x^4$；　　（2）$y = \frac{x}{\sin x}$；

（3）$y = 3^{\ln x}$　；　　（4）$y = \frac{1}{\sqrt{\ln x}}$；

（5）$y = x - \ln(1 + e^x)$；　　（6）$y = xe^{-2x}$.

4．求下列方程所确定的隐函数的微分：

（1）$(x-1)^2 + y^2 = 1$；　　（2）$x^y + y = 2x$.

5．利用微分求下列近似值：

（1）$\ln 1.03$；　　（2）$\sqrt[3]{1.02}$.

6．有一薄壁圆管，内径为 120 mm，厚为 3 mm，用微分求其截面面积的近似值.

7．当 $|x|$ 很小时，证明下面的近似公式：

（1）$\ln(1+x) \approx x$；　　（2）$\sin x \approx x$.

习题二

1．填空题

（1）设 $f(x)$ 是可导函数，Δx 是自变量在点 x 处的增量，则 $\lim\limits_{\Delta x \to 0} \frac{f^2(x+\Delta x) - f^2(x)}{\Delta x} =$ ________.

（2）已知函数 $f(x) = \sin\frac{1}{x}$，则 $f'\left(\frac{1}{\pi}\right) =$ ________.

（3）函数 $y =$ ________的导数等于它本身.

（4）设 $f(x) = x^3$，则 $d[f(e^{-x})] =$ ________.

(5) 已知复合函数 $f(\sqrt{x})=\arctan x$，则导数 $f'(x)=$__________.

(6) 已知函数 $f(x)=\sin x-x\cos x$，则二阶导数值 $f''(\pi)=$__________.

(7) 若 $y=x+(\sin x)^x$，则 $y'=$__________.

(8) 设函数 $y=\ln\cos x$，则 $y'=$__________.

(9) 设 $x^2+xy+y^3=1$，则 $\left.\dfrac{\mathrm{d}y}{\mathrm{d}x}\right|_{x=1}=$__________.

(10) 函数 $y=\sqrt{1+x}$ 在点 $x=0$ 处，当 $\Delta x=0.04$ 时的微分值为__________.

(11) 曲线 $y=\dfrac{1}{\sqrt{x}}$ 在点 $(1,1)$ 处切线的斜率是__________.

(12) 曲线 $(5y+2)^3=(2x+1)^5$ 在点 $\left(0,-\dfrac{1}{5}\right)$ 处的切线方程是__________.

2．选择题

(1) 若函数 $y=f(x)$ 在点 x_0 处可导，则 $\lim\limits_{\Delta x\to 0}\dfrac{f(x_0-\Delta x)-f(x_0)}{\Delta x}=$（　　）.

A. $-f'(x_0)$　　B. $f'(x_0)$

C. 0　　D. 不存在

(2) 过曲线 $y=\dfrac{x+4}{4-x}$ 上一点 $(2,3)$ 的切线斜率是（　　）.

A. -2　　B. 2　　C. -1　　D. 1

(3) $[\cos(x^2)]'=$（　　）.

A. $\sin(x^2)$　　B. $-\sin(x^2)$

C. $2x\sin(x^2)$　　D. $-2x\sin(x^2)$

(4) 设 $y=3^{\sin x}$，则 $y'=$（　　）.

A. $3^{\sin x}\ln 3$　　B. $3^{\sin x}\cos x$

C. $3^{\sin x}\cos x\ln 3$　　D. $3^{\sin x-1}\sin x$

(5) 设 $y=5^x+\ln 5$，则 $\mathrm{d}y=$（　　）.

A. $x\cdot 5^{x-1}\mathrm{d}x$　　B. $\left(x\cdot 5^{x-1}+\dfrac{1}{5}\right)\mathrm{d}x$

C. $\left(5^x\ln 5+\dfrac{1}{5}\right)\mathrm{d}x$　　D. $5^x\ln 5\mathrm{d}x$

(6) 设函数 $f(x)$ 可微，则在点 x 处，$\Delta y-\mathrm{d}y$ 是关于 Δx 的（　　）无穷小.

A. 高阶　　B. 等价

C. 低阶　　D. 同阶（不等价）

(7) 函数在点 x_0 处连续是在该点处可微的（　　）条件.

A. 充分但非必要　　B. 必要但非充分

C．充分必要　　　　D．既非充分也非必要

（8）设函数 $f(x)=\begin{cases}\sqrt{|x|}\sin\dfrac{1}{x^2}, x\neq 0,\\ 0 \quad , x=0.\end{cases}$ 则 $f(x)$ 在点 $x=0$ 处（　　）．

A．极限不存在　　　　B．极限存在但不连续

C．连续但不可导　　　　D．可导

（9）若 $y=\sqrt{x}$，求当 $x=4$ 时的切线方程（　　）．

A．$y=\dfrac{1}{2\sqrt{x}}(x-4)$　　　　B．$y=\dfrac{1}{4}(x-4)$

C．$y-2=\dfrac{1}{2\sqrt{x}}(x-4)$　　　　D．$y-2=\dfrac{1}{4}(x-4)$

（10）设 $y=\mathrm{e}^x+\mathrm{e}^{-x}$，则 $y^{(n)}=$（　　）．

A．$\mathrm{e}^x+\mathrm{e}^{-x}$　　　　B．$\mathrm{e}^x-\mathrm{e}^{-x}$

C．$\mathrm{e}^x+(-1)^n\mathrm{e}^{-x}$　　　　D．$\mathrm{e}^x+(-1)^{n-1}\mathrm{e}^{-x}$

（11）若 $f(x)=\begin{cases}\mathrm{e}^{ax}, & x\geqslant 0,\\ b+\sin 2x, & x<0.\end{cases}$ 在 $x=0$ 处可导，则 a,b 的值应为（　　）．

A．$a=2,b=1$　　　　B．$a=1,b=2$

C．$a=-2,b=1$　　　　D．$a=2,b=-1$

（12）已知 $y=\mathrm{e}^{f(x)}$，则 $y''=$（　　）．

A．$\mathrm{e}^{f(x)}$　　　　B．$\mathrm{e}^{f(x)}f''(x)$

C．$\mathrm{e}^{f(x)}[f'(x)+f''(x)]$　　　　D．$\mathrm{e}^{f(x)}\{[f'(x)]^2+f''(x)\}$

（13）设若 $x^y=y^x$，则 $y'=$（　　）．

A．$\dfrac{y^2x^y}{x^2y^x}$　　　　B．$\dfrac{y^2-xy\ln y}{x^2-xy\ln x}$

C．$\dfrac{y(\ln y-1)}{x(\ln x-1)}$　　　　D．$\dfrac{x^y\ln x}{y^x\ln y}$

（14）方程式 $\dfrac{x^2}{a^2}+\dfrac{y^2}{b^2}=1(a>0,b>0)$ 确定变量 y 为 x 的函数，则导数 $\dfrac{\mathrm{d}y}{\mathrm{d}x}=$（　　）．

A．$-\dfrac{a^2y}{b^2x}$　　　　B．$-\dfrac{b^2x}{a^2y}$

C．$-\dfrac{a^2x}{b^2y}$　　　　D．$-\dfrac{b^2y}{a^2x}$

（15）已知函数 $f(x)$ 二阶可导，如果函数 $y=f(2x)$，则二阶导数 $y''=$（　　）．

A．$f''(2x)$　　　　B．$2f''(2x)$

C. $4f''(2x)$　　D. $8f''(2x)$

（16）已知函数 $y=f(\mathrm{e}^x)$ 可微，则下列微分表达式中（　　）不成立.

A. $\mathrm{d}y=(f(\mathrm{e}^x))'\mathrm{d}x$　　B. $\mathrm{d}y=f'(\mathrm{e}^x)\mathrm{e}^x\mathrm{d}x$

C. $\mathrm{d}y=(f(\mathrm{e}^x))'\mathrm{d}(\mathrm{e}^x)$　　D. $\mathrm{d}y=f'(\mathrm{e}^x)\mathrm{d}(\mathrm{e}^x)$

3. 求下列各函数的导数：

（1）$f(x)=10^x$，求 $f'(x)$，$f'(-2)$，$f'(0)$；

（2）$y=\lg x$，$y=\log_{\frac{1}{3}}{}^x$，$y=\log_7{}^x$，求 y'.

4. 求下列函数的导数：

（1）$y=4x^3-\dfrac{x}{4}$；　　（2）$y=\dfrac{5}{\sqrt{x}}+\dfrac{\sqrt{x}}{5}$；

（3）$y=\dfrac{x}{1+x^2}$；　　（4）$y=\dfrac{1-x}{1+x}$；

（5）$y=10^{10}-10^x$；　　（6）$y=(x+2)\mathrm{e}^x$；

（7）$y=\log_5^x+\log_2^x$；　　（8）$y=x^2\ln x$；

（9）$y=\dfrac{\mathrm{e}^x}{1+x}$；　　（10）$y=\dfrac{x}{\ln x}$；

（11）$y=x^2 2^x$；　　（12）$y=\dfrac{1}{x+\ln x}$.

5. 求下列函数的导数：

（1）$y=x\ln x\sin x$；　　（2）$y=\dfrac{x}{\sin x}$；

（3）$y=3^{\ln x}$；　　（4）$y=\mathrm{e}^x\tan x$；

（5）$y=x-\ln(1+\mathrm{e}^x)$；　　（6）$y=x\mathrm{e}^{-2x}$.

（7）$y=x\lg x$；　　（8）$y=(1+x^2)\arctan x$；

（9）$y=\mathrm{e}^x-\mathrm{e}x$；　　（10）$y=\dfrac{\sin x}{1+\cos x}$；

（11）$y=\tan x-\cot x$；　　（12）$y=\dfrac{1+\ln x}{1-\ln x}$.

6. 求下列函数的导数：

（1）$y=(1+5x)^{20}$；　　（2）$y=\mathrm{e}^{\sqrt{x}}$；

（3）$y=\tan\left(x-\dfrac{\pi}{4}\right)$；　　（4）$y=\arcsin x^2$；

（5）$y=(1+10^x)^3$；　　（6）$y=\ln(1+\sqrt{x})$；

（7）$y=\sqrt{1+\ln x}$；　　（8）$y=\cos^5 x$；

（9）$y=(\arctan x)^2$；（10）$y=\sin e^x$；

（11）$y=x^2e^{\frac{1}{x}}$；（12）$y=x\arctan\sqrt{x}$.

7．利用对数求导法求下列函数的导数：

（1）$y=(\cos x)^{\sin x}$；（2）$y=(\sin x)^{\ln x}$；

（3）$y=2x^{\sqrt{x}}$；（4）$y=x\sqrt{\frac{1-x}{1+x}}$；

（5）$y=(\ln x)^x$；（6）$y=x^{\ln x}$.

8．下列方程式所确定的隐函数的导数 y'：

（1）$y^x=x^y$；（2）$xe^y-10+y^2=0$；

（3）$xe^y+ye^x=0$；（4）$x-\sin\frac{y}{x}+\tan\alpha=0$；

（5）$\ln y=xy+\cos x$；（6）$y=\arctan\frac{x}{y}$.

9．求下列函数的二阶导数：

（1）$y=\ln(1-x^2)$；（2）$y=(1+x^2)\arctan x$；

（3）$y=x^2\sin x$；（4）$y=\frac{1-x}{1+x}$；

（5）$y=\sin e^x$；（6）$y=\ln(1+x^2)$.

10．求下列函数的微分：

（1）$y=\sqrt{2-5x^2}$；（2）$y=\frac{x}{1-x^2}$；

（3）$y=e^{2x}\sin\frac{x}{3}$；（4）$y=\cos^2(2x-5)$；

11．求下列参数方程所确定的函数的导数：

（1）$\begin{cases}x=\frac{t^2}{2},\\ y=1-t;\end{cases}$（2）$\begin{cases}x=1-t^2,\\ y=t-t^3.\end{cases}$

12．利用微分求近似计算：

（1）$\arctan 1.05$；（2）$\cos 151^\circ$；

（3）$\lg 11$；（4）$e^{1.01}$.

第 3 章　微分中值定理与导数的应用

【学习目标】

- 掌握并会使用罗尔定理、拉格朗日中值定理，了解柯西中值定理.
- 熟练使用洛必达法则求未定式极限.
- 理解拐点的定义，掌握利用导数判断函数的单调性和凹凸性的方法.
- 理解并掌握函数极值的概念与求法；会描绘函数的图形；掌握函数的最大值和最小值的求法及其在工程、物理、科学实验中的简单应用；理解并掌握边际分析.

前面我们介绍了函数与微分的概念、性质及计算方法. 这里我们将在微分中值定理的基础上，利用导数来研究函数及曲线的某些性态，进一步解决一些实际问题.

3.1　微分中值定理

微分中值定理是导数应用的基础，在微积分理论中占有重要地位，它反映了函数在某区间上的整体性质与函数在该区间内某一点处的导数之间的关系. 本节将介绍 3 个中值定理，先介绍罗尔定理，然后再由它推出拉格朗日中值定理.

3.1.1　罗尔定理

定理 3.1（罗尔定理）　如果函数 $f(x)$ 满足

（1）在闭区间 $[a,b]$ 上连续；

（2）在开区间 (a,b) 内可导；

（3）在区间端点处的函数值相等，即 $f(a)=f(b)$，

则在 (a,b) 内至少存在一点 ξ，使得 $f'(\xi)=0$.

证明　由于 $f(x)$ 在闭区间 $[a,b]$ 上连续，根据闭区间上连续函数的性质，$f(x)$ 在闭区间 $[a,b]$ 上必定取得它的最大值 M 和最小值 m. 这样只有两种可能情形：

（1）$M=m$. 这时 $f(x)$ 在闭区间 $[a,b]$ 上任意一点处必然取得相同的数值 M，即 $f(x)=M$. 由此有 $f'(x)=0$，因此可以取 (a,b) 内任意一点作为 ξ，都有 $f'(\xi)=0$.

（2）$M\neq m$. 因为 $f(a)=f(b)$，所以最大值 M 和最小值 m 这两个数中至少有一个不等于区间端点处的函数值（即若 $m=f(a)$，则 $M\neq f(a)$；若 $M=f(a)$，

则 $m \neq f(a)$；若 $M \neq f(a)$ 且 $m \neq f(a)$）．下面仅以 $M \neq f(a)$ 的情况来证明（如果设 $m \neq f(a)$，证法完全类似）．

设 $M \neq f(a)$，那么必定在开区间 (a,b) 内有一点 ξ，使得 $f(\xi)=M$．下面证明 $f(x)$ 在点 ξ 处的导数等于零：$f'(\xi)=0$．

因为 ξ 是开区间 (a,b) 内的点，根据定理条件（2）可知 $f'(\xi)$ 存在，即极限 $\lim\limits_{\Delta x \to 0}\dfrac{f(\xi+\Delta x)-f(\xi)}{\Delta x}$ 存在．而极限存在必定左、右极限都存在并且相等，因此

$$f'(\xi)=\lim_{\Delta x \to 0^+}\frac{f(\xi+\Delta x)-f(\xi)}{\Delta x}=\lim_{\Delta x \to 0^-}\frac{f(\xi+\Delta x)-f(\xi)}{\Delta x}.$$

由于 $f(\xi)=M$ 是 $f(x)$ 在 $[a,b]$ 上的最大值，因此不论 Δx 是正的还是负的，只要 $\xi+\Delta x$ 在 $[a,b]$ 上，总有 $f(\xi+\Delta x) \leqslant f(\xi)$，即 $f(\xi+\Delta x)-f(\xi) \leqslant 0$．

当 $\Delta x>0$ 时，$\dfrac{f(\xi+\Delta x)-f(\xi)}{\Delta x} \leqslant 0$，根据函数极限性质 4，有

$$f'_+(\xi)=\lim_{\Delta x \to 0^+}\frac{f(\xi+\Delta x)-f(\xi)}{\Delta x} \leqslant 0,$$

同理，当 $\Delta x<0$ 时，

$$\frac{f(\xi+\Delta x)-f(\xi)}{\Delta x} \geqslant 0,$$

$$f'_-(\xi)=\lim_{\Delta x \to 0^-}\frac{f(\xi+\Delta x)-f(\xi)}{\Delta x} \geqslant 0,$$

由于 $f'(\xi)$ 存在，于是 $f'_+(\xi)=f'_-(\xi)=f'(\xi)$，因此必然有 $f'(\xi)=0$．如图 3-1 所示．

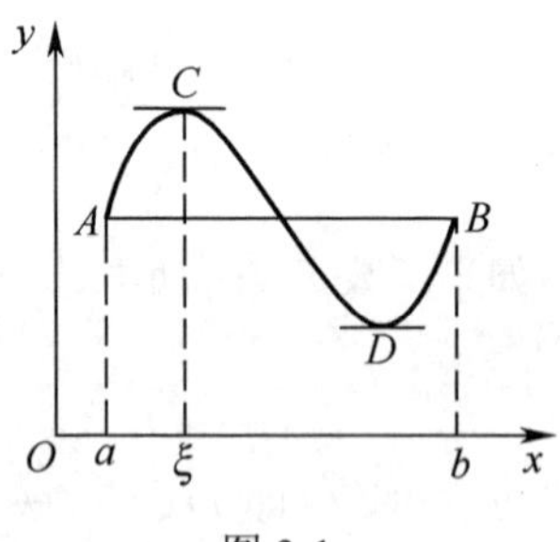

图 3-1

例 3.1　验证罗尔定理对函数 $y=\ln\sin x$ 在 $\left[\dfrac{\pi}{6},\dfrac{5}{6}\pi\right]$ 上的正确性．

解　$y=\ln\sin x$ 是初等函数，其定义域为 $2n\pi<x<2n\pi+\pi\ (n=0,\pm1,\cdots)$．

因为初等函数在其定义区间内连续，所以该函数在 $\left[\dfrac{\pi}{6},\dfrac{5\pi}{6}\right]$ 上连续；又 $y'=\cot x$ 在 $\left(\dfrac{\pi}{6},\dfrac{5\pi}{6}\right)$ 内处处存在，并且 $f\left(\dfrac{\pi}{6}\right)=f\left(\dfrac{5\pi}{6}\right)=-\ln 2$，可知函数在

$\left[\frac{\pi}{6},\frac{5\pi}{6}\right]$上满足罗尔定理的条件.

由于 $y'=\cot x=0$ 在 $\left(\frac{\pi}{6},\frac{5}{6}\pi\right)$ 内显然有解 $x=\frac{\pi}{2}$，取 $\xi=\frac{\pi}{2}$，则 $f'(\xi)=0$.

综上，函数 $y=\ln\sin x$ 在 $\left[\frac{\pi}{6},\frac{5\pi}{6}\right]$上满足罗尔定理的条件.

3.1.2　拉格朗日中值定理

罗尔定理中，$f(a)=f(b)$ 这一条件是相当特殊的，它使罗尔定理的应用受到限制，如果将这个条件取消，而保留其余的两个条件，便可得到微分学中十分重要的拉格朗日中值定理.

定理 3.2（拉格朗日中值定理） 如果函数 $f(x)$ 满足

（1）在闭区间 $[a,b]$ 上连续；

（2）在开区间 (a,b) 内可导，

则在 (a,b) 内至少有一点 $\xi(a<\xi<b)$，使得

$$f(b)-f(a)=f'(\xi)(b-a).\tag{3.1}$$

拉格朗日中值定理有时也称为**微分中值定理**，在微分学中占有十分重要的地位（如图 3-2 所示）. 公式（3.1）称为拉格朗日中值公式.

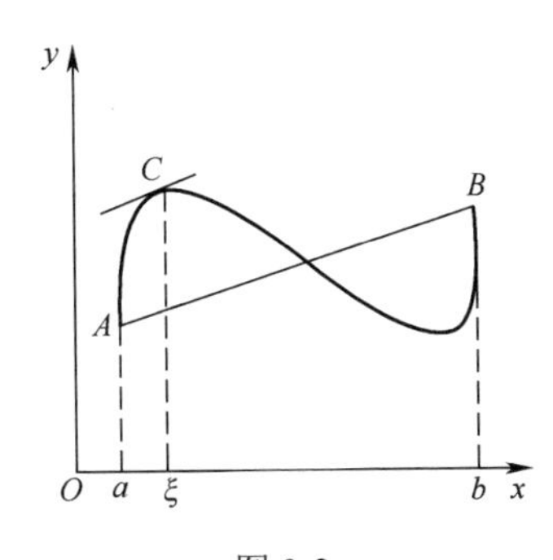

图 3-2

它还有下面两种不同的变形，可根据不同情况灵活运用：

$$f(b)-f(a)=f'(a+\theta(b-a))(b-a),0<\theta<1.\tag{3.2}$$

$$f(a+h)-f(a)=f'(a+\theta h)h,0<\theta<1.\tag{3.3}$$

证明　引进辅助函数 $\varphi(x)=f(x)-[f(a)+\frac{f(b)-f(a)}{b-a}(x-a)]$.

容易验证函数 $\varphi(x)$ 满足罗尔定理的条件：$\varphi(a)=\varphi(b)=0$，$\varphi(x)$ 在闭区间 $[a,b]$ 上连续，在开区间 (a,b) 内可导，且 $\varphi'(x)=f'(x)-\frac{f(b)-f(a)}{b-a}$.

根据罗尔定理，可知在 (a,b) 内至少有一点 ξ，使得 $\varphi'(\xi)=0$，即

$$f'(\xi)-\frac{f(b)-f(a)}{b-a}=0 .$$

由此得 $$f'(\xi)=\frac{f(b)-f(a)}{b-a} .$$

即 $$f(b)-f(a)=f'(\xi)(b-a) .$$

定理证明完毕.

特别地，当 $f(a)=f(b)$ 时，由（3.1）式可知 $f'(\xi)=0$，可见罗尔定理是拉格朗日定理的特殊情形.

例 3.2 证明当 $x>0$ 时，$\frac{x}{1+x}<\ln(1+x)<x$.

证明 设函数 $f(t)=\ln(1+t)$，显然当 $x>0$ 时，$f(t)$ 在区间 $[0,x]$ 上满足拉格朗日中值定理的条件，根据拉格朗日中值定理，应有

$$f(x)-f(0)=f'(\xi)(x-0),\quad 0<\xi<x .$$

由于 $f(0)=0, f'(t)=\frac{1}{1+t}$，因此上式即为 $\ln(1+x)=\frac{x}{1+\xi}$.

又 $0<\xi<x$，有 $\frac{x}{1+x}<\frac{x}{1+\xi}<x$，从而

$$\frac{x}{1+x}<\ln(1+x)<x .$$

定理 3.3 如果函数 $f(x)$ 在区间 I 上的导数恒为零，那么 $f(x)$ 在区间 I 上是一个常数.

证明 设在区间 I 上任取两点 x_1,x_2 $(x_1<x_2)$，应用（3.1）式得

$$f(x_2)-f(x_1)=f'(\xi)(x_2-x_1)\quad (x_1<\xi<x_2) .$$

由已知，$f'(\xi)=0$，所以 $f(x_2)-f(x_1)=0$，即 $f(x_2)=f(x_1)$.

因为 x_1,x_2 是 I 上的任意两点，所以上面的等式表明：$f(x)$ 在 I 上任一点处的函数值总是相等的，也就是说，$f(x)$ 在区间 I 上是一个常数.

从上述论证中可以看出，虽然拉格朗日中值定理中的准确值不知道，但在这里并不妨碍它的应用.

3.1.3 柯西中值定理

定理 3.4 （柯西中值定理） 如果函数 $f(x)$ 和 $g(x)$ 满足

（1）在闭区间 $[a,b]$ 上连续；

（2）在开区间 (a,b) 内可导；

（3）对任一 $x\in(a,b)$，$g'(x)\neq 0$，

则在 (a,b) 内至少有一点 $\xi(a<\xi<b)$，使得

$$\frac{f(b)-f(a)}{g(b)-g(a)}=\frac{f'(\xi)}{g'(\xi)} . \tag{3.4}$$

证明略.

特别地，如果 $g(x)=x$，则 $g(b)-g(a)=b-a$，$g'(x)=1$，从而公式（3.4）变成

$$f(b)-f(a)=f'(\xi)(b-a) \quad (a<\xi<b).$$

也即变成了拉格朗日中值公式了．因此，拉格朗日中值定理是柯西中值定理的特殊情形，柯西中值定理又称**广义中值定理**.

练习题 3.1

1．下列函数在给定区间上是否满足罗尔定理的条件？如满足，求出定理中的 ξ：

（1）$f(x)=2x^2-x-3$，$[-1,1.5]$；　　（2）$f(x)=\dfrac{1}{1+x^2}$，$[-2,2]$.

2．下列函数在给定区间上是否满足拉格朗日中值定理的条件？如果满足，求出定理中的 ξ：

（1）$f(x)=x^3$，$[-1,2]$；　　（2）$f(x)=\ln x$，$[1,\mathrm{e}]$；

（3）$f(x)=x^3-5x^2+x-2$，$[-1,1]$.

3.2　洛必达法则

如果当 $x\to x_0$（或 $x\to\infty$）时，两个函数 $f(x)$ 与 $g(x)$ 都趋于零或都趋于无穷大，那么极限 $\lim\limits_{\substack{x\to x_0\\(x\to\infty)}}\dfrac{f(x)}{g(x)}$ 可能存在，也可能不存在．通常把这种极限称为**未定式**，并分别记作 $\dfrac{0}{0}$ 或 $\dfrac{\infty}{\infty}$．在前面介绍过的重要极限 $\lim\limits_{x\to 0}\dfrac{\sin x}{x}$ 就是未定式 $\dfrac{0}{0}$．本节将介绍一种简便而重要的方法，专门解决未定式极限的问题.

3.2.1　$\dfrac{0}{0}$ 与 $\dfrac{\infty}{\infty}$ 型未定式

我们先来看 $x\to x_0$ 时的未定式 $\dfrac{0}{0}$ 的情形，关于这种情形有以下定理：

定理 3.5　若函数 $f(x),g(x)$ 满足：

（1）$\lim\limits_{x\to x_0}f(x)=0$ 且 $\lim\limits_{x\to x_0}g(x)=0$；

（2）在点 x_0 的某去心邻域内，$f'(x)$ 及 $g'(x)$ 都存在，且 $g'(x)\neq 0$；

（3）$\lim\limits_{x\to x_0}\dfrac{f'(x)}{g'(x)}$ 存在（或为 ∞），

那么 $\lim\limits_{x\to x_0}\dfrac{f(x)}{g(x)}=\lim\limits_{x\to x_0}\dfrac{f'(x)}{g'(x)}$（或为 ∞）.

证明略.

也就是说，当 $\lim\limits_{x \to x_0} \dfrac{f'(x)}{g'(x)}$ 存在时，$\lim\limits_{x \to x_0} \dfrac{f(x)}{g(x)}$ 也存在且等于 $\lim\limits_{x \to x_0} \dfrac{f'(x)}{g'(x)}$；当 $\lim\limits_{x \to x_0} \dfrac{f'(x)}{g'(x)}$ 为无穷大时，$\lim\limits_{x \to x_0} \dfrac{f(x)}{g(x)}$ 也为无穷大. 这种在一定条件下通过对分子分母分别求导再求极限来确定未定式值的方法称为**洛必达法则**.

我们再来看 $x \to x_0$ 时的未定式 $\dfrac{\infty}{\infty}$ 的情形，关于这种情形有以下定理：

定理 3.6 若函数 $f(x), g(x)$ 满足

（1）$\lim\limits_{x \to x_0} f(x) = \infty$ 且 $\lim\limits_{x \to x_0} g(x) = \infty$；

（2）在点 x_0 的某去心邻域内，$f'(x)$ 及 $g'(x)$ 都存在，且 $g'(x) \neq 0$；

（3）$\lim\limits_{x \to x_0} \dfrac{f'(x)}{g'(x)}$ 存在（或为 ∞），

那么 $\lim\limits_{x \to x_0} \dfrac{f(x)}{g(x)} = \lim\limits_{x \to x_0} \dfrac{f'(x)}{g'(x)}$（或为 ∞）.

证明略.

注: 对于定理 3.5 和定理 3.6，把 $x \to x_0$ 改为 $x \to x_0^+$，$x \to x_0^-$，$x \to \infty$，$x \to +\infty$，$x \to -\infty$ 时仍然成立.

例 3.3 求 $\lim\limits_{x \to 0} \dfrac{e^x - 1}{x^2 - x}$.（$\dfrac{0}{0}$ 型）

解 当 $x \to 0$ 时，有 $e^x - 1 \to 0$ 和 $x^2 - x \to 0$，这是 $\dfrac{0}{0}$ 型未定式. 由洛必达法则

$$\lim_{x \to 0} \frac{e^x - 1}{x^2 - x} = \lim_{x \to 0} \frac{e^x}{2x - 1} = -1 .$$

例 3.4 $\lim\limits_{x \to 0} \dfrac{1 - \cos x}{x^3}$.（$\dfrac{0}{0}$ 型）

解 当 $x \to 0$ 时，有 $1 - \cos x \to 0$ 和 $x^3 \to 0$，这又是 $\dfrac{0}{0}$ 型未定式. 由洛必达法则

$\lim\limits_{x \to 0} \dfrac{1 - \cos x}{x^3} = \lim\limits_{x \to 0} \dfrac{\sin x}{3x^2}$.

当 $x \to 0$ 时，有 $\sin x \to 0$ 和 $3x^2 \to 0$，这是 $\dfrac{0}{0}$ 型未定式. 再用洛必达法则

$\lim\limits_{x \to 0} \dfrac{\sin x}{3x^2} = \lim\limits_{x \to 0} \dfrac{\cos x}{6x} = \infty$. 所以 $\lim\limits_{x \to 0} \dfrac{1 - \cos x}{x^3} = \infty$.

注: 如果当 $x \to x_0$ 时，$\dfrac{f'(x)}{g'(x)}$ 仍属 $\dfrac{0}{0}$ 型或 $\dfrac{\infty}{\infty}$，且 $f'(x)$ 及 $g'(x)$ 满足定理 3.5 或定理 3.6 中的条件，那么可以继续对 $\dfrac{f'(x)}{g'(x)}$ 应用洛必达法则，从而确定 $\lim\limits_{x \to x_0} \dfrac{f(x)}{g(x)}$，即

$$\lim_{x\to x_0}\frac{f(x)}{g(x)}=\lim_{x\to x_0}\frac{f'(x)}{g'(x)}=\lim_{x\to x_0}\frac{f''(x)}{g''(x)}.$$

上述方法可依次类推，直至 $\lim\limits_{x\to x_0}\dfrac{f^{(n)}(x)}{g^{(n)}(x)}$ 不是未定式为止．要特别注意，如果不是未定式，就不能用洛必达法则，否则会导致结果错误．

例 3.5 求 $\lim\limits_{x\to+\infty}\dfrac{\frac{\pi}{2}-\arctan x}{\frac{1}{x}}$．（$\dfrac{0}{0}$ 型）

解 当 $x\to+\infty$ 时，有 $\dfrac{\pi}{2}-\arctan x\to 0$ 和 $\dfrac{1}{x}\to 0$，这是 $\dfrac{0}{0}$ 型未定式．由洛必达法则

$$\lim_{x\to+\infty}\frac{\frac{\pi}{2}-\arctan x}{\frac{1}{x}}=\lim_{x\to+\infty}\frac{-\frac{1}{1+x^2}}{-\frac{1}{x^2}}=\lim_{x\to+\infty}\frac{x^2}{1+x^2}=1.$$

例 3.6 求 $\lim\limits_{x\to+\infty}\dfrac{\ln x}{x^n}$．（$\dfrac{\infty}{\infty}$ 型）

解 当 $x\to+\infty$ 时，有 $\ln x\to+\infty$ 和 $x^n\to+\infty$，这是 $\dfrac{\infty}{\infty}$ 型未定式．由洛必达法则

$$\lim_{x\to+\infty}\frac{\ln x}{x^n}=\lim_{x\to+\infty}\frac{\frac{1}{x}}{nx^{n-1}}=\lim_{x\to+\infty}\frac{1}{nx^n}=0.$$

3.2.2 其他类型未定式

还有一些其他类型的未定式，如 $0\cdot\infty,\infty-\infty,0^0,1^\infty,\infty^0$ 型未定式，可通过变换转化为 $\dfrac{0}{0}$ 或 $\dfrac{\infty}{\infty}$ 型未定式来计算．下面我们通过具体的例子来说明．

例 3.7 求 $\lim\limits_{x\to 0^+}x\ln x$．（$0\cdot\infty$型）

解 $\lim\limits_{x\to 0^+}x\ln x=\lim\limits_{x\to 0^+}\dfrac{\ln x}{\frac{1}{x}}$ （已化成 $\dfrac{\infty}{\infty}$ 型）

$$=\lim_{x\to 0^+}\frac{\frac{1}{x}}{-\frac{1}{x^2}}=\lim_{x\to 0^+}(-x)=0.$$

例 3.8 求 $\lim\limits_{x\to\frac{\pi}{2}}(\sec x-\tan x)$．（$\infty-\infty$ 型）

解 $\lim\limits_{x\to\frac{\pi}{2}}(\sec x-\tan x)=\lim\limits_{x\to\frac{\pi}{2}}\left(\dfrac{1}{\cos x}-\dfrac{\sin x}{\cos x}\right)$

$$=\lim_{x\to\frac{\pi}{2}}\frac{1-\sin x}{\cos x}\ \text{（已化成}\frac{0}{0}\text{型）}$$

$$=\lim_{x\to\frac{\pi}{2}}\frac{-\cos x}{-\sin x}=\frac{0}{1}=0.$$

对于 $0^0,1^\infty,\infty^0$ 型未定式，利用公式 $y=\mathrm{e}^{\ln y}$，将所给的函数化为以 e 为底的指数函数，再利用指数函数的连续性，将所求函数极限转化为求指数的极限，从而将该类未定式转化为前面所讨论过的类型.

例 3.9 求 $\lim\limits_{x\to0^+}x^x$.（0^0 型）

解 这是 0^0 型未定式. 由公式 $y=\mathrm{e}^{\ln y}$，知 $x^x=\mathrm{e}^{x\ln x}$，

所以 $\lim\limits_{x\to0^+}x^x=\lim\limits_{x\to0^+}\mathrm{e}^{x\ln x}=\mathrm{e}^{\lim\limits_{x\to0^+}x\ln x}$，由例 3.7 的结论 $\lim\limits_{x\to0^+}x\ln x=0$ 可得

$$\lim_{x\to0^+}x^x=\mathrm{e}^0=1.$$

例 3.10 求 $\lim\limits_{x\to0^+}(\cot x)^{\sin x}$.（$\infty^0$ 型）

解 这是 ∞^0 型未定式. 因为 $(\cot x)^{\sin x}=\mathrm{e}^{\sin x\ln\cot x}$，

而 $\lim\limits_{x\to0^+}\sin x\ln\cot x=\lim\limits_{x\to0^+}\dfrac{\ln\cot x}{\csc x}=\lim\limits_{x\to0^+}\dfrac{\tan x\cdot(-\csc^2 x)}{-\csc x\cdot\cot x}=\lim\limits_{x\to0^+}\dfrac{\sin x}{\cos^2 x}=0$，所以

$$\lim_{x\to0^+}(\cot x)^{\sin x}=\mathrm{e}^0=1.$$

洛必达法则虽然是求未定式的值的一种有效的方法，但最好能与其他求极限的方法结合使用，能用等价无穷小替换或重要极限时，尽可能应用，可使运算简化.

练习题 3.2

1. 利用洛必达法则求下列极限：

（1）$\lim\limits_{x\to0}\dfrac{\mathrm{e}^x-\mathrm{e}^{-x}}{x}$；　　（2）$\lim\limits_{x\to1}\dfrac{\ln x}{x-1}$；

（3）$\lim\limits_{x\to1}\dfrac{x^3-3x^2+2}{x^3-x^2-x+1}$；　　（4）$\lim\limits_{x\to\frac{\pi}{2}^+}\dfrac{\ln\left(x-\frac{\pi}{2}\right)}{\tan x}$；

（5）$\lim\limits_{x\to+\infty}\dfrac{\ln\left(1+\frac{1}{x}\right)}{\operatorname{arccot} x}$；　　（6）$\lim\limits_{x\to\pi}\dfrac{\sin 3x}{\tan 5x}$.

2．求下列各式的极限：

（1）$\lim\limits_{x\to\frac{\pi}{4}}\dfrac{\sin x-\cos x}{1-\tan^2 x}$；　　（2）$\lim\limits_{x\to 0}\dfrac{e^x\cos x-1}{\sin 2x}$；

（3）$\lim\limits_{x\to 0^+}\dfrac{\ln\tan 7x}{\ln\tan 2x}$；　　（4）$\lim\limits_{x\to 1}\left[(1-x)\cdot\tan\dfrac{\pi x}{2}\right]$；

（5）$\lim\limits_{x\to 0}x^2\cdot e^{\frac{1}{x^2}}$；　　（6）$\lim\limits_{x\to 1}\left(\dfrac{x}{x-1}-\dfrac{1}{\ln x}\right)$；

（7）$\lim\limits_{x\to+\infty}\dfrac{x+\ln x}{x\ln x}$；　　（8）$\lim\limits_{x\to 0}\left(\dfrac{1}{x}-\dfrac{1}{e^x-1}\right)$.

3.3　函数的单调性与曲线的凹凸性

第一章我们已经介绍了函数单调性的概念，本节将利用导数来研究函数的单调性和曲线的凹凸性.

3.3.1　函数的单调性

定理 3.7　设函数 $y=f(x)$ 在 $[a,b]$ 上连续，在 (a,b) 内可导，

（1）如果在 (a,b) 内 $f'(x)>0$，那么函数 $y=f(x)$ 在 $[a,b]$ 上单调增加；

（2）如果在 (a,b) 内 $f'(x)<0$，那么函数 $y=f(x)$ 在 $[a,b]$ 上单调减少.

证明　在 $[a,b]$ 上任取两点 $x_1,x_2(x_1<x_2)$，由拉格朗日中值定理可得

$$f(x_2)-f(x_1)=f'(\xi)(x_2-x_1)\ (x_1<\xi<x_2).$$

由于 $x_2-x_1>0$，因此，如果在 (a,b) 内 $f'(x)>0$，则 $f'(\xi)>0$，所以有

$$f(x_2)-f(x_1)=f'(\xi)(x_2-x_1)>0,\text{即 } f(x_2)>f(x_1).$$

从而，函数 $y=f(x)$ 在 $[a,b]$ 上单调增加.

同理，如果在 (a,b) 内 $f'(x)<0$，则 $f'(\xi)<0$，所以有

$$f(x_2)-f(x_1)<0,\text{即 } f(x_2)<f(x_1).$$

从而，函数 $y=f(x)$ 在 $[a,b]$ 上单调减少.

注：如果将定理 3.7 中的闭区间换成其他各种区间（包括无穷区间），结论依然成立.

例 3.11　讨论函数 $y=\sqrt[3]{x^2}$ 的单调性.

解　这个函数的定义域为 $(-\infty,+\infty)$．当 $x\neq 0$ 时，此函数的导数为 $y'=\dfrac{2}{3\sqrt[3]{x}}$，当 $x=0$ 时，函数的导数不存在.

在 $(-\infty,0)$ 内，$y'<0$，因此函数 $y=\sqrt[3]{x^2}$ 在 $(-\infty,0]$ 上单调减少.

在 $(0,+\infty)$ 内，$y'>0$，因此函数 $y=\sqrt[3]{x^2}$ 在 $[0,+\infty)$ 上单调增加．函数的图形如图 3-3 所示．

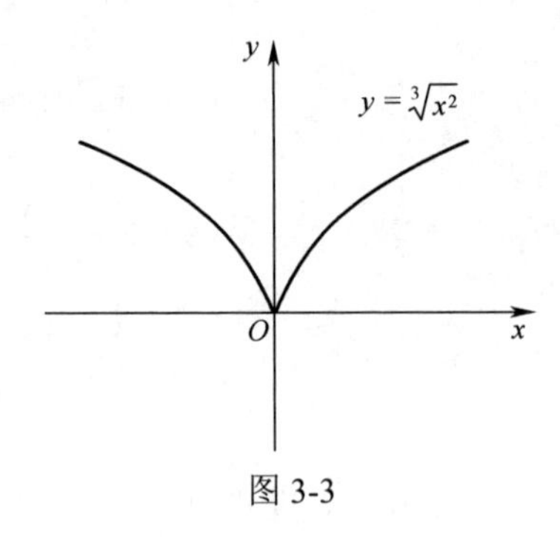

图 3-3

例 3.12　证明当 $x>0$ 时，$\sqrt{1+x}<1+\frac{1}{2}x$．

分析：令 $f(x)=1+\frac{1}{2}x-\sqrt{1+x}$，则只需证当 $x>0$ 时，$f(x)>0$ 即可．

证明　令 $f(x)=1+\frac{1}{2}x-\sqrt{1+x}$，则 $f'(x)=\frac{1}{2}-\frac{1}{2\sqrt{1+x}}$．

当 $x>0$ 时，$f'(x)>0$，因此 $f(x)$ 在 $[0,+\infty)$ 上单调增加，从而 $f(x)>f(0)$．又由 $f(0)=0$ 得 $f(x)>0$（$x>0$），故

当 $x>0$ 时，$f(x)=1+\frac{1}{2}x-\sqrt{1+x}>0$，即 $\sqrt{1+x}<1+\frac{1}{2}x$．

3.3.2　曲线的凹凸性

函数的单调性反映在图形上就是曲线的上升或下降，但上升或下降过程中还要考虑曲线的弯曲方向，如图 3-4 所示，两条弧线都是上升的，但 $\overset{\frown}{ACB}$ 是向上凸的曲线弧，而 $\overset{\frown}{ADB}$ 是向下凹的，即两者凹凸性不同．下面来讨论曲线的凹凸性及其判定方法．曲线的凹凸性可以用连接曲线弧上任意两点的弦的中点与弧线上弦的中点具有相同横坐标的点的位置关系来描述，我们有如下定义．

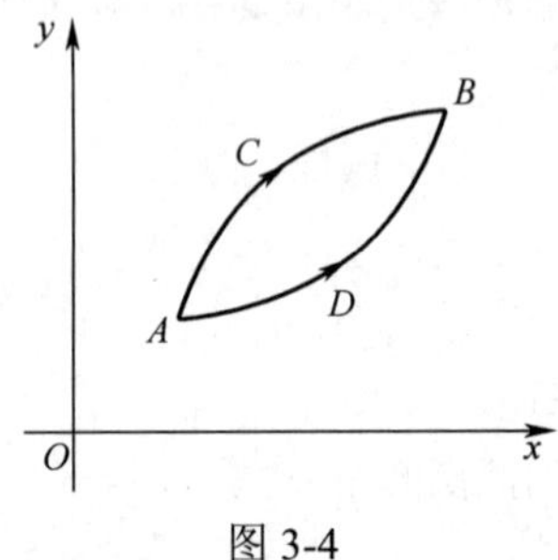

图 3-4

定义 3.1 设 $f(x)$ 在区间 I 上连续，如果对 I 上任意两点 x_1, x_2，恒有

$$f\left(\frac{x_1+x_2}{2}\right)<\frac{f(x_1)+f(x_2)}{2}.$$

则称 $f(x)$ 在 I 上的图形是（向下）凹的（或凹弧），如图 3-5（a）所示；如果恒有

$$f\left(\frac{x_1+x_2}{2}\right)>\frac{f(x_1)+f(x_2)}{2}.$$

则称 $f(x)$ 在 I 上的图形是（向上）凸的（或凸弧），如图 3-5（b）所示.

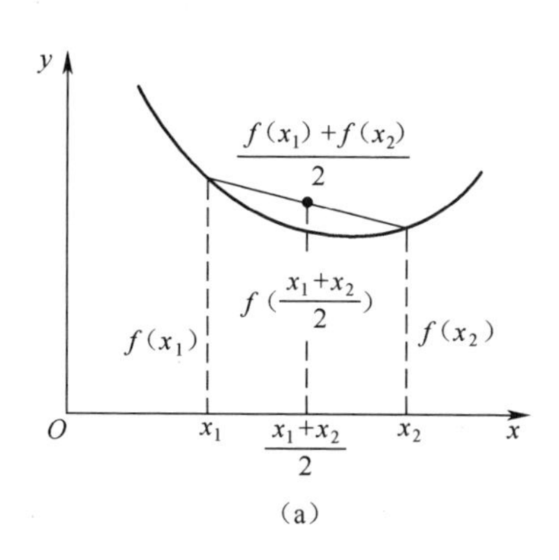

（a）

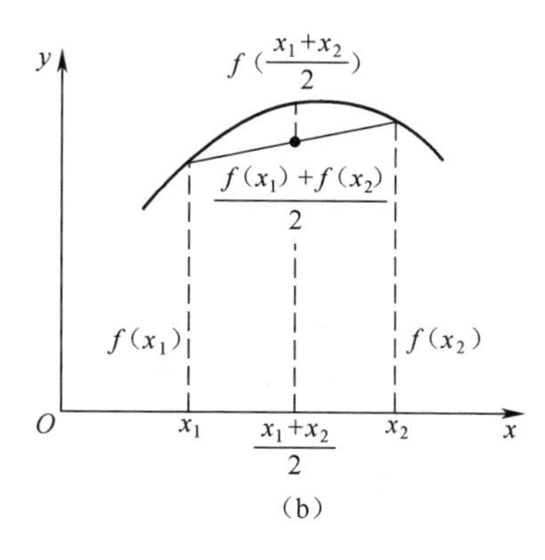

（b）

图 3-5

上面的定义也可这样描述：

如果在某区间内，曲线弧位于其上任意一点的切线的上方，则称曲线在这个区间内是**凹**的，如果在某区间内，曲线弧位于其上任意一点的切线的下方，则称曲线在这个区间内是**凸**的.

如果函数 $f(x)$ 在 I 内具有二阶导数，则可利用二阶导数的符号来判定曲线的凹凸性，我们有以下判定定理.

定理 3.8 （曲线的凹凸性的判定法）设函数 $y=f(x)$ 在 $[a,b]$ 上连续，在 (a,b) 内具有一阶和二阶导数，则有

（1）如果在 (a,b) 内 $f''(x)>0$，那么函数 $y=f(x)$ 在 $[a,b]$ 上的图形是凹的；

（2）如果在 (a,b) 内 $f''(x)<0$，那么函数 $y=f(x)$ 在 $[a,b]$ 上的图形是凸的.

证明略.

例 3.13 判定曲线 $y=4x-x^2$ 的凹凸性.

解 该函数在其定义域 $(-\infty,+\infty)$ 内连续．因为 $y'=4-2x$，$y''=-2$，所以在函数的定义域 $(-\infty,+\infty)$ 内，$y''<0$，由定理 3.8 知，曲线 $y=4x-x^2$ 在函数的定义域 $(-\infty,+\infty)$ 上是凸的.

例 3.14 判定曲线 $y=\sqrt[3]{x}$ 的凹凸性.

解 所给函数在其定义域$(-\infty,+\infty)$内连续.

当$x\neq 0$时，$y'=\dfrac{1}{3\sqrt[3]{x^2}}$，$y''=-\dfrac{2}{9x\sqrt[3]{x^2}}$. 当$x=0$时，$y'$和$y''$都不存在，所以二阶导数在其定义域$(-\infty,+\infty)$内连续且没有零点，只有一个$y''$不存在的点.

点$x=0$把整个定义域分为两部分：$(-\infty,0)$，$(0,+\infty)$. 当$x\in(-\infty,0)$时，$y''>0$；当$x\in(0,+\infty)$时，$y''<0$.

因此，曲线在$(-\infty,0]$上是凹的，在$[0,+\infty)$上是凸的. 当$x=0$时$y=0$，点$(0,0)$是曲线$y=\sqrt[3]{x}$的拐点.

一般地，设$y=f(x)$在区间I上连续，x_0是区间I的内点，如果曲线$y=f(x)$的凹凸性在点$(x_0,f(x_0))$处发生改变，则称点$(x_0,f(x_0))$为曲线的**拐点**. 在例 3.14 中，点$(0,0)$就是曲线$y=\sqrt[3]{x}$的拐点.

如何来寻找曲线$y=f(x)$的拐点呢？

由定理 3.8 可知，可根据二阶导数$f''(x)$的符号来判定曲线的凹凸性. 因此，若$f''(x)$在点x_0的左、右两侧邻近异号，则点$(x_0,f(x_0))$就是曲线的一个拐点，所以，要寻找拐点，只要找出$f''(x)$符号发生变化的分界点即可. 若$f(x)$在区间(a,b)内具有二阶连续导数，则在这样的分界点处必有$f''(x)=0$. 此外，$f''(x)$不存在的点，也可能是$f''(x)$符号发生变化的分界点.

综上所述，求连续曲线$y=f(x)$的拐点及凹凸性的一般步骤为：

① 给出函数的定义域；

②求出函数的二阶导数$f''(x)$；

③ 令$f''(x)=0$，解出此方程在定义域内的全部实根，并求出在定义域内$f''(x)$不存在的点，这些点把定义域分为若干个部分区间；

④ 对③中求出的每一个点x_0，检查$f''(x)$在x_0左、右两侧邻近的符号，如果两侧符号相反时，则点$(x_0,f(x_0))$是曲线的拐点；如果两侧符号相同时，点$(x_0,f(x_0))$不是曲线的拐点；

⑤ 根据定理 3.8 判定各个部分区间上曲线的凹凸性.

例 3.15 求曲线$y=x^3-5x^2+3x+5$的拐点及凹凸区间.

解 所给函数的定义域为$(-\infty,+\infty)$.

对函数求导得$y'=3x^2-10x+3, y''=6x-10$.

令$y''=0$得$x=\dfrac{5}{3}$. 点$x=\dfrac{5}{3}$把整个定义域分为两部分：$(-\infty,\dfrac{5}{3})$，$(\dfrac{5}{3},+\infty)$.

当$x<\dfrac{5}{3}$时，$y''<0$；当$x>\dfrac{5}{3}$时，$y''>0$.

当$x=\dfrac{5}{3}$时，$y=\dfrac{20}{27}$，所以点$\left(\dfrac{5}{3},\dfrac{20}{27}\right)$是所给曲线的拐点；凸区间为$(-\infty,\dfrac{5}{3})$，

凹区间为$(\frac{5}{3},+\infty)$.

例 3.16 求曲线$y=(x+1)^4+e^x$的拐点和凹凸区间.

解 所给函数在其定义域$(-\infty,+\infty)$内连续.

因为$y'=4(x+1)^3+e^x$，$y''=12(x+1)^2+e^x$，所以在$(-\infty,+\infty)$内，$y''>0$，从而，曲线在$(-\infty,+\infty)$内为凹的，没有拐点.

练习题 3.3

1．求下列函数的单调区间：

（1）$y=\frac{\sqrt{x}}{x+100}$；（2）$y=(x+2)^2(x-1)^4$；

（3）$y=x-\ln(1+x)$；（4）$y=\frac{x^2}{1+x}$；

（5）$y=x^4-2x^2+3$；（6）$y=e^x-x-1$；

（7）$y=\arctan x-x$；（8）$y=3x^2+6x+5$；

（9）$y=x^3+x$；（10）$y=2x^2-\ln x$.

2．证明函数$y=x-\ln(1+x^2)$单调增加.

3．证明函数$y=\sin x-x$单调减少.

4．求下列函数图形的拐点及凹凸区间：

（1）$y=x^3-6x^2+x-1$；（2）$y=x+\frac{1}{x}\quad(x>0)$；

（3）$y=\ln(x^2+1)$；（4）$y=x^4(12\ln x-7)$.

5．问a,b为何值时，点$(1,3)$为曲线$y=ax^3+bx^2$的拐点？

3.4 函数的极值与最大值、最小值

极值反映了函数的一种局部性态，为我们进一步了解函数的变化规律以及描绘函数图形提供了方便，而最大值与最小值反映了函数在所讨论范围内的一种整体性态．本节主要讨论极值与最大值、最小值的判定和求法.

3.4.1 函数的极值

定义 3.2 设函数$y=f(x)$在点x_0的某邻域$U(x_0)$内有定义，如果对于去心邻域$U^{\circ}(x_0)$内的任意一点x，有

$$f(x) < f(x_0)\ （或 f(x) > f(x_0)\ ）.$$

则称 $f(x_0)$ 是函数 $y = f(x)$ 的一个**极大值（或极小值）**.

函数的极大值与极小值统称为函数的**极值**，使函数取得极值的点称为**极值点**.

函数的极值概念是局部性的．如果 $f(x_0)$ 是 $f(x)$ 的一个极大值（或极小值），则只是在 x_0 附近的一个局部范围内，$f(x_0)$ 是 $f(x)$ 的一个最大值（或最小值），而在整个定义域上 $f(x_0)$ 不一定是最大值（或最小值），且极大值不一定比极小值大.

如图 3-6 所示，函数 $f(x)$ 有 2 个极大值：$f(x_2)$，$f(x_5)$，3 个极小值：$f(x_1)$，$f(x_4)$，$f(x_6)$，其中极大值 $f(x_2)$ 比极小值 $f(x_6)$ 还小．在整个区间 $[a,b]$ 上只有一个极小值 $f(x_1)$ 同时也是最小值，而没有一个极大值是最大值.

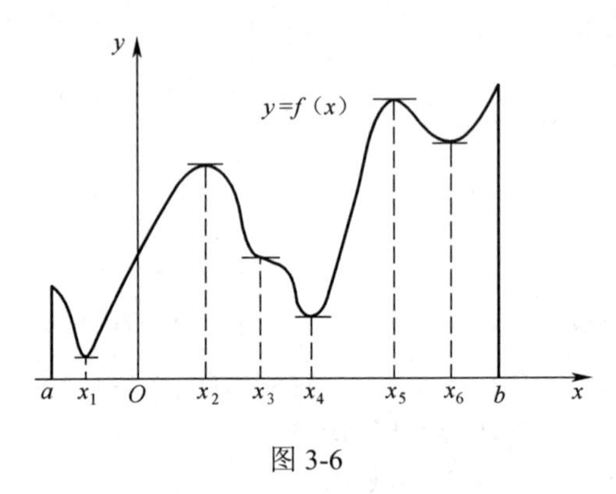

图 3-6

由图可见，在函数取得极值处，曲线的切线是水平的．但曲线上有水平切线的地方，函数不一定取得极值．例如，图中 $x = x_3$ 处，曲线上有水平切线，但 $f(x_3)$ 不是极值.

下面我们来讨论极值存在的条件.

定理 3.9（必要条件）设 $f(x)$ 在 x_0 处可导，且在 x_0 处取得极值，则 $f'(x_0) = 0$.

证明略（可参考罗尔中值定理的证明过程）.

通常称导数为零的点为函数的**驻点**.

定理 3.9 说明，**可导函数的极值点必定为它的驻点**．但反过来，函数的驻点不一定是极值点．例如，函数 $y = x^3$ 的驻点为 $x = 0$，但 $x = 0$ 不是该函数的极值点．因此，驻点只是可能的极值点．此外，导数不存在的点也可能是极值点．例如，$f(x) = |x|$ 在点 $x = 0$ 处不可导，但在该点取得极小值.

如何判定函数在驻点或不可导点处取得极值？若能的话，是取得极大值还是极小值？下面根据极值的定义与函数的单调性的判定方法给出如下判定极值的充分条件.

定理 3.10（第一充分条件） 设函数 $f(x)$ 在点 x_0 处连续，且在点 x_0 的某去心邻域 $U^{\circ}(x_0)$ 内可导.

（1）若 $x \in (x_0-\delta, x_0)$ 时，$f'(x)>0$，$x \in (x_0, x_0+\delta)$ 时，$f'(x)<0$，则 $f(x)$ 在 x_0 处取得极大值；

（2）若 $x \in (x_0-\delta, x_0)$ 时，$f'(x)<0$，$x \in (x_0, x_0+\delta)$ 时，$f'(x)>0$，则 $f(x)$ 在 x_0 处取得极小值；

（3）若 $x \in \mathring{U}(x_0, \delta)$ 时，$f'(x)$ 的符号保持不变，则 $f(x)$ 在 x_0 处没有极值.

证明 对情形（1），由函数单调性的判定法，$f(x)$ 在 x_0 左侧单调增加，而在 x_0 右侧单调减少，$f(x)$ 在 x_0 处连续，所以，当 $x \in \mathring{U}(x_0, \delta)$ 时，总有 $f(x)<f(x_0)$. 因此，$f(x_0)$ 是 $f(x)$ 的一个极大值，如图 3-7（a）所示.

同理可证情形（2）（如图 3-7（b）所示）和情形（3）（如图 3-7（c），（d）所示）.

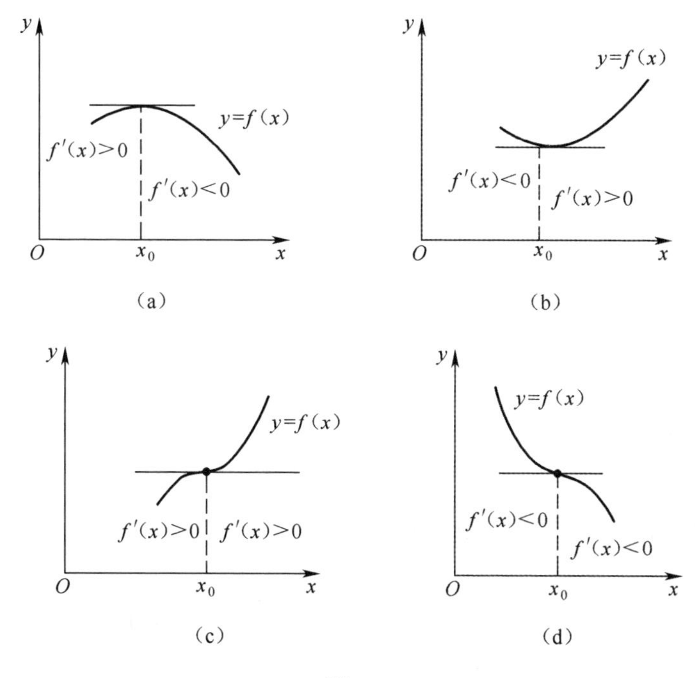

图 3-7

由定理 3.9 和定理 3.10 可得，对于除个别点外处处可导的函数 $f(x)$ 来说，求函数在其定义域内的极值点和相应极值的一般步骤为：

① 给出函数的定义域；

② 求出导数 $f'(x)$；

③ 在函数的定义域内，求出 $f(x)$ 的所有驻点和一阶导数不存在的点；

④ 判定 $f'(x)$ 在每个驻点或不可导点左、右两侧邻近的符号变化情况，并确定该点是否为极值点；若是极值点，进一步确定是极大值点还是极小值点；

⑤ 求出各极值点处的函数值，即为函数 $f(x)$ 的全部极值.

例 3.17 求函数 $f(x)=x\sqrt[3]{(x-1)^2}$ 的极值.

解 （1）函数在 $(-\infty,+\infty)$ 内连续，除 $x=1$ 外处处可导，且 $f'(x)=\dfrac{5x-3}{3\sqrt[3]{x-1}}$；

（2）令 $f'(x)=0$，得驻点 $x=\dfrac{3}{5}$，$x=1$ 为 $f(x)$ 的不可导点.

（3）在 $\left(-\infty,\dfrac{3}{5}\right)$ 内，$f'(x)>0$；在 $\left(\dfrac{3}{5},1\right)$ 内，$f'(x)<0$，故驻点 $x=\dfrac{3}{5}$ 是一个极大值点，又在 $(1,+\infty)$ 内，$f'(x)>0$，故不可导点 $x=1$ 是一个极小值点；

（4）极大值为 $f\left(\dfrac{3}{5}\right)=\dfrac{3\sqrt[3]{4}}{5\sqrt[3]{25}}$，极小值为 $f(1)=0$.

当函数 $f(x)$ 在驻点处的二阶导数存在且不为零时，也可以利用下述定理来判定 $f(x)$ 在驻点处是取得极大值还是极小值.

定理 3.11（第二充分条件） 设 $f(x)$ 在 x_0 处具有二阶导数且 $f'(x_0)=0$，$f''(x_0)\neq 0$，则

（1）当 $f''(x_0)<0$ 时，函数 $f(x)$ 在 x_0 处取得极大值；

（2）当 $f''(x_0)>0$ 时，函数 $f(x)$ 在 x_0 处取得极小值.

证明略.

也就是说，若函数 $f(x)$ 在驻点 x_0 处的二阶导数 $f''(x_0)\neq 0$，则该驻点 x_0 一定是极值点，且可由二阶导数 $f''(x)$ 的符号来判定 $f(x_0)$ 是极大值还是极小值. 但当 $f'(x_0)=0$，$f''(x_0)=0$ 时，定理 3.11 失效，此时 $f(x)$ 在点 x_0 处可能有极大值，也可能有极小值，也可能没有极值，所以需用第一充分条件来判定. 例如，函数 $y_1=-x^4, y_2=x^4, y_3=x^3$ 在 $x=0$ 处就分别属于上述 3 种情况.

3.4.2 函数的最大值、最小值及其在工程、经济中的应用

在工程、经济、科学实验等实际应用过程中，往往会遇到在一定条件下，怎样使“用料最省、成本最低、利润最大、效率最高、受力最小”等问题，此类问题在数学上可归结为求某一函数（通常称为目标函数）的最大值、最小值问题.

假定函数 $f(x)$ 在闭区间 $[a,b]$ 上连续，在开区间 (a,b) 内除有限个点外可导，且至多有有限个驻点. 由 $f(x)$ 在闭区间 $[a,b]$ 上连续知 $f(x)$ 在 $[a,b]$ 上一定存在最大值和最小值. 函数 $f(x)$ 的最大值（最小值）既可能在区间内部取得，也可能在区间端点处取得. 但是，如果函数 $f(x)$ 的最大值（或最小值）在 (a,b) 内的 x_0 点取得，则 $f(x_0)$ 一定也是 $f(x)$ 的极大值（或极小值），也即 x_0 一定是 $f(x)$ 的驻点或不可导点. 由此可得，求函数 $f(x)$ 在闭区间 $[a,b]$ 上的最大值和最小值的步骤为：

① 求出 $f(x)$ 在 (a,b) 内所有可能的极值点，即所有驻点及一阶导数不存在的

连续点；

② 计算各个驻点和不可导点处的函数值以及区间端点处的函数值 $f(a)$，$f(b)$；

③ 比较②中各函数值的大小，其中最大的即为 $f(x)$ 在 $[a,b]$ 上的最大值，其中最小的即为 $f(x)$ 在 $[a,b]$ 上的最小值.

例 3.18 求函数 $f(x)=x^4-2x^2+3$ 在 $[-2,2]$ 上的最大值和最小值.

解 $f'(x)=4x^3-4x=4x(x+1)(x-1)$.

令 $f'(x)=0$，解得 $x_1=-1$, $x_2=0$, $x_3=1$；

由于 $f(0)=3$，$f(1)=2$，$f(-1)=2$, $f(-2)=11$, $f(2)=11$；

比较这五个函数值，得出 $f(x)$ 在 $[-2,2]$ 上的最大值为 $f(\pm 2)=11$，最小值为 $f(\pm 1)=2$.

例 3.19 某厂生产某种产品，其固定成本为 3 万元，每生产一百件产品，成本增加 2 万元，其收入 R（单位：万元）是产量 q（单位：百件）的函数：

$$R=5q-\frac{1}{2}q^2.$$

求达到最大利润时的产量.

解 由题意，成本函数为 $C=3+2q$，那么利润函数为

$$L=R-C=-3+3q-\frac{1}{2}q^2.$$

因为 $L'=3-q$. 令 $L'=0$，得 $q=3$（百件）.

又因为 $L''(3)=-1<0$，所以当 $q=3$ 时，函数取得极大值，因为是唯一的极值点，所以就是最大值点.

即产量为 300 件时取得最大利润.

例 3.20 设有质量为 5 kg 的物体，置于水平面上，受力 F 的作用而开始移动，如图 3-8 所示. 设摩擦系数 $\mu=0.25$，问力 F 与水平线的交角 α 为多少时，才可使力 F 的最小？

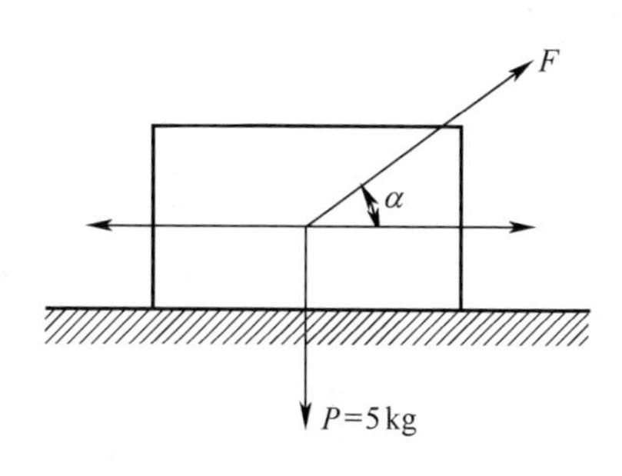

图 3-8

解 首先对物体进行受力分析.

在竖直方向上：$N = mg - F\sin\alpha$；

在水平方向上：$f = \mu N = F\cos\alpha$.

所以 $F\cos\alpha = \mu(mg - F\sin\alpha)$，即

$$F = \frac{\mu mg}{\cos\alpha + \mu\sin\alpha}\ (0 \leqslant \alpha \leqslant \frac{\pi}{2}) .$$

由于 $F'(\alpha) = \dfrac{\mu mg(\sin\alpha - \mu\cos\alpha)}{(\cos\alpha + \mu\sin\alpha)^2}$，令 $F'(\alpha) = 0$，得

$$\alpha = \arctan\mu = \arctan 0.25 .$$

又因为 F 的最小值一定存在，且在 $\left(0, \dfrac{\pi}{2}\right)$ 内取得，且 $F'(\alpha) = 0$ 在 $\left(0, \dfrac{\pi}{2}\right)$ 内只有一个根，故当 $\alpha = \arctan 0.25 \approx 14°2'$ 时，F 的值最小.

例 3.21 设工厂到铁路线的垂直距离为 20 km，垂足为 B，铁路线上距离 B 为 100 km 处有一原料供应站 C（如图 3-9 所示）. 现在要从铁路 BC 中间某处 D 修建一个车站，再由车站 D 向工厂 A 修一条公路，问 D 应选在何处才能使得从原料供应站 C 运货到工厂 A 所需运费最省？已知每千米的铁路运费与公路运费之比为 $3:5$.

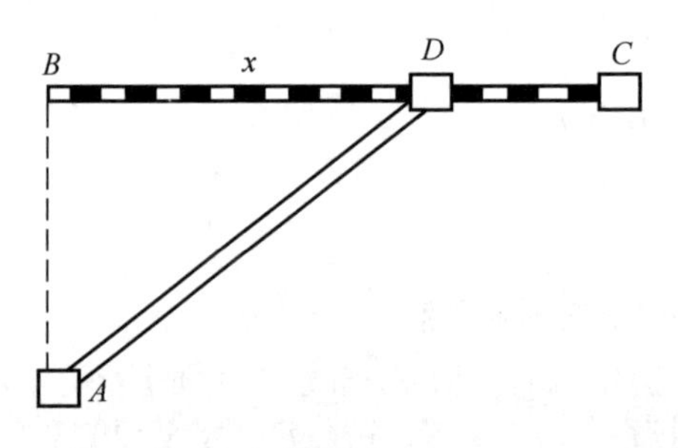

图 3-9

解 设 $BD = x$（km），则 $CD = 100 - x$，$AD = \sqrt{20^2 + x^2}$，由于铁路每千米货物运费与公路每千米货物运费之比为 $3:5$，因此，不妨设铁路上每千米运费为 $3k$，则公路上每千米运费为 $5k$，并设从 C 点到 A 点需要的总运费为 y，则

$$y = 3k(100 - x) + 5k\sqrt{20^2 + x^2}\ (0 \leqslant x \leqslant 100),$$

我们的问题就是求出函数的最小值点. 为此，计算 y'：

$$y' = k\frac{5x}{\sqrt{400 + x^2}} - 3k ,$$

令 $y' = 0$，则 $x = 15$ 为函数 y 在其定义域内的唯一驻点，故知 y 在 $x = 15$ 处取得最小值，即 D 应选在距 B 为 15 km 处，运费最省.

在求函数的最大（小）值时，若在一个区间（有限或无限）内连续函数 $f(x)$ 只有唯一的一个驻点或不可导点 x_0（即当 $x \neq x_0$ 时，$f'(x)$ 都存在且 $f'(x) \neq 0$），那么，当 $f(x_0)$ 是 $f(x)$ 的极大（小）值时，$f(x_0)$ 必定也是 $f(x)$ 在该区间的最大（小）值.

另外，在实际问题中若能根据问题的实际意义，断定所讨论的函数在定义区间内必存在最大（小）值，并且此时函数在相应区间内仅有一个驻点或不可导点，则可以断言在该点处函数必取得最大（小）值.

例 3.22 要造一个圆柱形油罐，体积为 V，问底面半径 r 和高 h 等于多少时，才能使得表面积最小？这时底面直径与高的比是多少？

解 依据题意，有 $V = \pi r^2 h$，其中 V 为常量，所以

$$h = \frac{V}{\pi r^2},$$

表面积 $S = 2\pi r^2 + 2\pi r \cdot h = 2\pi r^2 + \frac{2V}{r}$. 这里 S 是因变量，r 是自变量，S 是 r 的函数. 令

$$S_r' = 4\pi r - \frac{2V}{r^2} = \frac{2(2\pi r^2 - V)}{r^2} = 0,$$

得唯一驻点 $r = \sqrt[3]{\frac{V}{2\pi}}$，这时

$$h = \frac{V}{\pi}\sqrt[3]{\left(\frac{2\pi}{V}\right)^2} = 2\sqrt[3]{\frac{V}{2\pi}} = 2r.$$

由问题的实际意义和驻点的唯一性可知，当 $r = \sqrt[3]{\frac{V}{2\pi}}$ 和 $h = 2r = 2\sqrt[3]{\frac{V}{2\pi}}$ 时，表面积最小. 这时底面直径与高的比为1:1.

练习题 3.4

1．求下列函数的极值点和极值：

（1）$y = 2 + x - x^2$；（2）$y = 2x^3 - 3x^2 - 12x + 14$；

（3）$y = x - e^x$；（4）$y = \frac{x^2}{x^4 + 4}$；

（5）$y = \frac{2x}{1 + x^2}$；（6）$y = x^2 \ln x$；

（7）$y = x + \sqrt{1 - x}$；（8）$y = x^2 e^{-x}$；

（9）$y = \sqrt{2 + x - x^2}$；（10）$y = 3 - 2(x+1)^{\frac{1}{3}}$.

2．利用极值判别法的第二充分条件，判断下列函数的极值：

（1）$y=x^3-3x^2-9x-5$；　　（2）$y=(x-3)^2(x-2)$；

（3）$y=2x-\ln(4x)^2$；　　（4）$y=2x^2-x^4$．

3．求下列函数在给定区间上的最大值和最小值：

（1）$y=x+2\sqrt{x},[0,4]$；　　（2）$y=x^2-4x+6,[-3,10]$；

（3）$y=x+\dfrac{1}{x},[0.01,100]$；　　（4）$y=\dfrac{x-1}{x+1},[0,4]$；

（5）$y=\sqrt{x}\ln x,\left[\mathrm{e}^{-2},1\right]$；　　（6）$y=x^3-3x^2-24x-2,[-5,5]$；

（7）$y=\dfrac{x^2}{1+x},\left[-\dfrac{1}{2},1\right]$．

4．生产某种产品 q 个单位时的费用为 $C(q)=5q+200$，收入函数为 $R(q)=10q-0.01q^2$，问每批生产多少个单位，才能使利润最大？

5．求用边长为 48 cm 的正方形铁皮做一个无盖的铁盒时，在铁皮的四角各截去一个面积相等的小正方形，然后把四边折起，就能焊成铁盒（如图 3-10 所示）．问在四角截去多大的正方形，才能使所做的铁盒容积最大？

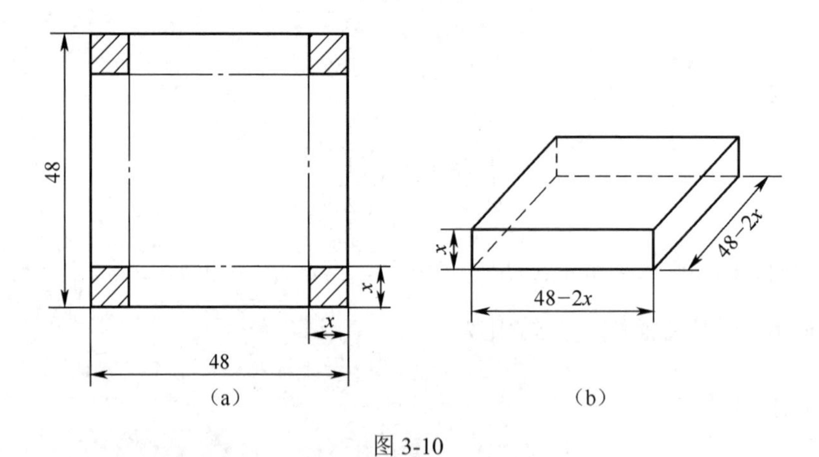

图 3-10

3.5　函数图形的描绘

根据前面的讨论可知，由一阶导数的符号可以确定函数的单调性以及极值点，由二阶导数的符号可以确定曲线的凹凸性以及拐点．知道了函数图形的升降、凹凸以及极值点和拐点，就可以掌握函数的性态，从而可以较准确地描绘出函数图形．

3.5.1 渐近线

为了把握曲线在无穷区间上的变化趋势，更好地描绘函数图形，我们先来介绍曲线的渐近线的概念.

定义 3.3 如果曲线 $y=f(x)$ 上的一动点沿着曲线移向无穷远时，该点与某条直线 L 的距离趋于零，则称直线 L 为曲线 $y=f(x)$ 的一条**渐近线**.

渐近线分为水平渐近线、铅直渐近线和斜渐近线，我们仅就前两种渐近线介绍如下：

1. 水平渐近线

如果函数 $y=f(x)$ 的定义域是无穷区间，若 $\lim\limits_{x\to\infty}f(x)=C$（$C$ 为常数），那么称直线 $y=C$ 为曲线 $y=f(x)$ 的**水平渐近线**.（对于 $x\to+\infty$， $x\to-\infty$ 有同样的结论）.

2. 铅直渐近线

如果函数 $y=f(x)$ 在点 x_0 的去心邻域有定义，若 $\lim\limits_{x\to x_0}f(x)=\infty$，那么称直线 $x=x_0$ 为曲线 $y=f(x)$ 的**铅直渐近线**（对于 $x\to x_0^+$， $x\to x_0^-$ 有同样的结论）.

例如，对于函数 $y=\dfrac{1}{x-1}$，因为 $\lim\limits_{x\to\infty}\dfrac{1}{x-1}=0$，所以 $y=0$ 为 $y=\dfrac{1}{x-1}$ 的水平渐近线；又因 $\lim\limits_{x\to1}\dfrac{1}{x-1}=\infty$，所以 $x=1$ 为 $y=\dfrac{1}{x-1}$ 的铅直渐近线，如图 3-11 所示.

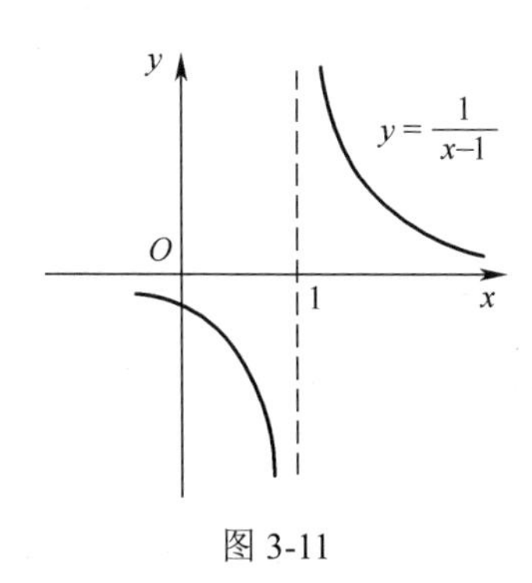

图 3-11

3.5.2 函数图形的描绘

随着科学技术的发展，可以借助许多软件描绘出各种函数的图形，但还需要我们会运用微分学的知识，对机器作图过程中误差的识别、图上关键点的选取、作图的范围等作出界定. 下面我们给出利用导数描绘函数图形的一般步骤：

①确定函数 $y=f(x)$ 的定义域，讨论函数具有的某些特性，如奇偶性、周期性、有界性等，求出函数的一阶导数 $f'(x)$ 和二阶导数 $f''(x)$；

②求出 $f'(x)=0$ 和 $f''(x)=0$ 在函数定义域内的全部实根，并求出 $f(x)$ 的间断点及 $f'(x)$ 和 $f''(x)$ 不存在的点，用这些点把函数的定义域分成若干个区间；

③确定 $f'(x)$ 和 $f''(x)$ 在这些部分区间内的符号，由此确定函数图形的升降、凹凸以及极值点和拐点；

④确定函数图形的水平渐近线、铅直渐近线及其他变化趋势；

⑤计算 $f'(x)$ 和 $f''(x)$ 的零点及不存在的点处的函数值，找出图形中相应的点；为了更准确地描绘图形，有时还需要补充一些特殊的点；

⑥结合③、④中得到的结果，用光滑的曲线连接这些点画出函数 $f(x)$ 的图形.

例 3.23 描绘函数 $y=f(x)=1+\dfrac{36x}{(x+3)^2}$ 的图形.

解 所给函数的定义域为 $(-\infty,-3)\cup(-3,+\infty)$，

$f'(x)=\dfrac{36(3-x)}{(x+3)^3}, f''(x)=\dfrac{72(x-6)}{(x+3)^4}$，令 $f'(x)=0$，得 $x=3$；令 $f''(x)=0$，得 $x=6$；函数的间断点为 $x=-3$．点 $x=-3, x=3, x=6$ 把定义域分成 4 个部分区间：$(-\infty,-3),(-3,3],[3,6],[6,+\infty)$．各部分区间内 $f'(x)$，$f''(x)$ 的符号、相应曲线弧的升降及凹凸、极值点和拐点等见表 3-1.

表 3-1

x	$(-\infty,-3)$	$(-3,3)$	3	$(3,6)$	6	$(6,+\infty)$
$f'(x)$	–	+	0	–	–	–
$f''(x)$	–	–	–	–	0	+
$f(x)$	↘ ∩	↗ ∩	极大值	↘ ∩	拐点	↘ ∪

因为 $\lim\limits_{x\to\infty} f(x)=1, \lim\limits_{x\to-3} f(x)=-\infty$，所以，函数图形有一条水平渐近线 $y=1$ 和一条铅直渐近线 $x=-3$.

又因为 $f(3)=4, f(6)=\dfrac{11}{3}$，从而得图形上两点：$M_1(3,4), M_2\left(6,\dfrac{11}{3}\right)$.

再补充一些点，由 $f(0)=1, f(-1)=-8, f(-9)=-8, f(-15)=-\dfrac{11}{4}$，得图形上的 4 个点：$M_3(0,1), M_4(-1,-8), M_5(-9,-8), M_6\left(-15,-\dfrac{11}{4}\right)$.

用光滑的曲线连接上述这些点，可画出函数 $y=1+\dfrac{36x}{(x+3)^2}$ 的图形，如图 3-12 所示.

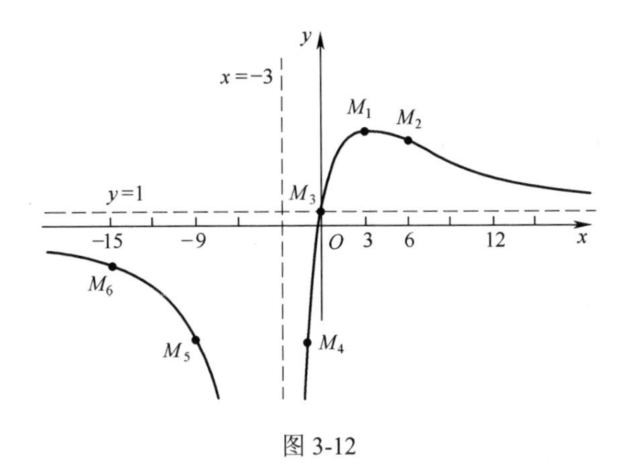

图 3-12

练习题 3.5

描绘下列函数的图形：

（1）$y=\dfrac{8}{4-x^2}$；　　　　（2）$y=x^4-2x^3+1$.

3.6 导数在经济分析中的应用

本节介绍导数在经济学中的一个应用——边际分析.

1. 边际成本

边际成本为成本函数关于产量 q 的导数，即 $C'(q)=\lim\limits_{\Delta q\to 0}\dfrac{C(q+\Delta q)-C(q)}{\Delta q}$. 在经济学中解释为，边际成本 $C'(q)$ 表示产量为 q 时，成本对产量的变化率. 可近似理解为：当产量为 q 时，再增加（或减少）一个单位产量，总成本增加（或减少）的数量.

设某产品产量为 q 单位时所需的总成本为 $C=C(q)$. 由于

$$C(q+1)-C(q)=\Delta C(q)\approx \mathrm{d}C(q)=C'(q)\Delta q\approx C'(q).$$

例 3.24 设某产品产量为 q（单位：吨）时的总成本函数（单位：元）为

$$C(q)=1000+7q+50\sqrt{q}.$$

求：（1）产量为 100 吨时的总成本；

（2）产量为 100 吨时的平均成本；

（3）产量为 100 吨增加到 225 吨时，总成本的平均变化率；

（4）产量为 100 吨时，总成本的变化率（边际成本）.

解 （1）产量为 100 吨时的总成本为

$$C(100)=1000+7\times 100+50\sqrt{100}=2200 \text{（元）};$$

（2）产量为 100 吨时的平均成本为

$$\bar{C}(100)=\frac{C(100)}{100}=22 \text{（元/吨）};$$

（3）产量从 100 吨增加到 225 吨时，总成本的平均变化率为

$$\frac{\Delta C}{\Delta q}=\frac{C(225)-C(100)}{225-100}=\frac{3325-2200}{125}=9 \text{（元/吨）};$$

（4）产量为 100 吨时，总成本的变化率即边际成本为

$$C'(100)=(100+7q+50\sqrt{q})'\big|_{q=100}=\left(7+\frac{25}{\sqrt{q}}\right)\Bigg|_{q=100}=9.5 \text{（元）}.$$

这个结论的经济含义是：当产量为 100 吨时，再多生产 1 吨所增加的成本为 9.5 元.

2. 边际收益

边际收益为收益函数 $R(q)$ 关于销售量 q 的导数 $R'(q)$. 在经济学中解释为，边际收益 $R'(q)$ 表示销售量为 q 时，收益对销售量的变化率. 可近似理解为：当产量为 q 时，再多销售一个单位产品，总收益增加（或减少）的数量.

3. 边际利润

设某产品的销售量为 q 单位时的利润函数为 $L=L(q)$，边际利润为利润函数 $L(q)$ 关于销售量 q 的导数 $L'(q)$. 在经济学中解释为，边际利润 $L'(q)$ 表示销售量为 q 时，利润对销售量的变化率. 可近似理解为：当销售量为 q 时，再多销售一个单位产品，总利润增加（或减少）的数量.

由于利润函数为收益函数与总成本函数之差，即

$$L(q)=R(q)-C(q),$$

由导数运算法则可知 $L'(q)=R'(q)-C'(q)$，即边际利润为边际收益与边际成本之差.

例 3.25 某工厂进行了大量的统计分析后，得出总利润 $L=L(q)$（单位：元）与每月销量 q（单位：吨）的关系 $L(q)=250q-5q^2$，试确定每月销量分别为 20 吨，25 吨，35 吨时的边际利润，并作出经济解释.

解 边际利润函数为 $L'(q)=250-10q$，则

$$L'(q)\big|_{q=20}=50,\quad L'(q)\big|_{q=25}=0,\quad L'(q)\big|_{q=35}=-100.$$

上述结果表明，当每月销量为 20 吨时，利润对销量的变化率为 50 元/吨；当每月销量为 25 吨时，利润对销量的变化率为 0 元/吨；当每月销量为 35 吨时，利润对销量的变化率为-100 元/吨. 此例也说明，对厂家来说，并非销量越大，利润就越高. 厂家该利用相关知识作出科学的产量决策.

（2）产量

4. 边际需求

边际需求为需求函数 $Q(p)$ 关于价格 p 的导数 $Q'(p)$．在经济学中解释为，边际需求 $Q'(p)$ 是当价格为 p 时，需求量 $Q(p)$ 对价格 p 的变化率．可近似理解为：当价格为 p 时，价格上涨（或下降）1 个单位需求量将减少（或增加）的数量．

练习题 3.6

1．设某产品的产量与价格的函数关系 $q=100-5p$，求边际收入函数，以及 $q=20,50$ 和 70 的边际收入．

2．某产品的收益函数和总成本函数分别为 $R(q)=80q-\frac{1}{5}q^2$，$C(q)=5000+20q$，求边际利润函数，并计算 $q=150$ 和 $q=400$ 时的边际利润．

习题三

1．验证拉格朗日中值定理对函数 $y=4x^3-5x^2+x-2$ 在区间 $[0,1]$ 上的正确性．

2．试证明对函数 $y=px^2+qx+r$ 应用拉格朗日中值定理时所求得的点 ξ 总是位于区间的正中间．

3．对函数 $f(x)=\sin x$ 及 $F(x)=x+\cos x$ 在区间 $\left[0,\frac{\pi}{2}\right]$ 上验证柯西中值定理的正确性．

4．用洛必达法则求下列极限：

（1）$\lim\limits_{x\to 0}\frac{\ln(1+x)}{x}$；　（2）$\lim\limits_{x\to 0}\frac{e^x-e^{-x}}{\sin x}$；

（3）$\lim\limits_{x\to \alpha}\frac{\sin x-\sin\alpha}{x-\alpha}$；　（4）$\lim\limits_{x\to \pi}\frac{\sin 3x}{\tan 5x}$；

（5）$\lim\limits_{x\to \frac{\pi}{2}}\frac{\ln\sin x}{(\pi-2x)^2}$；　（6）$\lim\limits_{x\to a}\frac{x^m-a^m}{x^n-a^n}$；

（7）$\lim\limits_{x\to 0}x\cot 2x$；　（8）$\lim\limits_{x\to 0}x^2e^{\frac{1}{x^2}}$；

（9）$\lim\limits_{x\to 1}\left(\frac{2}{x^2-1}-\frac{1}{x-1}\right)$；　（10）$\lim\limits_{x\to\infty}\left(1+\frac{a}{x}\right)^x$．

5．确定下列函数的单调区间：

（1）$y=(x-1)(x+1)^3$；　（2）$y=\sqrt[3]{(2x-a)(a-x)^2}\ (a>0)$；

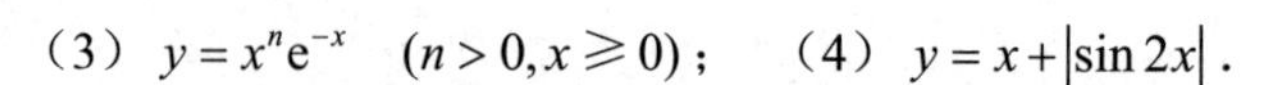

（3） $y = x^n e^{-x} \quad (n > 0, x \geqslant 0)$；（4） $y = x + |\sin 2x|$.

6．试证明方程 $\sin x = x$ 只有一个实根.

7．求下列函数的极值：

（1） $y = x^2 - 2x + 3$；（2） $y = x - \ln(1 + x)$；

（3） $y = \dfrac{1 + 3x}{\sqrt{4 + 5x^2}}$；（4） $y = e^x \cos x$；

（5） $y = 3 - 2(x + 1)^{\frac{1}{3}}$；（6） $y = x + \tan x$.

8．求下列函数图形的拐点和凹凸区间：

（1） $y = x^3 - 5x^2 + 3x + 5$；（2） $y = xe^{-x}$；

（3） $y = (x + 1)^4 + e^x$；（4） $y = e^{\arctan x}$.

9．求椭圆 $x^2 - xy + y^2 = 3$ 上纵坐标最大和最小的点.

10．问函数 $y = 2x^3 - 6x^2 - 18x - 7\ (1 \leqslant x \leqslant 4)$ 在何处取得最大值？并求出它的最大值.

11.有一杠杆，支点在它的一端.在距支点 0.1 m 处挂一重量为 49 kg 的物体.加力于杠杆的另一端使杠杆保持水平（如图 3-13 所示）.如果杠杆每米的重量为 5 kg，求最省力的杆长？

12．从一块半径为 R 的圆铁片上挖去一个扇形做成一个漏斗（如图 3-14 所示）．问留下的扇形的中心角 φ 取多大，做成的漏斗的容积最大？

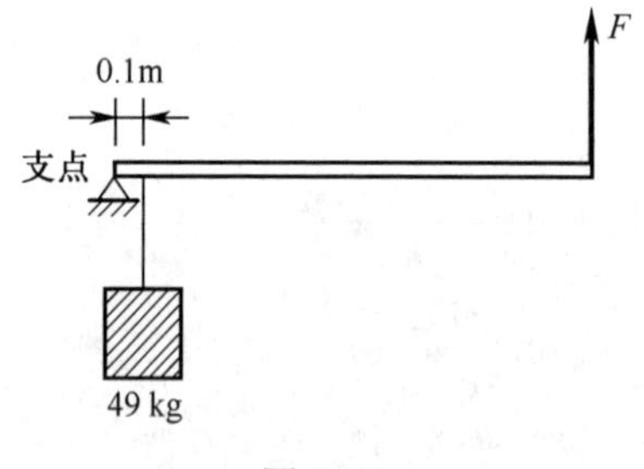

图 3-13

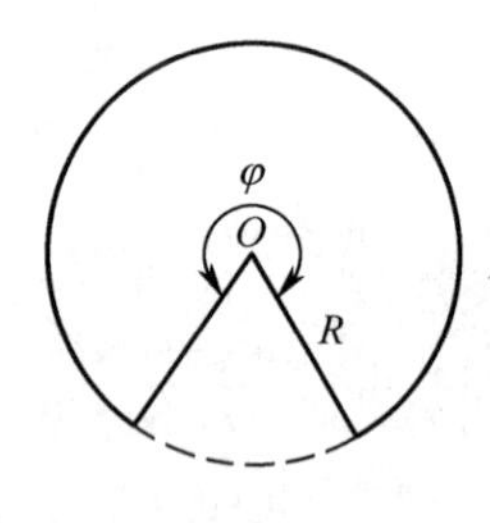

图 3-14

13．描绘出下列函数的图形：

（1） $y = \dfrac{1}{5}(x^4 - 6x^2 + 8x + 7)$；（2） $y = \dfrac{x}{1 + x^2}$.

第 4 章　不定积分

【学习目标】

- 理解原函数，不定积分的概念.
- 掌握不定积分的性质及基本积分表.
- 掌握第一类换元积分法的内容、技巧和方法.
- 掌握第二类换元积分法的内容、会用第二类换元积分法计算不定积分.
- 熟练地应用分部积分法计算不定积分.

在微分学中，我们讨论了已知一个函数，求该函数的导数（或微分）的问题. 但是，在许多实际问题中，我们也会遇到解决相反的问题，即已知一个函数的导数（或微分），求这个函数. 这就产生了原函数和不定积分的概念与理论.

4.1　不定积分的概念与性质

4.1.1　不定积分的概念

1. *原函数的概念*

定义 4.1　如果在区间 I 上，可导函数 $F(x)$ 的导函数为 $f(x)$，即对任一 $x\in I$，都有

$$F'(x)=f(x) \text{ 或 } \mathrm{d}F(x)=f(x)\mathrm{d}x ,$$

那么函数 $F(x)$ 就称为函数 $f(x)$ 在区间 I 上的一个原函数.

例如，因为 $(\sin x)'=\cos x$，所以 $\sin x$ 是 $\cos x$ 的一个原函数. 又如，$(x^2)'=2x$，所以 x^2 是 $2x$ 的一个原函数.

如果一个函数具有原函数，那么它的原函数是不是唯一的呢？一个函数的原函数并不是唯一的. 因为 $(x^2)'=2x$，$(x^2+1)'=2x$，$(x^2+C)'=2x$，所以 x^2，x^2+1，x^2+C 都是 $2x$ 的原函数.

两点说明：

一、如果函数 $f(x)$ 在区间 I 上有原函数 $F(x)$，那么 $f(x)$ 就有无限多个原函数，$F(x)+C$ 都是 $f(x)$ 的原函数，其中 C 是任意常数.

二、由定理 3.3 容易推出 $f(x)$ 的任意两个原函数之间只相差一个常数，即如果 $\Phi(x)$ 和 $F(x)$都是 $f(x)$ 的原函数，则

$$\Phi(x)-F(x)=C \quad (C\text{为某个常数}).$$

所以 $f(x)$ 的全体原函数就可以用 $F(x)+C$ 来表示.

2. 不定积分的概念

定义 4.2 函数 $f(x)$ 的全体原函数 $F(x)+C$ 叫做 $f(x)$ 的不定积分，记为 $\int f(x)\mathrm{d}x$，即

$$\int f(x)\mathrm{d}x=F(x)+C\text{，其中 }F'(x)=f(x).$$

记号“$\int$”称为**积分号**，$f(x)$ 称为**被积函数**，$f(x)\mathrm{d}x$ 称为**被积表达式**，x 称为**积分变量**，C 为**积分常数**.

这就是说，要求一个函数的不定积分，只需找出它的一个原函数，再加上任意常数 C 即可.

例如，根据前面所述，

$$\int\cos x\mathrm{d}x=\sin x+C,\quad \int 2x\mathrm{d}x=x^2+C.$$

按照定义，一个函数的原函数或不定积分都有相应的定义区间，为了简便起见，如无特别说明，今后就不再注明.

从不定积分的定义，即可知下述关系：

（1）$[\int f(x)\mathrm{d}x]'=f(x)$ 或 $\mathrm{d}\int f(x)\mathrm{d}x=f(x)\mathrm{d}x$；

（2）$\int F'(x)\mathrm{d}x=F(x)+C$ 或 $\int\mathrm{d}F(x)=F(x)+C$.

由此可见，微分运算（以记号 d 表示）与求不定积分运算（以记号 $\int$ 表示）是互逆运算．当记号 $\int$ 与 d 连在一起时，或者抵消，或者抵消后差一个常数.

不定积分的几何意义：我们把函数 $f(x)$ 的一个原函数 $y=F(x)$ 的图形称为 $f(x)$ 的一条积分曲线．在几何上，不定积分 $\int f(x)\mathrm{d}x$ 就表示全体积分曲线所组成的曲线族 $y=F(x)+C$．这个曲线族里的所有积分曲线在横坐标相同的点 x_0 处的切线彼此平行，即这些切线有相同的斜率 $F'(x_0)=f(x_0)$.

例 4.1 求下列不定积分：

（1）$\int \mathrm{e}^x\mathrm{d}x$；（2）$\int\frac{1}{1+x^2}\mathrm{d}x$；（3）$\int\frac{1}{x}\mathrm{d}x$.

解 （1）因为 $(\mathrm{e}^x)'=\mathrm{e}^x$，所以 $\int\mathrm{e}^x\mathrm{d}x=\mathrm{e}^x+C$；

（2）因为 $(\arctan x)'=\frac{1}{1+x^2}$，所以 $\int\frac{1}{1+x^2}\mathrm{d}x=\arctan x+C$；

（3）因为 $(\ln|x|)'=\frac{1}{x}$，所以 $\int\frac{1}{x}\mathrm{d}x=\ln|x|+C$.

例 4.2 设做直线运动的物体的运动速度 $v=3t^2$，且当 $t=0$ 时 $s=0$，求该物体的运动规律 $s(t)$.

解 按题意有 $s(t)=\int v(t)\mathrm{d}t=\int 3t^2\mathrm{d}t=t^3+C$，再将条件 $t=0$ 时 $s=0$ 代入，得 $C=0$，故所求运动规律为 $s(t)=t^3$.

4.1.2 基本积分公式

由于不定积分运算是微分运算的逆运算，所以从基本导数公式及不定积分的概念可得下列基本积分公式：

（1）$\int k\mathrm{d}x=kx+C$（k 是常数）；

（2）$\int x^\mu\mathrm{d}x=\dfrac{1}{\mu+1}x^{\mu+1}+C\ (\mu\neq-1)$；

（3）$\int\dfrac{1}{x}\mathrm{d}x=\ln|x|+C$；

（4）$\int\mathrm{e}^x\mathrm{d}x=\mathrm{e}^x+C$；

（5）$\int a^x\mathrm{d}x=\dfrac{a^x}{\ln a}+C$；

（6）$\int\cos x\mathrm{d}x=\sin x+C$；

（7）$\int\sin x\mathrm{d}x=-\cos x+C$；

（8）$\int\dfrac{1}{\cos^2 x}\mathrm{d}x=\int\sec^2 x\mathrm{d}x=\tan x+C$；

（9）$\int\dfrac{1}{\sin^2 x}\mathrm{d}x=\int\csc^2 x\mathrm{d}x=-\cot x+C$；

（10）$\int\dfrac{1}{1+x^2}\mathrm{d}x=\arctan x+C$；

（11）$\int\dfrac{1}{\sqrt{1-x^2}}\mathrm{d}x=\arcsin x+C$；

（12）$\int\sec x\tan x\mathrm{d}x=\sec x+C$；

（13）$\int\csc x\cot x\mathrm{d}x=-\csc x+C$.

以上公式是求积分运算的基础，必须熟记.

4.1.3 不定积分的性质

性质 1 被积函数中不为零的常数因子可以提到积分号外，即

$$\int kf(x)\mathrm{d}x=k\int f(x)\mathrm{d}x\quad(k\text{ 是常数，}k\neq0).$$

性质 2 函数的和（差）的不定积分等于各个函数的不定积分的和（差），即

$$\int[f(x)\pm g(x)]\mathrm{d}x=\int f(x)\mathrm{d}x\pm\int g(x)\mathrm{d}x.$$

此性质对有限多个函数的代数和也是成立的.

利用上述性质及基本积分公式表，可以求出一些简单函数的不定积分.

例 4.3 求下列不定积分：

（1）$\int(\mathrm{e}^x-3\cos x)\mathrm{d}x$；（2）$\int\frac{(x-1)^3}{x^2}\mathrm{d}x$；

（3）$\int(x^3+\mathrm{e}^x+3^x+\mathrm{e}^2)\mathrm{d}x$；（4）$\int(2^x-2\sin x+2x\sqrt{x})\mathrm{d}x$；

（5）$\int\sin\frac{x}{2}(\cos\frac{x}{2}+\sin\frac{x}{2})\mathrm{d}x$；（6）$\int\cos^2\frac{x}{2}\mathrm{d}x$；

（7）$\int\frac{1}{x^2(1+x^2)}\mathrm{d}x$；（8）$\int\frac{(1+2x^2)^2}{x^2(1+x^2)}\mathrm{d}x$.

解 （1）$\int(\mathrm{e}^x-3\cos x)\mathrm{d}x=\int\mathrm{e}^x\mathrm{d}x-\int 3\cos x\mathrm{d}x=\mathrm{e}^x-3\sin x+C$；

（2）
$$\int\frac{(x-1)^3}{x^2}\mathrm{d}x=\int\frac{x^3-3x^2+3x-1}{x^2}\mathrm{d}x=\int\left(x-3+\frac{3}{x}-\frac{1}{x^2}\right)\mathrm{d}x$$
$$=\int x\mathrm{d}x-3\int\mathrm{d}x+3\int\frac{1}{x}\mathrm{d}x-\int\frac{1}{x^2}\mathrm{d}x=\frac{1}{2}x^2-3x+3\ln|x|+\frac{1}{x}+C；$$

（3）
$$\int(x^3+\mathrm{e}^x+3^x+\mathrm{e}^2)\mathrm{d}x=\int x^3\mathrm{d}x+\int\mathrm{e}^x\mathrm{d}x+\int 3^x\mathrm{d}x+\int\mathrm{e}^2\mathrm{d}x$$
$$=\frac{1}{4}x^4+\mathrm{e}^x+\frac{1}{\ln 3}3^x+\mathrm{e}^2x+C；$$

（4）
$$\int(2^x-2\sin x+2x\sqrt{x})\mathrm{d}x=\int 2^x\mathrm{d}x-\int 2\sin x\mathrm{d}x+\int 2x^{\frac{3}{2}}\mathrm{d}x$$
$$=\frac{1}{\ln 2}2^x+2\cos x+\frac{4}{5}x^2\sqrt{x}+C；$$

解题熟练后可不用和差性质，直接求积分. 但有些不定积分的被积函数需要经过适当的恒等变形（包括代数或三角的变形），化成基本积分公式表中的类型，再积分.

（5）
$$\int\sin\frac{x}{2}\left(\cos\frac{x}{2}+\sin\frac{x}{2}\right)\mathrm{d}x=\int\left(\frac{1}{2}\sin x+\frac{1-\cos x}{2}\right)\mathrm{d}x$$
$$=\frac{1}{2}(-\cos x+x-\sin x)+C；$$

（6）$\int\cos^2\frac{x}{2}\mathrm{d}x=\int\frac{1+\cos x}{2}\mathrm{d}x=\frac{1}{2}x+\frac{1}{2}\sin x+C$；

（7）$\int\frac{1}{x^2(1+x^2)}\mathrm{d}x=\int\left(\frac{1}{x^2}-\frac{1}{1+x^2}\right)\mathrm{d}x=-\frac{1}{x}-\arctan x+C$；

（8）
$$\frac{(1+2x^2)^2}{x^2(1+x^2)}=\frac{1+4x^2+4x^4}{x^2(1+x^2)}=\frac{1+4x^2(1+x^2)}{x^2(1+x^2)}=4+\frac{1}{x^2(1+x^2)}=4+\frac{1}{x^2}-\frac{1}{1+x^2}，$$
$$\int\frac{(1+2x^2)^2}{x^2(1+x^2)}\mathrm{d}x=\int\left(4+\frac{1}{x^2}-\frac{1}{1+x^2}\right)\mathrm{d}x=4x-\frac{1}{x}-\arctan x+C.$$

练习题 4.1

1. 已知曲线上任一点处切线的斜率为 $2x$，并且曲线经过点 $(1,2)$，求此曲线方程.

2. 求下列不定积分：

（1）$\int(1+3x^2)\mathrm{d}x$；

（2）$\int\frac{\mathrm{d}x}{x^2\sqrt{x}}$；

（3）$\int\left(2\sin x-\frac{3}{x}+a^x\right)\mathrm{d}x$；

（4）$\int\frac{x^4}{1+x^2}\mathrm{d}x$；

（5）$\int\frac{1}{x^2}\mathrm{d}x$；

（6）$\int x^2\sqrt{x}\mathrm{d}x$；

（7）$\int(3\mathrm{e})^x\mathrm{d}x$；

（8）$\int\frac{1+3x^2}{x^2(1+x^2)}\mathrm{d}x$；

（9）$\int\mathrm{e}^{x+3}\mathrm{d}x$；

（10）$\int(x^5+3\mathrm{e}^x+\csc^2 x-2^x)\mathrm{d}x$；

（11）$\int\left(\frac{x}{2}+\frac{3}{x}\right)^2\mathrm{d}x$；

（12）$\int\sin^2\frac{x}{2}\mathrm{d}x$；

（13）$\int\tan^2 x\mathrm{d}x$；

（14）$\int\left(\sin^2\frac{x}{2}+\cos^2\frac{x}{2}\right)^2\mathrm{d}x$.

4.2 不定积分的换元积分法

与数学中各种逆运算类似，求积分要比求微分困难. 如果被积函数恰好是基本积分表中的类型，或通过简单的变形化为基本积分表中的类型，那么积分容易求得. 但事实上被积函数往往不那么简单. 为此，我们需要学习一些基本的积分技巧，这就是换元积分法和分部积分法.

4.2.1 第一类换元法

例 4.4 求 $\int\cos 2x\mathrm{d}x$.

解 基本积分表中没有与该积分一致的公式，因此该积分不能直接由积分公式求得，注意到 $\cos 2x$ 是复合函数，且 $\mathrm{d}(2x)=2\mathrm{d}x$，于是可做如下变换来计算：

$$\int\cos 2x\mathrm{d}x=\frac{1}{2}\int\cos 2x\mathrm{d}(2x).$$

令 $u=2x$，则

上式 $=\frac{1}{2}\int\cos u\mathrm{d}u=\frac{1}{2}\sin u+C=\frac{1}{2}\sin 2x+C$.

一般地，有如下定理：

定理 4.1 设 $f(u)$ 具有原函数 $F(u)$，$u=\varphi(x)$ 可导，则有换元公式

$$\int f[\varphi(x)]\varphi'(x)\mathrm{d}x=\int f[\varphi(x)]\mathrm{d}\varphi(x)=\int f(u)\mathrm{d}u=F(u)+C=F[\varphi(x)]+C.$$

这种先凑成微分式，再做变量替换的方法，叫做**第一类换元积分法**，也称**凑微分法**.

定理 4.1 告诉我们，如果要求 $\int g(x)\mathrm{d}x$，而 $g(x)$ 可以化为 $g(x)=f[\varphi(x)]\varphi'(x)$ 的形式，那么 $\int g(x)\mathrm{d}x=\int f[\varphi(x)]\varphi'(x)\mathrm{d}x=\int f[\varphi(x)]\mathrm{d}\varphi(x)\overset{令u=\varphi(x)}{=\!=\!=}\int f(u)\mathrm{d}u$，这样，求函数 $g(x)$ 的不定积分就转化为求函数 $f(u)$ 的不定积分，如果能求出 $f(u)$ 的原函数，那么也就得到了 $g(x)$ 的原函数.

例 4.5 求 $\int(3x+8)^5\mathrm{d}x$.

解 （凑常数）

$$\int(3x+8)^5\mathrm{d}x=\frac{1}{3}\int(3x+8)^5\mathrm{d}(3x+8)\overset{令u=3x+8}{=\!=\!=}\frac{1}{3}\int u^5\mathrm{d}u=\frac{1}{18}(3x+8)^6+C.$$

例 4.6 求 $\int 2x\mathrm{e}^{x^2}\mathrm{d}x$.

解 （凑函数）

$$\int 2x\mathrm{e}^{x^2}\mathrm{d}x=\int\mathrm{e}^{x^2}(x^2)'\mathrm{d}x=\int\mathrm{e}^{x^2}\mathrm{d}(x^2)\overset{令u=x^2}{=\!=\!=}\int\mathrm{e}^u\mathrm{d}u$$

$$=\mathrm{e}^u+C=\mathrm{e}^{x^2}+C.$$

例 4.7 求 $\int x\sqrt{1-x^2}\mathrm{d}x$.

解 $\int x\sqrt{1-x^2}\mathrm{d}x=\frac{1}{2}\int\sqrt{1-x^2}(x^2)'\mathrm{d}x=\frac{1}{2}\int\sqrt{1-x^2}\mathrm{d}x^2$

$$=-\frac{1}{2}\int\sqrt{1-x^2}\mathrm{d}(1-x^2)\overset{令u=1-x^2}{=\!=\!=}-\frac{1}{2}\int u^{\frac{1}{2}}\mathrm{d}u=-\frac{1}{3}u^{\frac{3}{2}}+C$$

$$=-\frac{1}{3}(1-x^2)^{\frac{3}{2}}+C.$$

例 4.8 求 $\int\frac{\ln^3 x}{x}\mathrm{d}x$.

解 $\int\frac{\ln^3 x}{x}\mathrm{d}x=\int\ln^3 x\,\mathrm{d}(\ln x)\overset{令u=\ln x}{=\!=\!=}\int u^3\mathrm{d}u=\frac{1}{4}u^4+C=\frac{1}{4}\ln^4 x+C.$

例 4.9 求 $\int\frac{\sin\sqrt{x}}{\sqrt{x}}\mathrm{d}x$.

解

$$\int\frac{\sin\sqrt{x}}{\sqrt{x}}\mathrm{d}x=2\int\sin\sqrt{x}\mathrm{d}(\sqrt{x})\overset{令u=\sqrt{x}}{=\!=\!=}2\int\sin u\,\mathrm{d}u=-2\cos u+C=-2\cos\sqrt{x}+C.$$

例 4.10 求 $\int\cos^2 x\sin x\mathrm{d}x$.

解

$$\int\cos^2 x\sin x\mathrm{d}x=-\int\cos^2 x\,\mathrm{d}(\cos x)\xlongequal{令u=\cos x}-\int u^2\,\mathrm{d}u=-\frac{1}{3}u^3+C=-\frac{1}{3}\cos^3 x+C.$$

注意：在对上述换元法较熟练后，可以不必写出新设的积分变量.

例 4.11 求 $\int\frac{\cos\sqrt{x}}{\sqrt{x}}\mathrm{d}x$.

解 $$\int\frac{\cos\sqrt{x}}{\sqrt{x}}\mathrm{d}x=2\int\cos\sqrt{x}\cdot\frac{1}{2\sqrt{x}}\mathrm{d}x=2\int\cos\sqrt{x}\mathrm{d}\sqrt{x}=2\sin\sqrt{x}+C.$$

例 4.12 求 $\int\frac{1}{a^2+x^2}\mathrm{d}x$.

解 $$\int\frac{1}{a^2+x^2}\mathrm{d}x=\frac{1}{a^2}\int\frac{1}{1+\left(\frac{x}{a}\right)^2}\mathrm{d}x$$

$$=\frac{1}{a}\int\frac{1}{1+\left(\frac{x}{a}\right)^2}\mathrm{d}\frac{x}{a}=\frac{1}{a}\arctan\frac{x}{a}+C.$$

例 4.13 求 $\int\frac{1}{a^2-x^2}\mathrm{d}x$.

解 $$\int\frac{1}{a^2-x^2}\mathrm{d}x=\int\frac{1}{(a+x)(a-x)}\mathrm{d}x=\frac{1}{2a}\int\left(\frac{1}{a-x}+\frac{1}{a+x}\right)\mathrm{d}x$$

$$=\frac{-1}{2a}\int\frac{1}{a-x}\mathrm{d}(a-x)+\frac{1}{2a}\int\frac{1}{a+x}\mathrm{d}(a+x)$$

$$=\frac{-1}{2a}\ln|a-x|+\frac{1}{2a}\ln|a+x|+C=\frac{1}{2a}\ln\left|\frac{a+x}{a-x}\right|+C.$$

例 4.14 求 $\int\sin^2 x\mathrm{d}x$.

解 $$\int\sin^2 x\mathrm{d}x=\int\frac{1-\cos 2x}{2}\mathrm{d}x=\frac{1}{2}\int(1-\cos 2x)\mathrm{d}x=\frac{1}{2}\left(x-\frac{1}{2}\sin 2x\right)+C.$$

例 4.15 求 $\int\tan x\mathrm{d}x$.

解 $$\int\tan x\mathrm{d}x=\int\frac{\sin x}{\cos x}\mathrm{d}x=-\int\frac{1}{\cos x}\mathrm{d}(\cos x)=-\ln|\cos x|+C.$$

例 4.16 求 $\int\csc x\mathrm{d}x$.

解 $\int \csc x \mathrm{d}x = \int \frac{1}{\sin x}\mathrm{d}x = \int \frac{1}{2\sin\frac{x}{2}\cos\frac{x}{2}}\mathrm{d}x$

$$= \int \frac{\mathrm{d}\frac{x}{2}}{\tan\frac{x}{2}\cos^2\frac{x}{2}} = \int \frac{\mathrm{d}\tan\frac{x}{2}}{\tan\frac{x}{2}} = \ln\left|\tan\frac{x}{2}\right| + C = \ln|\csc x - \cot x| + C .$$

用同样的方法可得 $\int \sec x \mathrm{d}x = \ln|\sec x + \tan x| + C$.

4.2.2 第二类换元法

定理 4.2 设 $x = \varphi(t)$ 是单调的、可导的函数，并且 $\varphi'(t) \neq 0$. 又设 $f[\varphi(t)]\varphi'(t)$ 具有原函数 $F(t)$ ，则有换元公式

$$\int f(x)\mathrm{d}x = \int f[\varphi(t)]\varphi'(t)\mathrm{d}t = F(t) + C = F[\varphi^{-1}(x)] + C .$$

其中 $t = \varphi^{-1}(x)$ 是 $x = \varphi(t)$ 的反函数，这种方法称为**第二类换元积分法**.

证明 根据复合函数及反函数的求导法则，有

$$\frac{\mathrm{d}}{\mathrm{d}x}F[\varphi^{-1}(x)] = \frac{\mathrm{d}F}{\mathrm{d}t}\cdot\frac{\mathrm{d}t}{\mathrm{d}x} = f[\varphi(t)]\varphi'(t)\cdot\frac{1}{\varphi'(t)} = f[\varphi(t)] = f(x) .$$

即 $F[\varphi^{-1}(x)]$ 是 $f(x)$ 的原函数，所以有

$$\int f(x)\mathrm{d}x = F[\varphi^{-1}(x)] + C .$$

第二类换元法常用于求解被积分函数含有根号的不定积分，如下面介绍的简单根式代换与三角代换.

1. 根式代换

如果被积函数中含根式 $\sqrt{ax+b}$ （一般是根式里含 x 的一次式），可令 $\sqrt{ax+b} = t$.

例 4.17 求 $\int \frac{\mathrm{d}x}{1+\sqrt{3-x}}$

解 设 $t = \sqrt{3-x}$ ，则 $x = 3 - t^2$ ， $\mathrm{d}x = -2t\mathrm{d}t$.

$$\int \frac{\mathrm{d}x}{1+\sqrt{3-x}} = -\int \frac{2t}{1+t}\mathrm{d}t = -2\int \frac{1+t-1}{1+t}\mathrm{d}t = -2\int\left(1-\frac{1}{1+t}\right)\mathrm{d}t$$
$$= -2(t - \ln(1+t)) + C$$
$$= -2(\sqrt{3-x} - \ln(1+\sqrt{3-x})) + C.$$

应注意，在最后的结果中必须代入 $t = \sqrt{3-x}$ ，返回原积分变量 x .

2. 三角代换

例 4.18 求 $\int \sqrt{a^2 - x^2}\mathrm{d}x$ （a>0）.

解 设 $x = a\sin t$ ， $-\frac{\pi}{2} < t < \frac{\pi}{2}$，那么 $\sqrt{a^2 - x^2} = \sqrt{a^2 - a^2\sin^2 t} = a\cos t$ ，

$$\mathrm{d}x = a\cos t\mathrm{d}t \ .$$

于是

$$\begin{aligned}\int\sqrt{a^2-x^2}\mathrm{d}x &= \int a\cos t\cdot a\cos t\mathrm{d}t \\ &= a^2\int\cos^2 t\mathrm{d}t \\ &= a^2\int\frac{1+\cos 2t}{2}\mathrm{d}t \\ &= a^2\left(\frac{t}{2}+\frac{\sin 2t}{4}\right)+C .\end{aligned}$$

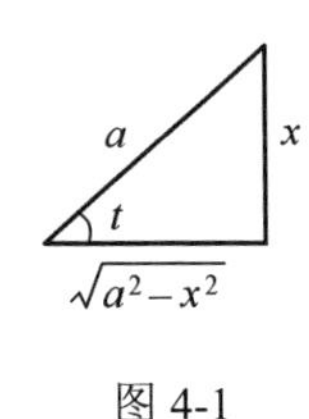

图 4-1

因为 $x = a\sin t$，由图 4-1 所示的辅助三角形知，

$$\sin 2t = 2\sin t\cos t = 2\frac{x}{a}\cdot\frac{\sqrt{a^2-x^2}}{a} ,$$

所以

$$\int\sqrt{a^2-x^2}\mathrm{d}x = a^2\left(\frac{1}{2}t+\frac{1}{4}\sin 2t\right)+C = \frac{a^2}{2}\arcsin\frac{x}{a}+\frac{1}{2}x\sqrt{a^2-x^2}+C .$$

例 4.19 求 $\int\frac{\mathrm{d}x}{\sqrt{x^2-a^2}}$ （$a>0$）.

解 不妨限定 $x>a$，设 $x = a\sec t$ （$0<t<\frac{\pi}{2}$），那么 $\mathrm{d}x = a\sec t\tan t\mathrm{d}t$，

$$\sqrt{x^2-a^2} = \sqrt{a^2\sec^2 t-a^2} = a\sqrt{\sec^2 t-1} = a\tan t ,$$

于是

$$\int\frac{\mathrm{d}x}{\sqrt{x^2-a^2}} = \int\frac{a\sec t\tan t}{a\tan t}\mathrm{d}t = \int\sec t\mathrm{d}t = \ln|\sec t+\tan t|+C_1 .$$

因为 $\sec t = \frac{x}{a}$，由图 4-2 所示的辅助三角形知

$\tan t = \frac{\sqrt{x^2-a^2}}{a}$，所以

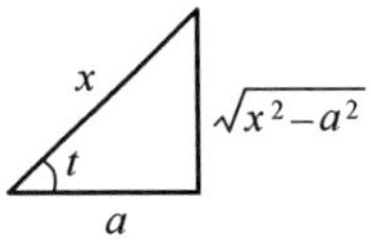

图 4-2

$$\begin{aligned}\int\frac{\mathrm{d}x}{\sqrt{x^2-a^2}} &= \ln|\sec t+\tan t|+C_1 \\ &= \ln\left|\frac{x}{a}+\frac{\sqrt{x^2-a^2}}{a}\right|+C_1 = \ln(x+\sqrt{x^2-a^2})+C ,\end{aligned}$$

其中 $C = C_1-\ln a$.

对于 $x<-a$ 时，可设 $x = -a\sec t$ （$0<t<\frac{\pi}{2}$），

可求出 $\int\frac{\mathrm{d}x}{\sqrt{x^2-a^2}} = \ln(-x-\sqrt{x^2-a^2})+C$.

综合以上两种情况，$\int\frac{dx}{\sqrt{x^2-a^2}}=\ln|x+\sqrt{x^2-a^2}|+C$.

例 4.20 求 $\int\frac{1}{\sqrt{x^2+a^2}}dx$（$a>0$）.

解 设 $x=a\tan t$（$-\frac{\pi}{2}<t<\frac{\pi}{2}$），那么

$$\frac{1}{\sqrt{x^2+a^2}}=\frac{1}{\sqrt{a^2\tan^2 t+a^2}}=\frac{1}{a\sec t}, \quad dx=a\sec^2 t dt,$$

于是

$$\int\frac{1}{\sqrt{x^2+a^2}}dx=\int\frac{1}{a\sec t}a\sec^2 t dt=\int\sec t dt=\ln|\sec t+\tan t|+C_1.$$

因为 $x=a\tan t$，由辅助三角形知 $\sec t=\frac{\sqrt{x^2+a^2}}{a}$，所以

$$\int\frac{1}{\sqrt{x^2+a^2}}dx=\ln|\sec t+\tan t|+C_1=\ln\left|\frac{\sqrt{x^2+a^2}}{a}+\frac{x}{a}\right|+C_1$$

$$=\ln(\sqrt{x^2+a^2}+x)+C,$$

其中 $C=C_1-\ln a$.

一般地，当被积函数

（1）含 $\sqrt{a^2-x^2}$ 时可作代换 $x=a\sin t$；

（2）含 $\sqrt{x^2+a^2}$ 时可作代换 $x=a\tan t$；

（3）含 $\sqrt{x^2-a^2}$ 时可作代换 $x=a\sec t$.

在使用第二类换元法时，应注意根据需要，随时与被积函数的恒等变形、不定积分的性质、第一类换元法等结合使用.

第二类换元法并不局限于上述四种基本形式，它也是非常灵活的方法.应根据所给被积函数在积分时的难易，选择适当的变量替换，转化成便于求积的形式，请看下面两例.

例 4.21 求 $\int x^2(2-x)^{10}dx$.

解 显然没有积分公式可直接套用，凑微分也不能解决问题，10 次方展开又比较麻烦，因此用换元法去解决.

设 $t=2-x$，则 $x=2-t$，$dx=d(2-t)=-dt$，原积分化为

$$\int x^2(2-x)^{10}dx=\int(2-t)^2t^{10}(-dt)=-\int(4-4t+t^2)t^{10}dt$$

$$=-\int(4t^{10}-4t^{11}+t^{12})dt=-\frac{4}{11}t^{11}+\frac{1}{3}t^{12}-\frac{1}{13}t^{13}+C$$

$$=-\frac{4}{11}(2-x)^{11}+\frac{1}{3}(2-x)^{12}-\frac{1}{13}(2-x)^{13}+C.$$

例 4.22 求 $\int\frac{\mathrm{d}x}{\sqrt{\mathrm{e}^x+1}}$.

解 设 $\sqrt{\mathrm{e}^x+1}=t$，则 $x=\ln(t^2-1)$，$\mathrm{d}x=\frac{2t}{t^2-1}\mathrm{d}t$，于是

$$\int\frac{\mathrm{d}x}{\sqrt{\mathrm{e}^x+1}}=\int\frac{1}{t}\frac{2t}{t^2-1}\mathrm{d}t=\int\frac{2}{t^2-1}\mathrm{d}t=\int\left(\frac{1}{t-1}-\frac{1}{t+1}\right)\mathrm{d}t$$

$$=\int\frac{1}{t-1}\mathrm{d}(t-1)-\int\frac{1}{t+1}\mathrm{d}(t+1)=\ln(t-1)-\ln(t+1)+C$$

$$=\ln\frac{t-1}{t+1}+C=\ln\frac{\sqrt{\mathrm{e}^x+1}-1}{\sqrt{\mathrm{e}^x+1}+1}+C.$$

在本节的例题中，有几个积分的类型是以后经常会遇到的，它们通常也被当做公式使用.这样,除了基本积分表中的几个外,再添加下面几个(其中常数 $a>0$):

（1）$\int\tan x\mathrm{d}x=-\ln|\cos x|+C$；

（2）$\int\cot x\mathrm{d}x=\ln|\sin x|+C$；

（3）$\int\sec x\mathrm{d}x=\ln|\sec x+\tan x|+C$；

（4）$\int\csc x\mathrm{d}x=\ln|\csc x-\cot x|+C$;

（5）$\int\frac{1}{a^2+x^2}\mathrm{d}x=\frac{1}{a}\arctan\frac{x}{a}+C$；

（6）$\int\frac{1}{a^2-x^2}\mathrm{d}x=\frac{1}{2a}\ln\left|\frac{a+x}{a-x}\right|+C$；

（7）$\int\frac{\mathrm{d}x}{\sqrt{a^2-x^2}}=\arcsin\frac{x}{a}+C$；

（8）$\int\frac{\mathrm{d}x}{\sqrt{x^2-a^2}}=\ln|x+\sqrt{x^2-a^2}|+C$；

（9）$\int\frac{\mathrm{d}x}{\sqrt{x^2+a^2}}=\ln(x+\sqrt{x^2+a^2})+C$.

练习题 4.2

1. 将一个适当的函数填入下列空格内，使等式成立.

（1）$\mathrm{d}x=(\quad)\mathrm{d}(ax)$；　　（2）$\mathrm{d}x=(\quad)\mathrm{d}(ax+b)$；

（3）$x\mathrm{d}x=\mathrm{d}(\quad)$；　　（4）$\frac{1}{x^2}\mathrm{d}x=\mathrm{d}(\quad)$；

（5）$\mathrm{e}^{-x}\mathrm{d}x=\mathrm{d}(\quad)$；　　（6）$\sin 2x\mathrm{d}x=(\quad)\mathrm{d}(\cos 2x)$；

（7）$\cos\frac{x}{2}dx=(\quad)d(\sin\frac{x}{2})$；（8）$\frac{1}{x}dx=d(\quad)$；

（9）$\frac{\ln x}{x}dx=\ln x d(\quad)=d(\quad)$；（10）$\frac{1}{\sqrt{x}}dx=d(\quad)$；

（11）$\frac{1}{\sqrt{2-3x}}dx=(\quad)d(\sqrt{2-3x})$；（12）$\frac{1}{2-3x}dx=(\quad)d(\ln(2-3x))$；

（13）$\frac{1}{\sqrt{4-x^2}}dx=(\quad)d\left(\arcsin\frac{x}{2}\right)$；（14）$\frac{1}{4+x^2}dx=(\quad)d\left(\arctan\frac{x}{2}\right)$.

2．用第一类换元法求下列不定积分：

（1）$\int\sin 3x dx$；（2）$\int\sqrt{1-2x}dx$；

（3）$\int\frac{1}{1+x}dx$；（4）$\int\sqrt[3]{(2+3x)^2}dx$；

（5）$\int(1-3x)^9 dx$；（6）$\int e^{-x}dx$；

（7）$\int(3-2\sin x)^{\frac{1}{3}}\cos x dx$；（8）$\int\frac{1}{(1-x)^2}dx$；

（9）$\int\frac{1}{1+4x^2}dx$；（10）$\int\frac{1}{\sqrt{9-4x^2}}dx$；

（11）$\int x\sqrt{1+2x^2}dx$；（12）$\int\frac{x}{\sqrt{1-x^2}}dx$；

（13）$\int\frac{x^2}{1+x^2}dx$；（14）$\int xe^{-x^2}dx$；

（15）$\int\frac{x}{1+x^4}dx$；（16）$\int 3^{2x}dx$；

（17）$\int\frac{\ln x}{x}dx$；（18）$\int\frac{1}{x\ln x}dx$；

（19）$\int\frac{e^{2x}}{1+e^{2x}}dx$；（20）$\int\frac{e^x}{1+e^{2x}}dx$；

（21）$\int e^x\sin e^x dx$；（22）$\int e^x\sqrt{e^x+1}dx$；

（23）$\int\frac{1}{\sqrt{x}(1+\sqrt{x})}dx$；（24）$\int\frac{1}{\sqrt{x}(1+x)})dx$；

（25）$\int\frac{e^{\sqrt{x}}}{\sqrt{x}}dx$；（26）$\int\frac{1}{x^2}\cos\frac{1}{x}dx$；

（27）$\int\frac{e^{\frac{1}{x}}}{x^2}dx$；（28）$\int\sin^2 x dx$；

（29）$\int\frac{1}{1+\cos x}\mathrm{d}x$；（30）$\int\frac{\sin x}{1+\cos x}\mathrm{d}x$；

（31）$\int\frac{\arctan x}{1+x^2}\mathrm{d}x$；（32）$\int\frac{\arcsin x}{\sqrt{1-x^2}}\mathrm{d}x$．

3．用第二类换元法求下列不定积分：

（1）$\int\frac{1}{1+\sqrt{3x}}\mathrm{d}x$；（2）$\int\frac{1}{\sqrt{x}+\sqrt[3]{x}}\mathrm{d}x$；

（3）$\int\frac{x^2}{\sqrt{9-x^2}}\mathrm{d}x$；（4）$\int\frac{1}{x\sqrt{x^2-4}}\mathrm{d}x$；

（5）$\int\frac{x^2}{\sqrt{a^2+x^2}}\mathrm{d}x\quad(a>0)$；（6）$\int x(5x-1)^{15}\mathrm{d}x$

4.3 不定积分的分部积分法

利用换元法可以求出许多函数的不定积分．然而，还有许多不定积分，如$\int\ln x\mathrm{d}x$，$\int x\sin x\mathrm{d}x$等都不能利用基本积分表和换元积分法计算．本节将讨论另一种求不定积分的基本方法——分部积分法．

设函数$u=u(x)$及$v=v(x)$具有连续导数．那么，由两个函数乘积的导数公式

$$(uv)'=u'v+uv',$$

移项得

$$uv'=(uv)'-u'v.$$

对这个等式两边求不定积分，得

$$\int uv'\mathrm{d}x=uv-\int u'v\mathrm{d}x\quad\text{或}\quad\int u\mathrm{d}v=uv-\int v\mathrm{d}u,$$

这个公式称为**分部积分公式**.

例 4.23 求$\int x\cos x\mathrm{d}x$．

分析 这个积分的被积函数是两个不同类的基本初等函数的乘积，用换元积分法显然不易求得结果，现在试用分部积分法来求它．但是针对此积分怎样选取公式中的u和$\mathrm{d}v$呢？如果设$u=\cos x$，$\mathrm{d}v=x\mathrm{d}x$，那么$\mathrm{d}u=\mathrm{d}(\cos x)=-\sin x\mathrm{d}x$，$v=\frac{1}{2}x^2$，代入分部积分公式，得到

$$\int x\cos x\mathrm{d}x=\int\cos x\mathrm{d}\frac{x^2}{2}=\frac{x^2}{2}\cos x+\int\frac{x^2}{2}\sin x\mathrm{d}x.$$

右端的积分比原积分更不容易求出．

如果设$u=x$，$\mathrm{d}v=\cos x\mathrm{d}x$，则$\mathrm{d}u=\mathrm{d}x$，$v=\sin x$，代入分部积分公式，得到

$$\int x\cos x\mathrm{d}x=\int x\mathrm{d}\sin x=x\sin x-\int\sin x\mathrm{d}x,$$

而$\int v\mathrm{d}u=\int\sin x\mathrm{d}x$容易求出，所以

$$\int x\cos x\mathrm{d}x = x\sin x+\cos x+C.$$

解 被积函数是幂函数和三角函数的乘积，故

设 $u=x$，$\mathrm{d}v=\cos x\mathrm{d}x$，那么 $\mathrm{d}u=\mathrm{d}x$，$v=\sin x$．代入分部积分公式

$$\int x\cos x\mathrm{d}x=\int x\mathrm{d}\sin x=x\sin x-\int\sin x\mathrm{d}x = x\sin x+\cos x+C.$$

由以上例子看出，应用分部积分法求不定积分时，关键是正确选择公式中的 u、$\mathrm{d}v$．选择 u 和 $\mathrm{d}v$ 时，一般应考虑：（1）v 要容易求出；（2）$\int v\mathrm{d}u$ 要比 $\int u\mathrm{d}v$ 容易求得，即把难计算的 $\int u\mathrm{d}v$ 通过公式 $\int u\mathrm{d}v=uv-\int v\mathrm{d}u$ 转化为较易计算的 $\int v\mathrm{d}u$．

假若被积函数是两类基本初等函数的乘积，那么经验告诉我们在很多情况下可采用如下办法来选择 u 和 $\mathrm{d}v$．

选择 u 和 $\mathrm{d}v$ 时，可按照反三角函数、对数函数、幂函数、三角函数、指数函数的顺序，把排在前面的那类函数选作 u，而把排在后面的那类函数选作 v' 和 $\mathrm{d}x$ 凑微分 $\mathrm{d}v$．

例 4.24 求 $\int x\ln x\mathrm{d}x$．

解 被积函数是幂函数和对数函数的乘积，故设 $u=\ln x$，$\mathrm{d}v=x\mathrm{d}x$，那么 $\mathrm{d}u=\dfrac{1}{x}\mathrm{d}x$，$v=\dfrac{1}{2}x^2$．于是

$$\begin{aligned}\int x\ln x\mathrm{d}x&=\frac{1}{2}x^2\ln x-\frac{1}{2}\int x^2\cdot\frac{1}{x}\mathrm{d}x\\&=\frac{1}{2}x^2\ln x-\frac{1}{2}\int x\mathrm{d}x=\frac{1}{2}x^2\ln x-\frac{1}{4}x^2+C.\end{aligned}$$

例 4.25 求 $\int x\arctan x\mathrm{d}x$．

解 被积函数是幂函数和反三角函数的乘积，故设 $u=\arctan x$，$\mathrm{d}v=x\mathrm{d}x$，那么 $\mathrm{d}u=\dfrac{1}{1+x^2}\mathrm{d}x$，$v=\dfrac{1}{2}x^2$．

$$\begin{aligned}\int x\arctan x\mathrm{d}x&=\frac{1}{2}x^2\arctan x-\frac{1}{2}\int x^2\cdot\frac{1}{1+x^2}\mathrm{d}x\\&=\frac{1}{2}x^2\arctan x-\frac{1}{2}\int\left(1-\frac{1}{1+x^2}\right)\mathrm{d}x\\&=\frac{1}{2}x^2\arctan x-\frac{1}{2}x+\frac{1}{2}\arctan x+C.\end{aligned}$$

例 4.26 求 $\int x^2\mathrm{e}^x\mathrm{d}x$．

解 被积函数是幂函数和指数函数的乘积，故设 $u=x^2$，$\mathrm{d}v=\mathrm{e}^x\mathrm{d}x$，那么 $\mathrm{d}u=2x\mathrm{d}x$，$v=\mathrm{e}^x$．于是

$$\int x^2\mathrm{e}^x\mathrm{d}x=x^2\mathrm{e}^x-2\int x\mathrm{e}^x\mathrm{d}x=x^2\mathrm{e}^x-2\int x\mathrm{d}\mathrm{e}^x.$$

对于积分 $\int x\mathrm{e}^x\mathrm{d}x$，被积函数仍是由幂函数和指数函数的乘积，故又设 $u=x$，

$\mathrm{d}v = \mathrm{e}^x \mathrm{d}x$，那么 $\mathrm{d}u = \mathrm{d}x$，$v = \mathrm{e}^x$．于是

$$\begin{aligned}\int x^2\mathrm{e}^x\mathrm{d}x &= x^2\mathrm{e}^x - 2(x\mathrm{e}^x - \int \mathrm{e}^x\mathrm{d}x) = x^2\mathrm{e}^x - 2x\mathrm{e}^x + 2\mathrm{e}^x + C \\ &= \mathrm{e}^x(x^2 - 2x + 2) + C.\end{aligned}$$

注：有些积分需要连续多次使用分部积分公式.

例 4.27　求 $\int \mathrm{e}^x\cos x\mathrm{d}x$．

解　解法一：被积函数是指数函数和三角函数的乘积，故设 $u = \cos x$，$\mathrm{d}v = \mathrm{e}^x \mathrm{d}x$，那么 $\mathrm{d}u = -\sin x\mathrm{d}x$，$v = \mathrm{e}^x$．于是

$$\int \mathrm{e}^x \cos x\mathrm{d}x = \cos x\,\mathrm{e}^x + \int \mathrm{e}^x \sin x\mathrm{d}x,$$

对于 $\int \mathrm{e}^x \sin x\mathrm{d}x$，被积函数仍是指数函数和三角函数的乘积，故设 $u = \sin x$，$\mathrm{d}v = \mathrm{e}^x \mathrm{d}x$，那么 $\mathrm{d}u = \cos x\mathrm{d}x$，$v = \mathrm{e}^x$．于是

$$\int \mathrm{e}^x \cos x\mathrm{d}x = \cos x\,\mathrm{e}^x + \int \mathrm{e}^x \sin x\mathrm{d}x = \cos x\,\mathrm{e}^x + (\sin x\,\mathrm{e}^x - \int \mathrm{e}^x \cos x\mathrm{d}x),$$

移项得

$$2\int \mathrm{e}^x \cos x\mathrm{d}x = \cos x\,\mathrm{e}^x + \sin x\,\mathrm{e}^x + C_1,$$

故

$$\int \mathrm{e}^x \cos x\mathrm{d}x = \frac{1}{2}(\cos x\,\mathrm{e}^x + \sin x\,\mathrm{e}^x) + C.$$

解法二：被积函数是指数函数和三角函数的乘积，也可设 $u = \mathrm{e}^x$，$\mathrm{d}v = \cos x\mathrm{d}x$，那么 $\mathrm{d}u = \mathrm{e}^x \mathrm{d}x$，$v = \sin x$．于是

$$\begin{aligned}\int \mathrm{e}^x \cos x\mathrm{d}x &= \mathrm{e}^x \sin x - \int \sin x \cdot \mathrm{e}^x\mathrm{d}x \\ &= \mathrm{e}^x \sin x + \int \mathrm{e}^x\mathrm{d}\cos x \\ &= \mathrm{e}^x \sin x + \mathrm{e}^x \cos x - \int \cos x\mathrm{d}\mathrm{e}^x \\ &= \mathrm{e}^x \sin x + \mathrm{e}^x \cos x - \int \mathrm{e}^x \cos x\mathrm{d}x,\end{aligned}$$

所以

$$\int \mathrm{e}^x \cos x\mathrm{d}x = \frac{\mathrm{e}^x}{2}(\sin x + \cos x) + C.$$

例 4.28　求 $\int \sec^3 x\mathrm{d}x$．

解

$$\begin{aligned}\int \sec^3 x\mathrm{d}x &= \int \sec x \cdot \sec^2 x\mathrm{d}x = \int \sec x\mathrm{d}(\tan x) = \sec x \cdot \tan x - \int \tan x\mathrm{d}\sec x \\ &= \sec x \cdot \tan x - \int \tan x\mathrm{d}\sec x = \sec x \cdot \tan x - \int \tan x \sec x \tan x\mathrm{d}x \\ &= \sec x \cdot \tan x - \int \sec x \tan^2 x\mathrm{d}x = \sec x \cdot \tan x - \int \sec x(\sec^2 x - 1)\mathrm{d}x \\ &= \sec x \cdot \tan x - \int (\sec^3 x - \sec x)\mathrm{d}x \\ &= \sec x \cdot \tan x - \int \sec^3 x\mathrm{d}x + \int \sec x\mathrm{d}x \\ &= \sec x \cdot \tan x - \int \sec^3 x\mathrm{d}x + \ln|\sec x + \tan x|,\end{aligned}$$

移项并除以 2，得

$$\int \sec^3 x\mathrm{d}x = \frac{1}{2}(\sec x \cdot \tan x + \ln|\sec x + \tan x|) + C\ \mathrm{d}x .$$

例 4.29 求 $\int \ln(x+\sqrt{1+x^2})\mathrm{d}x$.

解
$$\begin{aligned}\int \ln(x+\sqrt{1+x^2})\mathrm{d}x &= x\ln(x+\sqrt{1+x^2}) - \int x\mathrm{d}\ln(x+\sqrt{1+x^2}) \\ &= x\ln(x+\sqrt{1+x^2}) - \int \frac{x\mathrm{d}x}{\sqrt{1+x^2}} \\ &= x\ln(x+\sqrt{1+x^2}) - \frac{1}{2}\int \frac{1}{\sqrt{1+x^2}}\mathrm{d}(1+x^2) \\ &= x\ln(x+\sqrt{1+x^2}) - \sqrt{1+x^2} + C .\end{aligned}$$

练习题 4.3

计算下列积分：

（1）$\int x\cos 2x\mathrm{d}x$ ；（2）$\int \ln x\mathrm{d}x$ ；（3）$\int x\arctan x\mathrm{d}x$ ；

（4）$\int x^2\mathrm{e}^{-x}\mathrm{d}x$ ；（5）$\int x\sin^2 x\mathrm{d}x$ ；（6）$\int \mathrm{e}^x \sin x\mathrm{d}x$.

习题四

1．求下列不定积分：

（1）$\int \left(x+\frac{2}{x^2}\right)\mathrm{d}x$ ；（2）$\int \cos^2\frac{x}{2}\mathrm{d}x$ ；（3）$\int \mathrm{e}^{x-3}\mathrm{d}x$ ；

（4）$\int \frac{\mathrm{d}x}{x^2(1+x^2)}$ ；（5）$\int x\sqrt{1-x^2}\mathrm{d}x$ ；（6）$\int \frac{1}{x^2}\cos^2\frac{1}{x}\mathrm{d}x$ ；

（7）$\int \cos^3 x\mathrm{d}x$ ；（8）$\int \sqrt[3]{x+2}\mathrm{d}x$ ；（9）$\int \frac{\mathrm{d}x}{\sqrt{x}+\sqrt[3]{x^2}}$ ；

（10）$\int \frac{\mathrm{d}x}{x^3\sqrt{x^2-9}}$ ；（11）$\int x^2\ln x\mathrm{d}x$ ；（12）$\int \mathrm{e}^{\sqrt{x}}\mathrm{d}x$ ；

（13）$\int x^5\mathrm{e}^{x^2}\mathrm{d}x$ ；（14）$\int \sin\sqrt{x}\mathrm{d}x$.

2．解答下列各题：

（1）某曲线在任一点的切线斜率等于该点横坐标的倒数，且通过点(e^2 ，3)，求该曲线方程；

（2）已知动点在时刻 t 的速度为 $v=3t-2$ ，且 $t=0$ 时 $s=5$ ，求此动点的运动方程．

第 5 章　定积分

【学习目标】

- 理解定积分的概念和性质.
- 掌握变上限积分函数的求导方法.
- 掌握牛顿—莱布尼兹公式及定积分的换元积分法与分部积分法.
- 了解反常积分的概念，会计算简单的反常积分.

本章我们将讨论一元函数积分学的另一个基本问题——定积分．定积分与不定积分是两个完全不同的概念，但两者之间又有联系．定积分的计算可以通过微积分基本公式转化为不定积分的计算问题，反之，不定积分的存在性问题又可以通过定积分来解决.

5.1　定积分的概念与性质

定积分是有着重要的理论和实际应用价值的又一基本概念，它与导数的概念一样也是在分析、解决实际问题的过程中形成并发展起来的．本节由实际问题引出定积分的概念，并简要讨论定积分的性质和几何意义.

5.1.1　两个实际问题

1．曲边梯形的面积

设 $y=f(x)$ 在区间 $[a,b]$ 上非负、连续．由直线 $x=a$ 、 $x=b$ 、 $y=0$ 及曲线 $y=f(x)$ 所围成的图形（如图 5-1 所示）称为曲边梯形，其中曲线弧称为曲边.

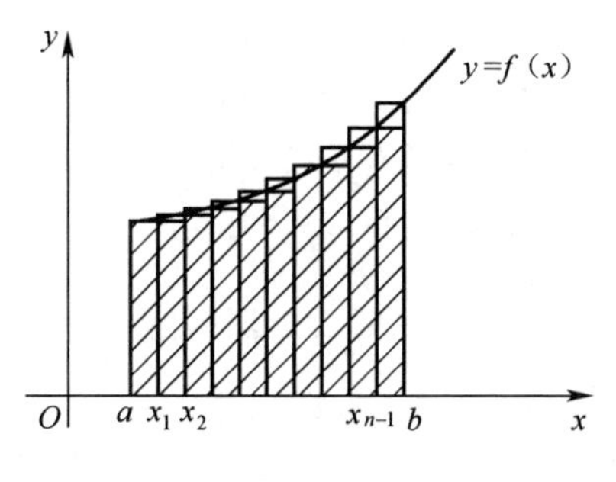

图 5-1

若 $f(x)$ 为常数，则曲边梯形变成矩形．其面积为底乘以高．但这里 $f(x)$ 是变动的，故它的面积不能用矩形的面积公式来计算．如果我们沿平行于 y 轴的方向将整个曲边梯形切割成一些小的曲边梯形，那么每个小曲边梯形可近似看成小窄矩形，小曲边梯形的面积就和小窄矩形的面积近似相等．当分割越来越细时，所有窄矩形面积之和就越来越接近于整个曲边梯形的面积．所以，当每个小曲边梯形的宽度都趋于零时，所有窄矩形面积之和的极限值就是整个曲边梯形面积的精确值．

基于上述分析，可得如下求解步骤：

（1）分割　在 $[a,b]$ 中任意插入 $n-1$ 个分点

$$a=x_0<x_1<x_2<\cdots<x_{n-1}<x_n=b,$$

把区间 $[a,b]$ 分成 n 个小区间

$$[x_0,x_1],[x_1,x_2],\cdots,[x_{n-1},x_n],$$

第 i 个小区间的长度为 $\Delta x_i=x_i-x_{i-1}(i=1,2,\cdots,n)$，过每个分点做平行于 y 轴的直线段，把曲边梯形分成 n 个小曲边梯形（如图 5-1 所示）．记第 i 个小曲边梯形的面积为 ΔA_i．

（2）近似　在每个小区间 $[x_{i-1},x_i]$ 上任取一点 ξ_i，以 Δx_i 为底，$f(\xi_i)$ 为高的矩形面积为 $f(\xi_i)\Delta x_i$，它是第 i 个小曲边梯形面积 ΔA_i 的近似值，即

$$\Delta A_i\approx f(\xi_i)\Delta x_i\quad(i=1,2,\cdots,n).$$

（3）求和　将 n 个小矩形的面积相加，得曲边梯形的面积 A 的近似值

$$A=\sum_{i=1}^{n}\Delta A_i\approx\sum_{i=1}^{n}f(\xi_i)\Delta x_i.$$

（4）取极限　为了保证所有小区间的长度都无限缩小，记 $\lambda=\max\limits_{1\leqslant i\leqslant n}\{\Delta x_i\}$，当 $\lambda\to0$ 时，上述和式的极限便是曲边梯形的面积，即

$$A=\lim_{\lambda\to0}\sum_{i=1}^{n}f(\xi_i)\Delta x_i.$$

2. 变速直线运动的路程

一个做变速直线运动的物体，已知速度 $v(t)$ 是时间间隔 $[T_1,T_2]$ 上的连续函数，求物体在这段时间内所走过的路程．

如果是匀速运动，那么 v 是常数，则路程 $s=v(T_2-T_1)$，现在速度 $v(t)$ 不是常数，我们可以采用与求曲边梯形面积相类似的方法来求解．

（1）分割　在 $[T_1,T_2]$ 中任意插入 $n-1$ 个分点

$$T_1=t_0<t_1<t_2<\cdots<t_{n-1}<t_n=T_2,$$

把区间 $[T_1,T_2]$ 分成 n 个小区间

$$[t_0,t_1],[t_1,t_2],\cdots,[t_{n-1},t_n],$$

第 i 个小区间的长度为 $\Delta t_i=t_i-t_{i-1}(i=1,2,\cdots,n)$．

（2）近似　在每个小区间 $[t_{i-1},t_i]$ 上任取一点 ξ_i，以 ξ_i 时刻的速度代替 $[t_{i-1},t_i]$ 上各个时刻的速度，得到这段路程 Δs_i 的近似值，即

$$\Delta s_i\approx v(\xi_i)\Delta t_i\quad(i=1,2,\cdots,n).$$

（3）求和　将 n 段路程相加，得整段路程的近似值

$$s=\sum_{i=1}^{n}\Delta s_i \approx \sum_{i=1}^{n} v(\xi_i)\Delta t_i \ .$$

（4）取极限　记 $\lambda=\max\limits_{1\leqslant i\leqslant n}\{\Delta t_i\}$，当 $\lambda \to 0$ 时，上述和式的极限便是物体在 $[T_1,T_2]$ 上运动的路程，即

$$s=\lim_{\lambda\to 0}\sum_{i=1}^{n} v(\xi_i)\Delta t_i \ .$$

上述两个问题虽然实际意义不同，但解决的方法是相同的，其结果都可归结为同一形式和的极限，如果抛开这些问题的具体意义，抓住它们在数量关系上的这种共同的本质和特性加以概括，就可抽象出定积分的概念.

5.1.2　定积分的概念

定义 5.1　设函数 $f(x)$ 在 $[a, b]$ 上有界，在 $[a, b]$ 中任意插入 $n-1$ 个分点

$$a=x_0<x_1<x_2<\cdots<x_{n-1}<x_n=b ,$$

把区间 $[a,b]$ 分成 n 个小区间

$$[x_0,x_1],[x_1,x_2],\cdots,[x_{n-1},x_n] .$$

第 i 个小区间的长度记为 $\Delta x_i=x_i-x_{i-1}(i=1,2,\cdots,n)$．在每个小区间 $[x_{i-1},x_i]$ 上任取一点 ξ_i，作函数值 $f(\xi_i)$ 与小区间长度 Δx_i 的乘积 $f(\xi_i)\Delta x_i\ (i=1, 2,\cdots, n)$，并作出和

$$\sum_{i=1}^{n} f(\xi_i)\Delta x_i \ .$$

记 $\lambda=\max\limits_{1\leqslant i\leqslant n}\{\Delta x_i\}$，如果不论对 $[a,b]$ 怎样分法，也不论在小区间 $[x_{i-1},x_i]$ 上点 ξ_i 怎样取法，只要当 $\lambda \to 0$ 时，和式总趋于确定的极限 I，这时我们称这个极限 I 为函数 $f(x)$ 在区间 $[a, b]$ 上的**定积分**，记作 $\int_a^b f(x)\mathrm{d}x$，即

$$\int_a^b f(x)\mathrm{d}x=\lim_{\lambda\to 0}\sum_{i=1}^{n} f(\xi_i)\Delta x_i \ .$$

其中 $f(x)$ 叫做**被积函数**，$f(x)\mathrm{d}x$ 叫做**被积表达式**，x 叫做**积分变量**，a 叫做**积分下限**，b 叫做**积分上限**，$[a, b]$ 叫做**积分区间**，“$\int$”叫做**积分号**.

根据定积分的定义，上述两例可用定积分表示：曲边梯形的面积为 $A=\int_a^b f(x)\mathrm{d}x$；变速直线运动的路程为 $s=\int_{T_1}^{T_2} v(t)\mathrm{d}t$.

对于定积分定义的几点说明：

（1）定积分的值只与被积函数及积分区间有关，而与积分变量的记法无关，即

$$\int_a^b f(x)\mathrm{d}x=\int_a^b f(t)\mathrm{d}t=\int_a^b f(u)\mathrm{d}u \ .$$

（2）定义中曾要求 $a<b$，我们补充如下规定：

当 $a>b$ 时，$\int_a^b f(x)\mathrm{d}x=-\int_b^a f(x)\mathrm{d}x$；当 $a=b$ 时，$\int_a^b f(x)\mathrm{d}x=0$.

（3）如果函数 $f(x)$ 在$[a,b]$上的定积分存在，我们就说 $f(x)$ 在区间$[a,b]$上可积，否则，我们就称 $f(x)$ 在区间 $[a,b]$ 上不可积.

可以证明在闭区间上连续或有有限个第一类间断点的有界函数，都是可积的.

例 5.1 利用定积分的定义计算定积分 $\int_0^1 x^2\mathrm{d}x$.

解 因为被积函数 $f(x)=x^2$ 在积分区间 $[0,1]$ 上连续，而连续函数一定可积，所以定积分的值与区间 $[0,1]$ 的分法及点 ξ_i 的取法无关，因此，为了便于计算，不妨把区间 $[0,1]$ 分为 n 等份，这样，每个小区间 $[x_{i-1},x_i]$ 的长度为 $\Delta x_i=\frac{1}{n}$，分点为 $x_i=\frac{i}{n}$，取 $\xi_i=x_i$，由此得到积分和式

$$\begin{aligned}\sum_{i=1}^n f(\xi_i)\Delta x_i&=\sum_{i=1}^n \xi_i^2\Delta x_i=\sum_{i=1}^n x_i^2\Delta x_i\\&=\sum_{i=1}^n\left(\frac{i}{n}\right)^2\cdot\frac{1}{n}=\frac{1}{n^3}\sum_{i=1}^n i^2=\frac{1}{n^3}\left[1^2+2^2+\cdots+n^2\right]\\&=\frac{1}{n^3}\frac{n(n+1)(2n+1)}{6}.\end{aligned}$$

当 $\lambda\to 0$，即 $n\to\infty$ 时（现在 $\lambda=\frac{1}{n}$），上式两端取极限即得

$$\int_0^1 x^2\mathrm{d}x=\lim_{\lambda\to 0}\sum_{i=1}^n\xi_i^2\Delta x_i=\lim_{n\to\infty}\frac{1}{6}\left(1+\frac{1}{n}\right)\left(2+\frac{1}{n}\right)=\frac{1}{3}.$$

5.1.3 定积分的几何意义

由前面对曲边梯形面积的讨论，不难看出定积分有如下几何意义：

在区间 $[a,b]$ 上，当 $f(x)\geqslant 0$ 时，定积分 $\int_a^b f(x)\mathrm{d}x$ 在几何上表示由曲线 $y=f(x)$、直线 $x=a$、$x=b$ 与 x 轴所围成的曲边梯形的面积；当 $f(x)\leqslant 0$ 时，曲线 $y=f(x)$ 位于 x 轴的下方，定积分 $\int_a^b f(x)\mathrm{d}x$ 在几何上表示上述曲边梯形面积的负值；当 $f(x)$ 既取得正值又取得负值时，函数 $f(x)$ 的图形某些部分在 x 轴的上方，某些部分在 x 轴的下方，则定积分 $\int_a^b f(x)\mathrm{d}x$ 的几何意义为：曲线 $f(x)$ 与直线 $x=a$、$x=b$、$y=0$ 所围各部分图形面积的代数和（即位于 x 轴上方的图形面积的和减去 x 轴下方的图形面积的和）（如图 5-2 所示）.

例 5.2 用定积分的几何意义求 $\int_0^1\sqrt{1-x^2}\mathrm{d}x$.

解 如图 5-3 所示，在区间[0,1]上，曲线 $y=\sqrt{1-x^2}$，x 轴，y 轴所围成的曲

边梯形是 $\frac{1}{4}$ 个单位圆，所以 $\int_0^1 \sqrt{1-x^2}\,\mathrm{d}x = \frac{\pi}{4}$.

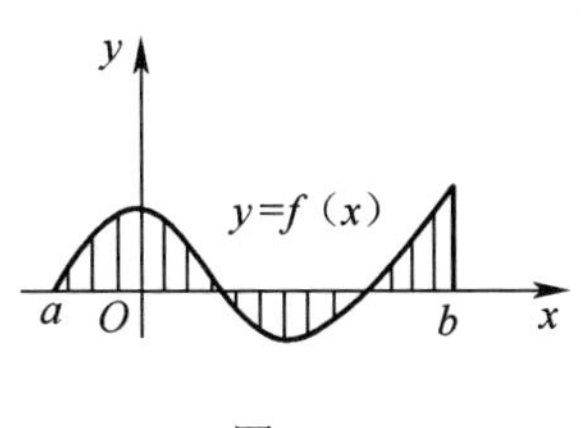

图 5-2

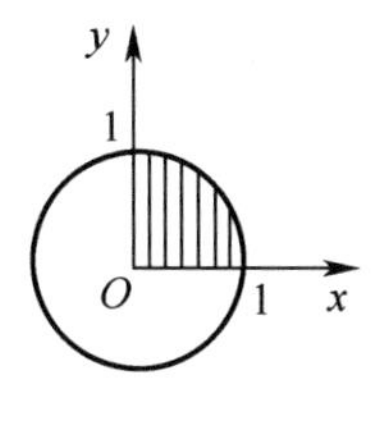

图 5-3

5.1.4　定积分的性质

在下面的讨论中，假定有关函数在所讨论的积分区间上都是可积的.

性质 1　函数的和（差）的定积分等于它们的定积分的和（差），即

$$\int_a^b [f(x) \pm g(x)]\mathrm{d}x = \int_a^b f(x)\mathrm{d}x \pm \int_a^b g(x)\mathrm{d}x .$$

性质 2　被积函数的常数因子可以提到积分号外面，即

$$\int_a^b kf(x)\mathrm{d}x = k\int_a^b f(x)\mathrm{d}x .$$

性质 3（定积分对区间的可加性）　设 $a<c<b$ ，有

$$\int_a^b f(x)\mathrm{d}x = \int_a^c f(x)\mathrm{d}x + \int_c^b f(x)\mathrm{d}x .$$

值得注意的是不论 a，b，c 的相对位置如何，这一性质均成立.

性质 4　如果在区间 $[a,b]$ 上 $f(x)\equiv 1$ ，则

$$\int_a^b 1\mathrm{d}x = \int_a^b \mathrm{d}x = b-a .$$

性质 5　（比较性）　如果在区间 $[a,b]$ 上，　$f(x)\leqslant g(x)$ ，则

$$\int_a^b f(x)\mathrm{d}x \leqslant \int_a^b g(x)\mathrm{d}x .$$

推论 1　如果在区间 $[a,b]$ 上，　$f(x)\geqslant 0$ ，则

$$\int_a^b f(x)\mathrm{d}x \geqslant 0 .$$

推论 2

$$\left|\int_a^b f(x)\mathrm{d}x\right| \leqslant \int_a^b |f(x)|\,\mathrm{d}x .$$

性质 6（估值性）　设 M 及 m 分别是函数 $f(x)$ 在区间 $[a,b]$ 上的最大值与最小值，则

$$m(b-a) \leqslant \int_a^b f(x)\mathrm{d}x \leqslant M(b-a) .$$

证明　因为 $m\leqslant f(x)\leqslant M$ ，所以由性质 5，得

$$\int_a^b m\mathrm{d}x \leqslant \int_a^b f(x)\mathrm{d}x \leqslant \int_a^b M\mathrm{d}x ,$$

从而

$$m(b-a)\leqslant\int_a^b f(x)\mathrm{d}x\leqslant M(b-a).$$

性质 7 （定积分中值定理） 如果函数 $f(x)$ 在闭区间 $[a,b]$ 上连续，则在积分区间 $[a,b]$ 上至少存在一点 ξ ，使下式成立：

$$\int_a^b f(x)\mathrm{d}x=f(\xi)(b-a).$$

证明 由性质 6 得

$$m(b-a)\leqslant\int_a^b f(x)\mathrm{d}x\leqslant M(b-a),$$

各项除以 $b-a$ ，得

$$m\leqslant\frac{1}{b-a}\int_a^b f(x)\mathrm{d}x\leqslant M,$$

再由连续函数的介值定理知，在 $[a,b]$ 上至少存在一点 ξ，使

$$f(\xi)=\frac{1}{b-a}\int_a^b f(x)\mathrm{d}x,$$

等式两端乘以 $b-a$ ，得

$$\int_a^b f(x)\mathrm{d}x=f(\xi)(b-a).$$

定积分中值公式的几何解释：设 $f(x)\geqslant0$ ，则该性质表示以区间 $[a,b]$ 为底，以连续曲线 $y=f(x)$ 为曲边的曲边梯形的面积，总可以等于底边相同而高为 $f(\xi)$ 的一个矩形的面积，如图 5-4 所示.

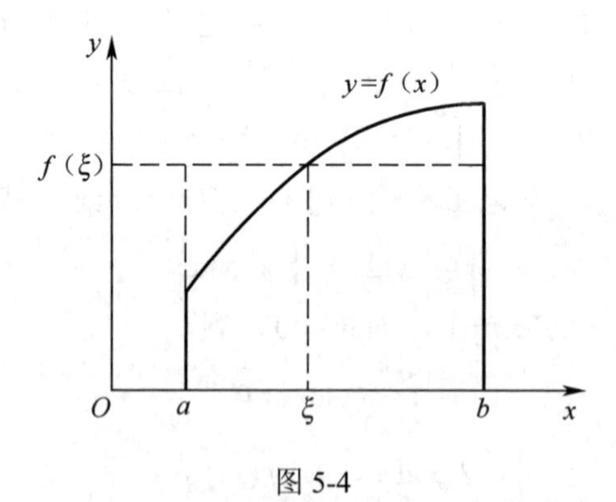

图 5-4

例 5.3 利用定积分的性质，比较 $\int_0^1 x\mathrm{d}x$ 与 $\int_0^1\sqrt{x}\mathrm{d}x$ 值的大小.

解 当 $x\in[0,1]$ 时， $x\leqslant\sqrt{x}$ ，所以根据定积分性质 5 知

$$\int_0^1 x\mathrm{d}x\leqslant\int_0^1\sqrt{x}\mathrm{d}x.$$

例 5.4 利用定积分的性质，估计定积分 $\int_1^2(x^2+1)\mathrm{d}x$ 的值.

解 在区间$[1,2]$上，$f(x)=x^2+1$的最大值$M=5$，最小值$m=2$，根据定积分性质6得

$$2\leqslant\int_1^2(x^2+1)\mathrm{d}x\leqslant 5.$$

练习题 5.1

1．利用定积分的几何意义，求出下列积分的值：

（1）$\int_1^2 x\mathrm{d}x$；　　　　（2）$\int_{-\pi}^{\pi}\sin x\mathrm{d}x$.

2．不计算积分，比较下列各组积分值的大小：

（1）$\int_0^1 x\mathrm{d}x$ 与 $\int_0^1 x^2\mathrm{d}x$；　　　　（2）$\int_0^{-1}\mathrm{e}^x\mathrm{d}x$ 与 $\int_0^{-1}x\mathrm{d}x$.

3．估计下列定积分值的范围：

（1）$\int_{\frac{\pi}{4}}^{\frac{5\pi}{4}}(1+\sin^2 x)\mathrm{d}x$；　　　　（2）$\int_0^2\mathrm{e}^{x^2}\mathrm{d}x$.

4．一辆汽车和一辆电动自行车从同一地点同时出发，已知汽车的运动速度为$v_1(t)=\sqrt{4-t^2}$，电动自行车的运动速度为$v_2(t)=\frac{t}{2}$，问运动2 h时，汽车比电动自行车多走多少路程？

5.2 微积分基本公式

从上一节，我们看出，利用定积分的定义计算定积分是十分困难甚至是不可行的，而利用几何意义也仅能计算少数被积函数比较特殊的定积分，因此寻求一种计算定积分的新方法便成为积分学发展的关键，本节将导出计算定积分的简便且有效的方法，这就是牛顿—莱布尼兹（Newton-Leibniz）公式，也叫微积分基本公式.

5.2.1 变速直线运动中位移函数与速度函数之间的联系

一个做变速直线运动的物体，其速度函数为 $v(t)$，位移函数为 $s(t)$，问在时间间隔$[T_1,T_2]$内物体所经过的路程.

从第一节定积分的定义知道，这段路程可以用速度函数 $v(t)$在$[T_1,T_2]$上的定积分

$$\int_{T_1}^{T_2}v(t)\mathrm{d}t$$

来表达；另一方面，这段路程又可以用位移函数 $s(t)$在$[T_1,T_2]$上的增量

$$s(T_2)-s(T_1)$$

来表达．由此可得如下等式：

$$\int_{T_1}^{T_2} v(t)\mathrm{d}t = s(T_2) - s(T_1) .$$

因位移函数$s(t)$是速度函数$v(t)$的原函数，所以上式表明：速度函数$v(t)$在$[T_1,T_2]$上的定积分等于它的一个原函数$s(t)$在$[T_1,T_2]$上的增量．这启示我们，定积分与被积函数的原函数或不定积分之间有着一定的联系．

5.2.2 变上限积分函数及其导数

设函数$f(x)$在区间$[a,b]$上连续，对$[a,b]$上的任一点x，函数$f(x)$在部分区间$[a,x]$上也连续，所以可以考虑定积分

$$\int_a^x f(x)\mathrm{d}x ,$$

因为定积分与积分变量的记法无关，所以上面的积分可以写成

$$\int_a^x f(t)\mathrm{d}t .$$

如果让上限x在区间$[a,b]$上任意变动，则对每一个取定的x值，都有一个定积分值与之对应，所以它就确定了一个以x为自变量定义在$[a,b]$上的一个函数，记为

$$\Phi(x) = \int_a^x f(t)\mathrm{d}t \quad (a \leqslant x \leqslant b) ,$$

称为变上限积分函数或变上限积分，它有如下重要性质：

定理 5.1 如果函数$f(x)$在区间$[a,b]$上连续，则变上限积分函数

$$\Phi(x) = \int_a^x f(t)\mathrm{d}t$$

在$[a,b]$上可导，且其导数为

$$\Phi'(x) = \frac{\mathrm{d}}{\mathrm{d}x}\int_a^x f(t)\mathrm{d}t = f(x) \quad (a \leqslant x \leqslant b) .$$

证明 若$x\in(a,b)$，取Δx使$x+\Delta x\in(a,b)$，对应函数的增量

$$\begin{aligned}\Delta\Phi = \Phi(x+\Delta x)-\Phi(x) &= \int_a^{x+\Delta x} f(t)\mathrm{d}t - \int_a^x f(t)\mathrm{d}t \\ &= \int_a^x f(t)\mathrm{d}t + \int_x^{x+\Delta x} f(t)\mathrm{d}t - \int_a^x f(t)\mathrm{d}t \\ &= \int_x^{x+\Delta x} f(t)\mathrm{d}t .\end{aligned}$$

应用定积分中值定理，有$\Delta\Phi = f(\xi)\Delta x$，其中$\xi$介于$x$与$x+\Delta x$之间，当$\Delta x\to 0$时，$\xi\to x$．于是

$$\Phi'(x) = \lim_{\Delta x\to 0}\frac{\Delta\Phi}{\Delta x} = \lim_{\Delta x\to 0} f(\xi) = \lim_{\xi\to x} f(\xi) = f(x) \quad .$$

若$x=a$，取$\Delta x>0$，则同理可证$\Phi'_+(x)=f(a)$；若$x=b$，取$\Delta x<0$，则同理可证$\Phi'_-(x)=f(b)$．

本定理把导数和定积分这两个看似不相干的概念联系了起来，它表明：在某区间上连续的函数 $f(x)$，其变上限积分 $\int_a^x f(t)\mathrm{d}t$ 是 $f(x)$ 的一个原函数．于是有

推论（原函数存在定理）　连续函数的原函数一定存在，且其变上限积分函数就是它的一个原函数．

例 5.5　求下列函数的导数：

（1）$\Phi(x)=\int_0^x \sin t^2\mathrm{d}t$；　　（2）$\Phi(x)=\int_1^{x^2} \mathrm{e}^t\mathrm{d}t$．

解　（1）根据定理 5.1 得 $\Phi'(x)=\sin x^2$；

（2）这里 $\Phi(x)$ 是 x 的复合函数，令 $u=x^2$，按复合函数求导法则，有

$$\Phi'(x)=\frac{\mathrm{d}}{\mathrm{d}u}\int_1^u \mathrm{e}^t\mathrm{d}t\cdot\frac{\mathrm{d}u}{\mathrm{d}x}=\mathrm{e}^u\cdot 2x=2x\mathrm{e}^{x^2}.$$

一般地，$\frac{\mathrm{d}}{\mathrm{d}x}\int_a^{\phi(x)} f(t)\mathrm{d}t=f[\phi(x)]\phi'(x)$；

$$\frac{\mathrm{d}}{\mathrm{d}x}\int_{\phi_1(x)}^{\phi_2(x)} f(t)\mathrm{d}t=\frac{\mathrm{d}}{\mathrm{d}x}\int_a^{\phi_2(x)} f(t)\mathrm{d}t+\frac{\mathrm{d}}{\mathrm{d}x}\int_{\phi_1(x)}^{a} f(t)\mathrm{d}t$$
$$=f[\phi_2(x)]\phi_2'(x)-f[\phi_1(x)]\phi_1'(x).$$

5.2.3　牛顿—莱布尼茨（Newton-Leibniz）公式

定理 5.2　如果函数 $F(x)$是连续函数 $f(x)$ 在区间$[a,b]$上的一个原函数，则

$$\int_a^b f(x)\mathrm{d}x=F(b)-F(a).$$

此公式称为**牛顿一莱布尼茨公式**，也称为**微积分基本公式**.

证明　已知函数 $F(x)$ 是连续函数 $f(x)$ 的一个原函数，又根据定理 5.1，积分上限函数 $\Phi(x)=\int_a^x f(t)\mathrm{d}t$ 也是 $f(x)$ 的一个原函数．于是

$$F(x)-\Phi(x)=C\ (a\leqslant x\leqslant b).$$

当 $x=a$ 时，有 $F(a)-\Phi(a)=C$，而 $\Phi(a)=0$，所以 $C=F(a)$；当 $x=b$ 时，$F(b)-\Phi(b)=F(a)$，所以 $\Phi(b)=F(b)-F(a)$，即

$$\int_a^b f(t)\mathrm{d}t=F(b)-F(a).$$

为了方便起见，可把 $F(b)–F(a)$记成$[F(x)]_a^b$，又由于积分值与积分变量记法无关，于是

$$\int_a^b f(x)\mathrm{d}x=[F(x)]_a^b=F(b)-F(a).$$

该公式可叙述为：定积分的值等于其原函数在上、下限处函数值之差．这给我们提供了一种计算定积分的简便方法．该公式还揭示了定积分与被积函数的原函数或不定积分之间的联系，是微积分学中最重要的公式之一．

例 5.6 计算下列定积分：

（1）$\int_0^1 x^2\mathrm{d}x$；（2）$\int_{-2}^{-1}\frac{\mathrm{d}x}{x}$；（3）$\int_{-1}^{3}|x|\mathrm{d}x$.

解 （1）由于 $\frac{x^3}{3}$ 是 x^2 的一个原函数，所以由牛顿—莱布尼茨公式，有

$$\int_0^1 x^2\mathrm{d}x=\frac{x^3}{3}\bigg|_0^1=\frac{1}{3}-0=\frac{1}{3}；$$

（2）当 $x<0$ 时，$\frac{1}{x}$ 的一个原函数是 $\ln(-x)$，所以

$$\int_{-2}^{-1}\frac{\mathrm{d}x}{x}=\ln(-x)\big|_{-2}^{-1}=0-\ln 2=-\ln 2；$$

（3）因为 $|x|=\begin{cases}x,x\geqslant 0\\-x,x<0\end{cases}$，所以由定积分对区间的可加性，知

$$\int_{-1}^{3}|x|\mathrm{d}x=-\int_{-1}^{0}x\mathrm{d}x+\int_0^3 x\mathrm{d}x=-\frac{x^2}{2}\bigg|_{-1}^{0}+\frac{x^2}{2}\bigg|_0^3=\frac{1}{2}+\frac{9}{2}=5.$$

例 5.7 汽车以每小时 36 km 的速度行驶，到某处需要减速停车．设汽车以等加速度 $a=-5\ \mathrm{m/s^2}$ 刹车．问从开始刹车到停车，汽车走了多少距离？

解 当 $t=0$ 时，汽车的速度为

$$v_0=36\ \mathrm{km/h}=\frac{36\times 1000}{3600}\ \mathrm{m/s}=10\ \mathrm{m/s}.$$

刹车后 t 时刻汽车的速度为

$$v(t)=v_0+at=10-5t.$$

当汽车停止时，速度 $v(t)=0$，由

$$v(t)=10-5t=0$$

解得，$t=2\,(\mathrm{s})$.

于是从开始刹车到停车汽车所走过的距离为

$$s=\int_0^2 v(t)\mathrm{d}t=\int_0^2(10-5t)\mathrm{d}t=\left[10t-5\cdot\frac{1}{2}t^2\right]_0^2=10\ (\mathrm{m}),$$

即在刹车后，汽车需走过 10 m 才能停住.

练习题 5.2

1．求下列函数的导数：

（1）$f(x)=\int_1^x\frac{\sin t}{t}\mathrm{d}t$；（2）$f(x)=\int_x^0\mathrm{e}^{-t^2}\mathrm{d}t$；（3）$f(x)=\int_{\frac{1}{x}}^{\sqrt{x}}\cos t\mathrm{d}t$.

2．计算下列定积分：

（1）$\int_0^1 \sqrt{x}(1+\sqrt{x})\mathrm{d}x$；　（2）$\int_0^1 \frac{1}{1+x^2}\mathrm{d}x$；　（3）$\int_{-\frac{1}{2}}^{\frac{1}{2}} \frac{\mathrm{d}x}{\sqrt{1-x^2}}$；

（4）$\int_0^1 100^x \mathrm{d}x$；　（5）$\int_0^{2\pi} |\sin x| \mathrm{d}x$；　（6）$\int_0^{\frac{\pi}{2}} \sin^2 \frac{x}{2}\mathrm{d}x$．

3．设 $f(x)=\begin{cases} x+1, x \leqslant 1, \\ \frac{1}{2}x^2, x>1. \end{cases}$ 求 $\int_0^2 f(x)\mathrm{d}x$．

4．计算正弦曲线 $y=\sin x$ 在 $[0,\pi]$ 上与 x 轴所围成的平面图形的面积．

5.3　定积分的换元法和分部积分法

由于定积分的计算是在原函数（不定积分）的基础上代入上、下限，所以定积分有与不定积分类似的计算方法．

5.3.1　定积分的换元法

定理 5.3　假设函数 $f(x)$ 在区间 $[a,b]$ 上连续，函数 $x=\varphi(t)$ 满足条件：

（1）$\varphi(\alpha)=a$，$\varphi(\beta)=b$；

（2）$\varphi(t)$ 在 $[\alpha,\beta]$（或 $[\beta,\alpha]$）上单调且具有连续导数，

则有

$$\int_a^b f(x)\mathrm{d}x = \int_\alpha^\beta f[\varphi(t)]\varphi'(t)\mathrm{d}t .$$

这个公式叫做定积分的**换元公式**．

例 5.8　计算 $\int_0^a \sqrt{a^2-x^2}\mathrm{d}x$（$a>0$）．

解　令 $x=a\sin t$，则 $\sqrt{a^2-x^2}=\sqrt{a^2-a^2\sin^2 t}=a\cos t$, $\mathrm{d}x=a\cos t\,\mathrm{d}t$.

当 $x=0$ 时，$t=0$；当 $x=a$ 时，$t=\frac{\pi}{2}$．所以

$$\begin{aligned}\int_0^a \sqrt{a^2-x^2}\mathrm{d}x &= \int_0^{\frac{\pi}{2}} a\cos t \cdot a\cos t\mathrm{d}t \\ &= a^2\int_0^{\frac{\pi}{2}}\cos^2 t\mathrm{d}t = \frac{a^2}{2}\int_0^{\frac{\pi}{2}}(1+\cos 2t)\mathrm{d}t \\ &= \frac{a^2}{2}\left[t+\frac{1}{2}\sin 2t\right]_0^{\frac{\pi}{2}} = \frac{1}{4}\pi a^2 .\end{aligned}$$

此题也可以用定积分的几何意义计算．

由例 5.8 可知，不定积分的换元法与定积分的换元法的区别在于：不定积分的换元法在求得关于新变量 t 的积分后，必须代回原变量 x，而定积分的换元法在积

分变量由 x 换成 t 的同时，其积分限也由 $x=a$ 和 $x=b$ 相应地换成 $t=\alpha$ 和 $t=\beta$，在完成关于变量 t 的积分后，直接用 t 的上下限 α 和 β 代入计算定积分的值，而不必代回原变量.

例 5.9 计算 $\int_2^{\sqrt{2}} \frac{1}{x\sqrt{x^2-1}}\mathrm{d}x$.

解 令

$$x=\sec t(0<t<\frac{\pi}{2}),\quad t=\arccos\frac{1}{x}(x>1).$$

则 $\mathrm{d}x=\sec t\tan t\mathrm{d}t$，当 $x=2$ 时，$t=\frac{\pi}{3}$，当 $x=\sqrt{2}$ 时，$t=\frac{\pi}{4}$.

于是

$$\int_2^{\sqrt{2}} \frac{\mathrm{d}x}{x\sqrt{x^2-1}} = \int_{\frac{\pi}{3}}^{\frac{\pi}{4}} \frac{1}{\sec t\tan t}\cdot\sec t\tan t\mathrm{d}t$$

$$=\int_{\frac{\pi}{3}}^{\frac{\pi}{4}}\mathrm{d}t=\frac{\pi}{4}-\frac{\pi}{3}=-\frac{\pi}{12}.$$

例 5.10 计算 $\int_0^4 \frac{x+2}{\sqrt{2x+1}}\mathrm{d}x$.

解 令 $\sqrt{2x+1}=t, x=\frac{1}{2}(t^2-1)$，则 $\mathrm{d}x=t\mathrm{d}t$；当 $x=0$ 时，$t=1$；当 $x=4$ 时，$t=3$.

于是

$$\int_0^4 \frac{x+2}{\sqrt{2x+1}}\mathrm{d}x=\int_1^3 \frac{\frac{t^2-1}{2}+2}{t}\cdot t\mathrm{d}t=\frac{1}{2}\int_1^3(t^2+3)\mathrm{d}t$$

$$=\frac{1}{2}\left[\frac{1}{3}t^3+3t\right]_1^3=\frac{1}{2}\left[\left(\frac{27}{3}+9\right)-\left(\frac{1}{3}+3\right)\right]=\frac{22}{3}.$$

换元公式也可以反过来使用，即

$$\int_a^b f[\varphi(x)]\varphi'(x)\mathrm{d}x=\int_\alpha^\beta f(t)\mathrm{d}t.$$

其中

$$t=\varphi(x),\ \alpha=\varphi(a),\ \beta=\varphi(b).$$

这时，通常不写出中间变量 t，而写作

$$\int_a^b f[\varphi(x)]\varphi'(x)\mathrm{d}x=\int_a^b f[\varphi(x)]\mathrm{d}\varphi(x).$$

这种计算法对应于不定积分的第一类换元法，即凑微分法. 例如下面的例题 5.11.

例 5.11 计算 $\int_0^{\frac{\pi}{2}}\cos^5 x\sin x\mathrm{d}x$.

解 令 $t=\cos x$，则当 $x=0$ 时，$t=1$；当 $x=\dfrac{\pi}{2}$ 时，$t=0$．所以

$$\int_0^{\frac{\pi}{2}} \cos^5 x\sin x\mathrm{d}x=-\int_0^{\frac{\pi}{2}} \cos^5 x\mathrm{d}\cos x$$

$$=-\int_1^0 t^5\mathrm{d}t=\int_0^1 t^5\mathrm{d}t=\left[\frac{1}{6}t^6\right]_0^1=\frac{1}{6}.$$

此题也可以用凑微分法的方法做出

$$\int_0^{\frac{\pi}{2}} \cos^5 x\sin x\mathrm{d}x=-\int_0^{\frac{\pi}{2}} \cos^5 x\mathrm{d}\cos x=-\frac{\cos^6 x}{6}\Bigg|_0^{\frac{\pi}{2}}=\frac{1}{6}.$$

5.3.2 定积分的分部积分法

设函数 $u(x)$、$v(x)$在区间$[a,b]$上具有连续导数 $u'(x)$、$v'(x)$，由 $(uv)'=u'v+uv'$，移项得 $uv'=(uv)'-u'v$，两端在区间$[a,b]$上积分得 $\int_a^b uv'\mathrm{d}x=[uv]_a^b-\int_a^b u'v\mathrm{d}x$，或 $\int_a^b u\mathrm{d}v=[uv]_a^b-\int_a^b v\mathrm{d}u$．这就是**定积分的分部积分公式**.

例 5.12 求 $\int_0^{\frac{\pi}{2}} x\sin x\mathrm{d}x$.

解 $\int_0^{\frac{\pi}{2}} x\sin x\mathrm{d}x=-\int_0^{\frac{\pi}{2}} x\mathrm{d}\cos x$

$$=-x\cos x\Big|_0^{\frac{\pi}{2}}+\int_0^{\frac{\pi}{2}}\cos x\mathrm{d}x$$

$$=\sin x\Big|_0^{\frac{\pi}{2}}=1.$$

例 5.13 计算 $\int_0^{\frac{1}{2}}\arcsin x\mathrm{d}x$.

解 $\int_0^{\frac{1}{2}}\arcsin x\mathrm{d}x=[x\arcsin x]_0^{\frac{1}{2}}-\int_0^{\frac{1}{2}}x\mathrm{d}\arcsin x$

$$=\frac{1}{2}\cdot\frac{\pi}{6}-\int_0^{\frac{1}{2}}\frac{x}{\sqrt{1-x^2}}\mathrm{d}x=\frac{\pi}{12}+\frac{1}{2}\int_0^{\frac{1}{2}}\frac{1}{\sqrt{1-x^2}}\mathrm{d}(1-x^2)$$

$$=\frac{\pi}{12}+[\sqrt{1-x^2}]_0^{\frac{1}{2}}=\frac{\pi}{12}+\frac{\sqrt{3}}{2}-1.$$

5.3.3 定积分计算中的几个常用公式

1．设 $f(x)$ 在关于原点对称的区间 $[-a,a]$ 上可积，则

（1）若 $f(x)$ 为奇函数，则 $\int_{-a}^a f(x)\mathrm{d}x=0$；

（2）若 $f(x)$ 为偶函数，则 $\int_{-a}^{a} f(x)\mathrm{d}x = 2\int_{0}^{a} f(x)\mathrm{d}x = 2\int_{-a}^{0} f(x)\mathrm{d}x$.

证明 因为 $\int_{-a}^{a} f(x)\mathrm{d}x = \int_{-a}^{0} f(x)\mathrm{d}x + \int_{0}^{a} f(x)\mathrm{d}x$ ，

而 $$\int_{-a}^{0} f(x)\mathrm{d}x \xlongequal{令x=-t} -\int_{a}^{0} f(-t)\mathrm{d}t = \int_{0}^{a} f(-t)\mathrm{d}t = \int_{0}^{a} f(-x)\mathrm{d}x,$$

所以 $$\int_{-a}^{a} f(x)\mathrm{d}x = \int_{0}^{a} f(-x)\mathrm{d}x + \int_{0}^{a} f(x)\mathrm{d}x.$$

（1）若 $f(x)$ 为奇函数，则

$$\begin{aligned}\int_{-a}^{a} f(x)\mathrm{d}x &= \int_{0}^{a} f(-x)\mathrm{d}x + \int_{0}^{a} f(x)\mathrm{d}x \\ &= -\int_{0}^{a} f(x)\mathrm{d}x + \int_{0}^{a} f(x)\mathrm{d}x = 0;\end{aligned}$$

（2）若 $f(x)$ 为偶函数，则

$$\begin{aligned}\int_{-a}^{a} f(x)\mathrm{d}x &= \int_{0}^{a} f(-x)\mathrm{d}x + \int_{0}^{a} f(x)\mathrm{d}x \\ &= \int_{0}^{a} f(x)\mathrm{d}x + \int_{0}^{a} f(x)\mathrm{d}x = 2\int_{0}^{a} f(x)\mathrm{d}x.\end{aligned}$$

同理可证 $\int_{-a}^{a} f(x)\mathrm{d}x = 2\int_{-a}^{0} f(x)\mathrm{d}x$.

例 5.14 计算 $\int_{-\frac{\pi}{2}}^{\frac{\pi}{2}} \frac{x}{1+\sin^2 x}\mathrm{d}x$.

解 积分区间 $\left[-\frac{\pi}{2},\frac{\pi}{2}\right]$ 关于坐标原点对称，且在该区间上函数 $\frac{x}{1+\sin^2 x}$ 为奇函数，故 $\int_{-\frac{\pi}{2}}^{\frac{\pi}{2}} \frac{x}{1+\sin^2 x}\mathrm{d}x = 0$.

2．设 $f(x)$ 是以 T 为周期的周期函数，且可积，则对任一实数 a，有

$$\int_{a}^{a+T} f(x)\mathrm{d}x = \int_{0}^{T} f(x)\mathrm{d}x.$$

证明 由定积分性质 3，有

$$\int_{a}^{a+T} f(x)\mathrm{d}x = \int_{a}^{0} f(x)\mathrm{d}x + \int_{0}^{T} f(x)\mathrm{d}x + \int_{T}^{a+T} f(x)\mathrm{d}x.$$

对右边第三个积分，令 $x = t + T$ ，则 $\mathrm{d}x = \mathrm{d}t$ ，当 $x = T$ 时，$t = 0$ ，当 $x = a + T$ 时，$t = a$ ，并注意到 $f(t+T) = f(t)$ ，得

$$\int_{T}^{a+T} f(x)\mathrm{d}x = \int_{0}^{a} f(t+T)\mathrm{d}x = \int_{0}^{a} f(t)\mathrm{d}t,$$

于是

$$\int_{a}^{a+T} f(x)\mathrm{d}x = \int_{a}^{0} f(x)\mathrm{d}x + \int_{0}^{T} f(x)\mathrm{d}x + \int_{0}^{a} f(t)\mathrm{d}t = \int_{0}^{T} f(x)\mathrm{d}x.$$

例 5.15 计算 $\int_{1}^{\pi+1} \sin 2x\mathrm{d}x$.

解 被积函数 $\sin 2x$ 是以π为周期的周期函数，故

$$\int_{1}^{\pi+1} \sin 2x \mathrm{d}x = \int_{0}^{\pi} \sin 2x \mathrm{d}x = \frac{1}{2}\int_{0}^{\pi} \sin 2x \mathrm{d}(2x)$$

$$= \frac{1}{2}\left[-\cos 2x\right]\Big|_{0}^{\pi} = 0 .$$

练习题 5.3

1．求下列积分：

（1）$\int_{0}^{4} \frac{1-\sqrt{x}}{1+\sqrt{x}} \mathrm{d}x$；　　（2）$\int_{0}^{3} \sqrt{9-x^2} \mathrm{d}x$；

（3）$\int_{a}^{2a} \frac{\sqrt{x^2-a^2}}{x^4} \mathrm{d}x$；　　（4）$\int_{0}^{2} \frac{\mathrm{d}x}{4+x^2}$．

2．计算下列积分：

（1）$\int_{0}^{\frac{\pi}{2}} x^2 \cos x \mathrm{d}x$；　　（2）$\int_{1}^{2\mathrm{e}} \ln(2x+1) \mathrm{d}x$；

（3）$\int_{0}^{\frac{1}{2}} \arcsin x \mathrm{d}x$；　　（4）$\int_{-a}^{a} \frac{a-x}{\sqrt{a^2-x^2}} \mathrm{d}x$．

5.4　无穷区间上的反常积分

前面我们讨论定积分时，是以有限积分区间与有界函数（特别是连续函数）为前提的，但在实际问题中，常常会遇到积分区间是无穷区间或无界函数的积分，这就是所谓的反常积分．本节只介绍无穷区间上的反常积分．

定义 5.2　设函数 $f(x)$ 在区间 $[a,+\infty)$ 上连续，取 $b>a$．如果极限

$$\lim_{b\to+\infty} \int_{a}^{b} f(x) \mathrm{d}x$$

存在，则称此极限为函数 $f(x)$ 在无穷区间 $[a,+\infty)$ 上的反常积分，记作 $\int_{a}^{+\infty} f(x) \mathrm{d}x$，即

$$\int_{a}^{+\infty} f(x) \mathrm{d}x = \lim_{b\to+\infty} \int_{a}^{b} f(x) \mathrm{d}x .$$

这时也称**反常积分** $\int_{a}^{+\infty} f(x) \mathrm{d}x$ **收敛**．如果上述极限不存在，就称**反常积分** $\int_{a}^{+\infty} f(x) \mathrm{d}x$ **发散**．

类似地，设函数 $f(x)$ 在区间 $(-\infty,b]$ 上连续，如果极限

$$\lim_{a\to-\infty} \int_{a}^{b} f(x) \mathrm{d}x \quad (a<b)$$

存在，则称此极限为函数 $f(x)$ 在无穷区间 $(-\infty,b]$ 上的反常积分，记作 $\int_{-\infty}^{b}f(x)\mathrm{d}x$，即

$$\int_{-\infty}^{b}f(x)\mathrm{d}x=\lim_{a\to-\infty}\int_{a}^{b}f(x)\mathrm{d}x .$$

这时也称反常积分 $\int_{-\infty}^{b}f(x)\mathrm{d}x$ 收敛．如果上述极限不存在，则称反常积分 $\int_{-\infty}^{b}f(x)\mathrm{d}x$ 发散．

设函数 $f(x)$ 在区间$(-\infty,+\infty)$上连续，如果反常积分

$$\int_{-\infty}^{0}f(x)\mathrm{d}x \text{ 和 } \int_{0}^{+\infty}f(x)\mathrm{d}x$$

都收敛，则称上述两个反常积分的和为函数 $f(x)$ 在无穷区间$(-\infty,+\infty)$上的反常积分，记作 $\int_{-\infty}^{+\infty}f(x)\mathrm{d}x$，即

$$\begin{aligned}\int_{-\infty}^{+\infty}f(x)\mathrm{d}x&=\int_{-\infty}^{0}f(x)\mathrm{d}x+\int_{0}^{+\infty}f(x)\mathrm{d}x\\&=\lim_{a\to-\infty}\int_{a}^{0}f(x)\mathrm{d}x+\lim_{b\to+\infty}\int_{0}^{b}f(x)\mathrm{d}x .\end{aligned}$$

这时也称反常积分 $\int_{-\infty}^{+\infty}f(x)\mathrm{d}x$ 收敛．如果上式右端有一个反常积分发散，则称反常积分 $\int_{-\infty}^{+\infty}f(x)\mathrm{d}x$ 发散．即**反常积分 $\int_{-\infty}^{+\infty}f(x)\mathrm{d}x$ 收敛的充分必要条件是 $\int_{-\infty}^{0}f(x)\mathrm{d}x$ 和 $\int_{0}^{+\infty}f(x)\mathrm{d}x$ 都收敛**．

上述三种反常积分统称为**无穷区间上的反常积分**．

由无穷区间上反常积分的定义及牛顿－莱布尼兹公式，可得如下结果．

设 $F(x)$ 是 $f(x)$ 的原函数，若在 $[a,+\infty)$ 上 $\lim\limits_{x\to+\infty}F(x)$ 存在，则反常积分 $\int_{a}^{+\infty}f(x)\mathrm{d}x$ 收敛且

$$\int_{a}^{+\infty}f(x)\mathrm{d}x=\lim_{x\to+\infty}F(x)-F(a);$$

若 $\lim\limits_{x\to+\infty}F(x)$ 不存在，则反常积分 $\int_{a}^{+\infty}f(x)\mathrm{d}x$ 发散．

如果记 $F(+\infty)=\lim\limits_{x\to+\infty}F(x)$，$[F(x)]_{a}^{+\infty}=F(+\infty)-F(a)$，则当 $F(+\infty)$ 存在时，反常积分 $\int_{a}^{+\infty}f(x)\mathrm{d}x$ 收敛且

$$\int_{a}^{+\infty}f(x)\mathrm{d}x=[F(x)]_{a}^{+\infty};$$

当 $F(+\infty)$ 不存在时，反常积分 $\int_{a}^{+\infty}f(x)\mathrm{d}x$ 发散．

类似地，若在 $(-\infty,b]$ 上 $F'(x)=f(x)$，则当 $F(-\infty)$ 存在时，反常积分 $\int_{-\infty}^{b}f(x)\mathrm{d}x$ 收敛且

$$\int_{-\infty}^{b}f(x)\mathrm{d}x=[F(x)]_{-\infty}^{b};$$

当 $F(-\infty)$ 不存在时，反常积分 $\int_{-\infty}^{b}f(x)\mathrm{d}x$ 发散.

若在 $(-\infty,+\infty)$ 内 $F'(x)=f(x)$，则当 $F(-\infty)$ 与 $F(+\infty)$ 都存在时，反常积分 $\int_{-\infty}^{+\infty}f(x)\mathrm{d}x$ 收敛且

$$\int_{-\infty}^{+\infty}f(x)\mathrm{d}x=[F(x)]_{-\infty}^{+\infty};$$

当 $F(-\infty)$ 与 $F(+\infty)$ 至少有一个不存在时，反常积分 $\int_{-\infty}^{+\infty}f(x)\mathrm{d}x$ 发散.

例 5.16 计算反常积分 $\int_{-\infty}^{+\infty}\frac{1}{1+x^2}\mathrm{d}x$.

解

$$\begin{aligned}\int_{-\infty}^{+\infty}\frac{1}{1+x^2}\mathrm{d}x&=\int_{-\infty}^{0}\frac{1}{1+x^2}\mathrm{d}x+\int_{0}^{+\infty}\frac{1}{1+x^2}\mathrm{d}x\\&=\lim_{x\to+\infty}\arctan x-\lim_{x\to-\infty}\arctan x\\&=\frac{\pi}{2}-\left(-\frac{\pi}{2}\right)=\pi.\end{aligned}$$

例 5.17 讨论 $\int_{-\infty}^{0}\sin x\mathrm{d}x$ 的敛散性.

解 $\int_{-\infty}^{0}\sin x\mathrm{d}x=-\cos x\big|_{-\infty}^{0}$，

因为 $\lim\limits_{x\to-\infty}\cos x$ 不存在，所以 $\int_{-\infty}^{0}\sin x\mathrm{d}x$ 发散.

例 5.18 讨论反常积分 $\int_{a}^{+\infty}\frac{1}{x^p}\mathrm{d}x$（$a>0$）的敛散性.

解 当 $p=1$ 时，$\int_{a}^{+\infty}\frac{1}{x^p}\mathrm{d}x=\int_{a}^{+\infty}\frac{1}{x}\mathrm{d}x=[\ln x]_{a}^{+\infty}=+\infty$.

当 $p<1$ 时，$\int_{a}^{+\infty}\frac{1}{x^p}\mathrm{d}x=\left[\frac{1}{1-p}x^{1-p}\right]_{a}^{+\infty}=+\infty$.

当 $p>1$ 时，$\int_{a}^{+\infty}\frac{1}{x^p}\mathrm{d}x=\left[\frac{1}{1-p}x^{1-p}\right]_{a}^{+\infty}=\frac{a^{1-p}}{p-1}$.

因此，当 $p>1$ 时，此反常积分收敛，其值为 $\frac{a^{1-p}}{p-1}$；当 $p\leqslant1$ 时，此反常积分发散.

练习题 5.4

下列反常积分是否收敛，若收敛，计算它的值.

（1）$\int_1^{+\infty}\frac{1}{x^4}\mathrm{d}x$；　　（2）$\int_{-\infty}^0 \mathrm{e}^{2x}\mathrm{d}x$；　　（3）$\int_{\mathrm{e}}^{+\infty}\frac{\mathrm{d}x}{x\ln x}$.

习题五

1．求下列各导数：

（1）$\frac{\mathrm{d}}{\mathrm{d}x}\int_a^x \sin^2 t\mathrm{d}t$；　　（2）$\frac{\mathrm{d}}{\mathrm{d}x}\int_{x^2}^{x^3}\frac{\mathrm{d}t}{\sqrt{1+t^2}}$.

2．计算下列定积分：

（1）$\int_{-1}^1\frac{x\mathrm{d}x}{\sqrt{5-4x}}$；　　（2）$\int_0^1\sqrt{(1-x^2)^3}\mathrm{d}x$；　　（3）$\int_4^9\frac{\sqrt{x}\mathrm{d}x}{\sqrt{x}-1}$；

（4）$\int_0^{\mathrm{e}} x\mathrm{e}^x\mathrm{d}x$；　　（5）$\int_0^{\pi} x^2\cos 2x\mathrm{d}x$；　　（6）$\int_{\frac{1}{\mathrm{e}}}^{\mathrm{e}}|\ln x|\mathrm{d}x$；

（7）$\int_{\frac{\pi}{4}}^{\frac{\pi}{3}}\frac{x\mathrm{d}x}{\sin^2 x}$；　　（8）$\int_0^{+\infty} x\mathrm{e}^{-x}\mathrm{d}x$.

3．求下列曲线所围成的平面图形的面积：

（1）$y=2x^2$，$y=x^2$ 与 $y=1$；

（2）$y=\sin x$，$y=\cos x$ 与 $x=0$，$x=\frac{\pi}{2}$.

4．设函数 $f(x)$ 在区间$[a,b]$上有连续导数，且 $f(a)=f(b)=0$，$\int_a^b f^2(x)\mathrm{d}x=1$，求证：

$$\int_a^b xf(x)f'(x)\mathrm{d}x=-\frac{1}{2}.$$

第 6 章　定积分的应用

【学习目标】

- 了解定积分元素法的概念.
- 会计算平面图形的面积、旋转体的体积.
- 会计算力所做的功、液体的压力.
- 已知边际函数或变化率，求总量函数或总量函数在某个范围内的总量.

本模块用定积分方法分析和解决一些实际问题. 通过一些实际例子，不仅可以掌握某些量的计算公式，而且更重要的是学会运用元素法将一个未知量表达成定积分的方法.

6.1　定积分的元素法

在运用定积分解决实际问题时，经常采用元素法. 为了说明这种方法，首先回顾一下前一章中讨论过的曲边梯形的面积问题.

设函数 $y=f(x)$ 在区间 $[a,b]$ 上连续，且 $f(x)\geqslant 0$，求以曲线 $y=f(x)$ 为曲边，以 $[a,b]$ 为底的曲边梯形的面积 A. 对于这一问题我们通过“分割、近似、求和、取极限”这四个步骤，把 A 表示成了定积分 $\int_a^b f(x)\mathrm{d}x$，具体步骤如下：

（1）分割：将区间 $[a,b]$ 分成任意 n 个子区间 $[x_{i-1},x_i]\,(i=1,2,\cdots,n)$，相应地把曲边梯形分割为 n 个小窄曲边梯形，记第 i 个小窄曲边梯形的面积为 ΔA_i，于是 $A=\sum\limits_{i=1}^{n}\Delta A_i$；

（2）近似：在每个子区间 $[x_{i-1},x_i]\,(i=1,2,\cdots,n)$ 上任取一点 ξ_i，用以 $f(\xi_i)$ 和 Δx_i 为边长的小矩形的面积近似替代相应的小窄曲边梯形的面积 ΔA_i，即 $\Delta A_i\approx f(\xi_i)\Delta x_i$；

（3）求和：将 n 个小窄曲边梯形面积的近似值相加（各小矩形面积之和），得曲边梯形面积 A 的近似值为

$$A\approx\sum_{i=1}^{n}f(\xi_i)\Delta x_i\,;$$

（4）取极限：令 $\lambda=\max\{\Delta x_1,\Delta x_2,\cdots,\Delta x_n\}$，对上面的和式取极限后得曲边梯形面积 A 的精确值为

$$A=\lim_{\lambda\to 0}\sum_{i=1}^{n}f(\xi_i)\Delta x_i=\int_a^b f(x)\mathrm{d}x\ .$$

在上述过程中我们注意到：所求面积 A 与区间 $[a,b]$ 有关；把区间 $[a,b]$ 分成许多部分区间，所求面积 A 相应地分成许多部分量 ΔA_i ，面积 A 等于所有部分量 ΔA_i 之和，即 $A=\sum_{i=1}^{n}\Delta A_i$ ，我们把这一性质称为所求面积 A 对于区间 $[a,b]$ 具有可加性；以 $f(\xi_i)\Delta x_i$ 近似代替小区间 $[x_{i-1},x_i]$ 相应的部分量 ΔA_i 时，其误差是比 Δx_i 高阶的无穷小，因此和式 $\sum_{i=1}^{n}f(\xi_i)\Delta x_i$ 的极限是所求面积 A 的精确值，由定积分的概念知，A 就可以表示为定积分 $\int_a^b f(x)\mathrm{d}x$. 同时还应注意到：在引出 A 的定积分表达式的四个步骤中，第二步最关键，这是因为在 $f(\xi_i)\Delta x_i$ 中用 x 替代 ξ_i、$\mathrm{d}x$ 替代 Δx_i 后，$f(\xi_i)\Delta x_i$ 就变成了定积分 $\int_a^b f(x)\mathrm{d}x$ 中的被积表达式 $f(x)\mathrm{d}x$ ，求出 ΔA_i 的近似值 $f(\xi_i)\Delta x_i$ ，就等于求出了面积 A 的定积分表达式.

总之，通过上述四个步骤，可将一个非均匀分布的整体量（如曲边梯形的面积）化为局部问题，以均匀代替非均匀（或以直代曲）求得近似值，再通过求和取极限得到精确值，从而把该整体量表示成为了一个定积分.

一般地，若所求量 Q 满足下列条件：

（1）Q 是与某个变量 x 和区间 $[a,b]$ 有关的量；

（2）Q 对于区间 $[a,b]$ 具有可加性，就是说，当区间 $[a,b]$ 被分成 n 个小区间 $[x_{i-1},x_i]\,(i=1,\cdots,n)$ 时，总量 Q 等于每个小区间 $[x_{i-1},x_i]$ 上相应的部分量 ΔQ_i 之和，即

$$Q=\sum_{i=1}^{n}\Delta Q_i\ ;$$

（3）Q 的部分量 ΔQ_i 可近似地表示为 $f(\xi_i)\Delta x_i$ ，其误差是比 Δx_i 高阶的无穷小.

则量 Q 可以表示为定积分 $\int_a^b f(x)\mathrm{d}x$.

通常我们采用以下方法求量 Q 的定积分表达式.

（1）**选变量**. 根据问题的实际情况，选取一个变量例如 x 为积分变量，并确定它的变化区间 $[a,b]$；

（2）**求元素**. 在区间 $[a,b]$ 中任取一个小区间并记为 $[x,x+\mathrm{d}x]$，求出该小区间上对应的部分量 ΔQ 的近似值 $\Delta Q\approx f(x)\mathrm{d}x=\mathrm{d}Q$，$\Delta Q$ 与 $f(x)\mathrm{d}x$ 之间的误差是比 $\mathrm{d}x$ 高阶的无穷小，这里的 $f(x)\mathrm{d}x$ 称为量 Q 的元素，记作 $\mathrm{d}Q$，即 $\mathrm{d}Q=f(x)\mathrm{d}x$.

（3）**列积分**. 以所求量 Q 的元素 $\mathrm{d}Q=f(x)\mathrm{d}x$ 为被积表达式，在区间 $[a,b]$ 上作定积分，得所求量 Q 的定积分表达式为

$$Q=\int_a^b \mathrm{d}Q=\int_a^b f(x)\mathrm{d}x\ .$$

上述这个把所求量表示成定积分的方法称为**元素法（微元法）**. 元素法在自然

科学研究和生产实践中有着广泛的应用，凡是遇到求具有可加性连续非均匀分布的整体量（如曲边梯形的面积）时，一般采用元素法可使问题得到解决．下面各节将应用这个方法来讨论在几何、经济、物理中的一些常见问题．

练习题 6.1

1．设某物体做变速直线运动，已知速度 $v=v(t)$ 是时间间隔 $[T_1,T_2]$ 上 t 的一个连续函数，利用元素法把这段时间内物体所经过的路程 s 表示为定积分．

6.2 定积分的几何应用

应用定积分，不但可以计算曲边梯形的面积，还可以计算一些复杂的平面图形的面积和立体图形的体积．下面介绍如何应用元素法来解决这些几何问题．

6.2.1 平面图形的面积

首先我们在平面直角坐标系中求复杂平面图形的面积．根据围成平面图形的曲线的不同情况，我们分为以下两种情形：

（1）由一条曲线 $y=f(x)$ 和直线 $x=a$ ，$x=b(a<b)$ 及 x 轴围成的平面图形的面积．

当 $f(x)\geqslant 0$ 时，所围成的平面图形为曲边梯形（如图 6-1 所示）．由元素法分析如下：

①取 x 为积分变量，其变化区间为 $[a,b]$；

②在区间 $[a,b]$ 中任取一个小区间并记为 $[x,x+\mathrm{d}x]$，则此小区间上对应的图形面积近似等于高为 $f(x)$、底为 $\mathrm{d}x$ 的小矩形面积，从而得面积元素为 $\mathrm{d}A=f(x)\mathrm{d}x$；

③以面积元素 $f(x)\mathrm{d}x$ 为被积表达式，在区间 $[a,b]$ 上作定积分就是所求图形的面积．

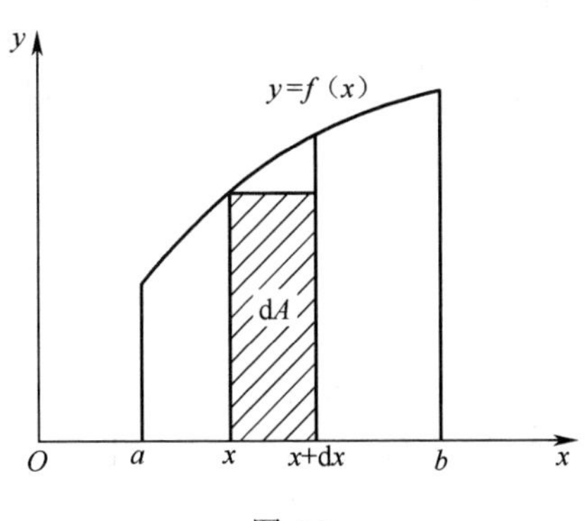

图 6-1

即 $$A=\int_a^b f(x)\mathrm{d}x .$$

同理可得

当 $f(x)\leqslant 0$ 时， $$A=-\int_a^b f(x)\mathrm{d}x=\int_a^b |f(x)|\mathrm{d}x .$$

当 $f(x)$ 在区间 $[a,b]$ 上的值有正有负时（如图 6-2 所示）， $A=\int_a^b |f(x)|\mathrm{d}x$.

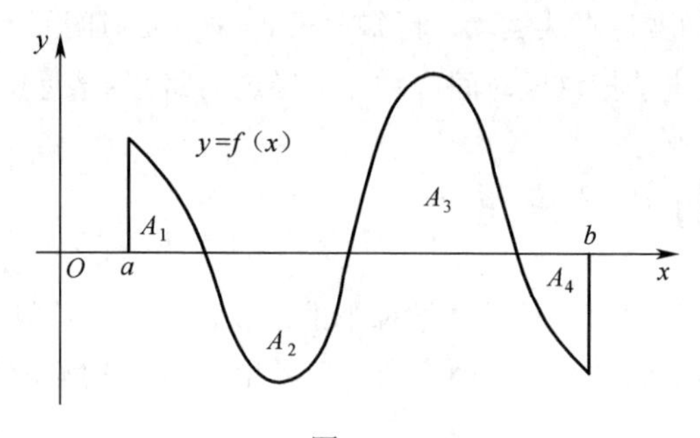

图 6-2

此时所围成的平面图形的面积 A 是位于 x 轴上方和下方的各图形面积之和.

用类似的方法可推出：由曲线 $x=\varphi(y)$ 和直线 $y=c$ ， $y=d(c<d)$ 及 y 轴所围成的平面图形（如图 6-3 所示）的面积为 $A=\int_c^d|\varphi(y)|\mathrm{d}y$. 此时 y 为积分变量，积分区间为 $[c,d]$. 面积元素为 $\mathrm{d}A=|\varphi(y)|\mathrm{d}y$.

（2）由曲线 $y=f(x)$ ， $y=g(x)$ ($f(x)\geqslant g(x)$)和直线 $x=a$, $x=b(a<b)$ 所围成平面图形的面积（如图 6-4 所示）. 注意曲线 $y=f(x)$, $y=g(x)$ 的上下位置.

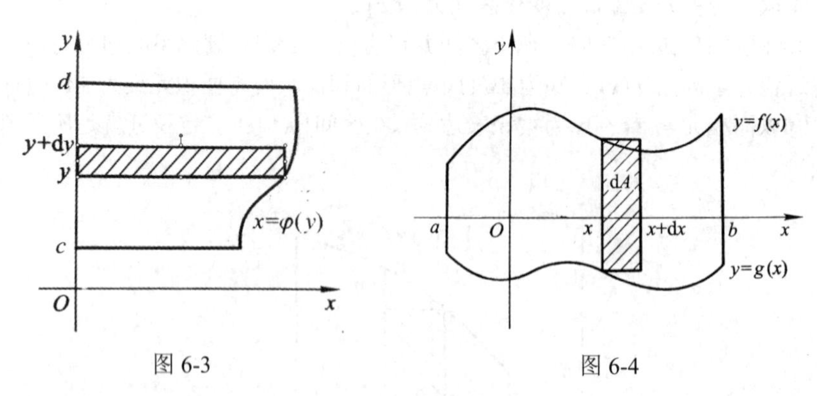

图 6-3　　图 6-4

由元素法分析如下：

①取 x 为积分变量，其变化区间为 $[a,b]$ ；

②在区间 $[a,b]$ 上任取小区间 $[x,x+\mathrm{d}x]$ ，在此小区间上对应的图形面积近似等于高为 $[f(x)-g(x)]$ 、底为 $\mathrm{d}x$ 的小矩形面积，从而得面积元素为

$$\mathrm{d}A=[f(x)-g(x)]\mathrm{d}x\ ;$$

③以 $\mathrm{d}A=[f(x)-g(x)]\mathrm{d}x$ 为被积表达式，在区间 $[a,b]$ 上作定积分就是所求图形的面积.

即 $$A=\int_a^b[f(x)-g(x)]\mathrm{d}x\ .$$

用类似的方法可推出：由曲线 $x=\varphi(y)$，$x=\psi(y)$（$\varphi(y)\geqslant\psi(y)$）和直线 $y=c$，$y=d(c<d)$ 所围成的平面图形（如图 6-5 所示）的面积为

$$A=\int_c^d[\varphi(y)-\psi(y)]\mathrm{d}y\ .$$

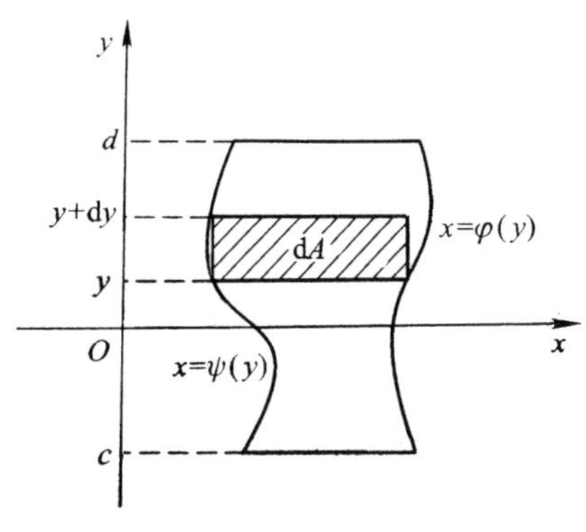

图 6-5

此时 y 为积分变量，积分区间为 $[c,d]$，面积元素为 $\mathrm{d}A=[\varphi(y)-\psi(y)]\mathrm{d}y$. 这里注意曲线 $x=\varphi(y)$，$x=\psi(y)$ 的左右位置.

例 6.1 求曲线 $y=x^2$，$y=(x-2)^2$ 与 x 轴围成的平面图形的面积.

解 方法一：作出该平面图形（如图 6-6 所示），由方程组 $\begin{cases}y=x^2,\\y=(x-2)^2,\end{cases}$ 解得两曲线的交点为 $(1,1)$.

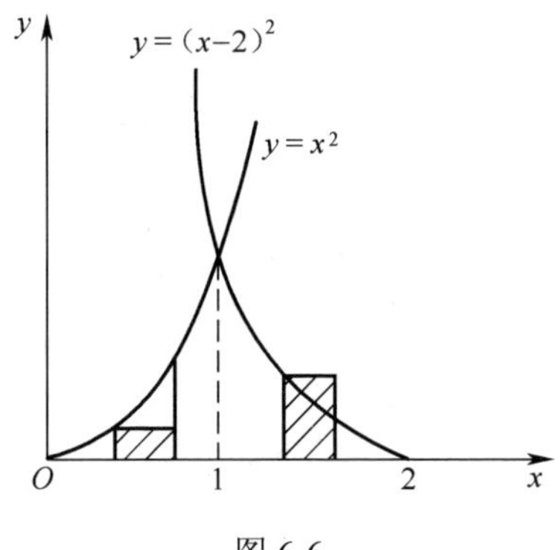

图 6-6

取 x 作为积分变量，其变化区间为 $[0,2]$，但这里应注意到，在区间 $[0,1]$ 上的面积元素和在区间 $[1,2]$ 上的面积元素是不同的．在 $[0,1]$ 上的面积元素为 $\mathrm{d}A_1 = x^2\mathrm{d}x$，在 $[1,2]$ 上的面积元素为 $\mathrm{d}A_2 = (x-2)^2\mathrm{d}x$，故所求图形的面积为

$$A = \int_0^1 \mathrm{d}A_1 + \int_1^2 \mathrm{d}A_2 = \int_0^1 x^2\mathrm{d}x + \int_1^2 (x-2)^2\mathrm{d}x = \frac{2}{3}.$$

方法二：取 y 为积分变量（如图 6-7 所示），其变化区间为 $[0,1]$．在区间 $[0,1]$ 上任取小区间 $[y, y+\mathrm{d}y]$，对应的窄条面积近似等于高为 $(2-\sqrt{y})-\sqrt{y}$、底为 $\mathrm{d}y$ 的矩形面积，所以面积元素为

$$\mathrm{d}A = \left[(2-\sqrt{y})-\sqrt{y}\right]\mathrm{d}y = 2(1-\sqrt{y})\mathrm{d}y.$$

于是，所求图形的面积为

$$A = \int_0^1 2(1-\sqrt{y})\mathrm{d}y = \left[2y - \frac{4}{3}y^{\frac{3}{2}}\right]_0^1 = \frac{2}{3}.$$

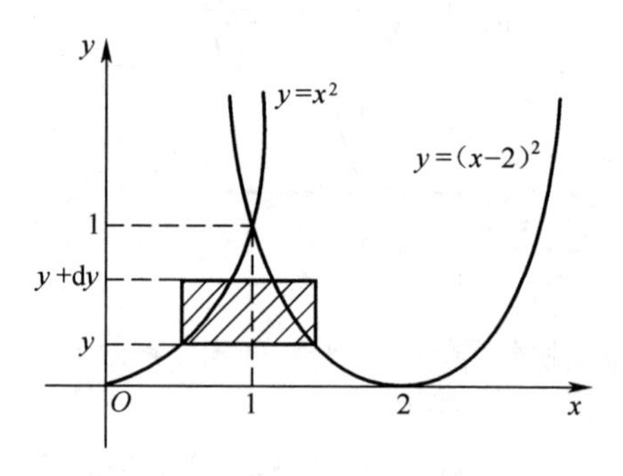

图 6-7

例 6.2　计算抛物线 $y^2 = 2x$ 与直线 $y = x-4$ 所围成的图形的面积．

解　作出该平面图形（如图 6-8 所示）．解方程组

$$\begin{cases} y^2 = 2x, \\ y = x-4, \end{cases}$$

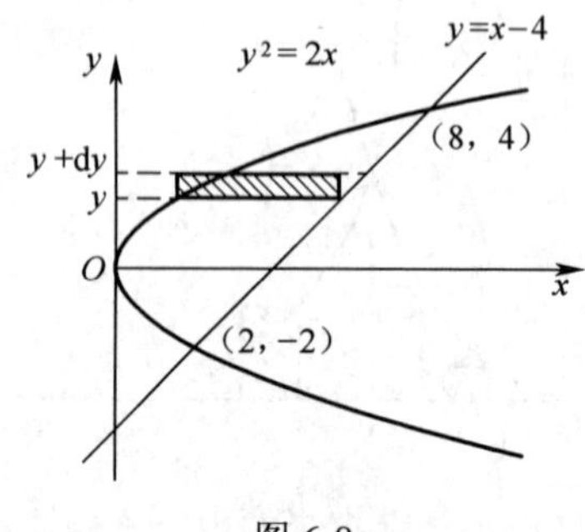

图 6-8

得交点 $(2,-2)$ 和 $(8,4)$，图形介于直线 $y=-2$ 和 $y=4$ 之间．取 y 为积分变量，它的变化区间为 $[-2,4]$．对应于 $[-2,4]$ 上任一小区间 $[y,y+\mathrm{d}y]$ 的窄条面积近似等于高为 $(y+4)-\frac{1}{2}y^2$、底为 $\mathrm{d}y$ 的窄矩形的面积，从而得到面积元素

$$\mathrm{d}A=\left(y+4-\frac{1}{2}y^2\right)\mathrm{d}y.$$

以 $\left(y+4-\frac{1}{2}y^2\right)\mathrm{d}y$ 为被积表达式，在闭区间 $[-2,4]$ 上作定积分，便得所求的面积为

$$A=\int_{-2}^{4}\left(y+4-\frac{1}{2}y^2\right)\mathrm{d}y=\left[\frac{y^2}{2}+4y-\frac{y^3}{6}\right]_{-2}^{4}=18.$$

此题也可选取 x 作为积分变量，只是做题过程较为繁琐，读者不妨自己做一下．

从以上两例看出，选取适当的积分变量，可使计算过程简便，读者要灵活掌握这一方法．另外，有时利用图形的特点（如对称性）也可以简化运算．

例 6.3 求椭圆 $\frac{x^2}{a^2}+\frac{y^2}{b^2}=1$ 所围成的图形的面积．

解 设椭圆的面积为 S，椭圆在第一象限部分的面积为 A，由于椭圆关于两坐标轴具有对称性（如图 6-9 所示），则椭圆的面积 $S=4A$．首先计算出 A，取 x 作为积分变量，其变化区间为 $[0,a]$，面积元素为 $\mathrm{d}A=y\mathrm{d}x=b\sqrt{1-\frac{x^2}{a^2}}\mathrm{d}x$，于是

$$A=\int_0^a b\sqrt{1-\frac{x^2}{a^2}}\mathrm{d}x=\frac{b}{a}\int_0^a\sqrt{a^2-x^2}\mathrm{d}x\xlongequal{令x=a\sin t}ab\int_0^{\frac{\pi}{2}}\cos^2 t\mathrm{d}t=\frac{1}{4}\pi ab,$$

所以椭圆的面积为 $S=4A=\pi ab$．

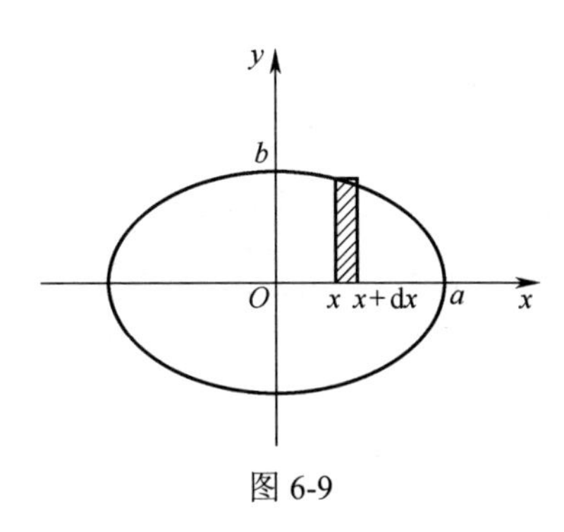

图 6-9

6.2.2 体积

1. 旋转体的体积

旋转体就是由一个平面图形绕这个平面内一条直线旋转一周而成的立体，这

条直线叫做旋转轴．常见的旋转体有圆柱、圆锥、圆台、球体等．

应用定积分计算由连续曲线 $y=f(x)$ 和直线 $x=a,x=b(a<b)$ 及 x 轴所围成的图形绕 x 轴旋转一周而成的旋转体（如图 6-10 所示）．下面我们用元素法来计算这种旋转体的体积．

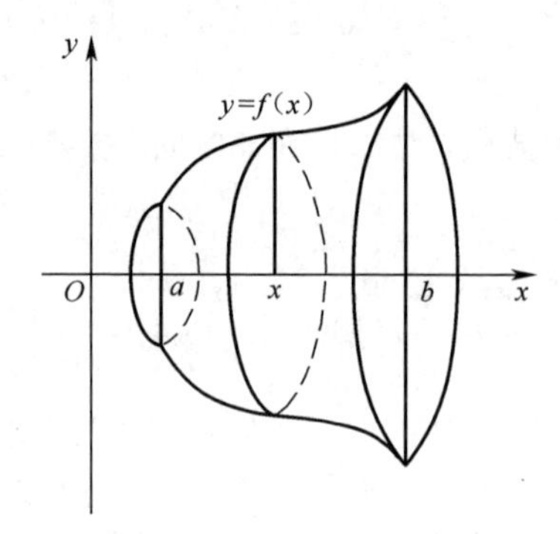

图 6-10

取 x 为积分变量，其变化区间为 $[a,b]$，由于过点 x 且垂直于 x 轴的平面截得旋转体的截面是半径为 $|f(x)|$ 的圆，所以旋转体中相应于区间 $[a,b]$ 上任一小区间 $[x,x+\mathrm{d}x]$ 的薄片的体积近似等于以 $|f(x)|$ 为底面半径、$\mathrm{d}x$ 为高的圆柱体的体积，即体积元素为 $\mathrm{d}V=\pi[f(x)]^2\mathrm{d}x$．从而，所求旋转体的体积为

$$V=\pi\int_a^b[f(x)]^2\mathrm{d}x.$$

用类似的方法可推出：由连续曲线 $x=\varphi(y)$ 和直线 $y=c,\ y=d(c<d)$ 及 y 轴所围成的图形，绕 y 轴旋转一周而成的旋转体（如图 6-11 所示）的体积为

$$V=\pi\int_c^d[\varphi(y)]^2\mathrm{d}y.$$

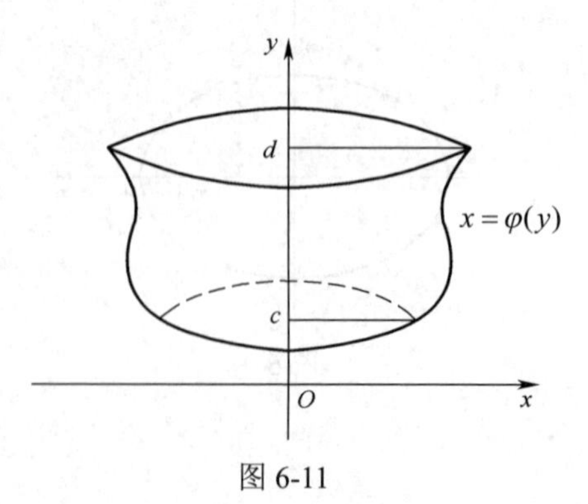

图 6-11

例 6.4 计算由椭圆 $\dfrac{x^2}{a^2}+\dfrac{y^2}{b^2}=1$ 所围成的图形绕 x 轴旋转而成的旋转体（旋转

椭球体）的体积.

解 如图 6-12 所示，这个旋转椭球体可以看作是由上半个椭圆 $y=\dfrac{b}{a}\sqrt{a^2-x^2}$ 及 x 轴围成的图形绕 x 轴旋转而成的立体. 取 x 为积分变量，其变化区间为 $[-a,a]$，体积元素为 $\mathrm{d}V=\pi y^2\mathrm{d}x$. 于是所求旋转椭球体的体积为

$$V=\int_{-a}^{a}\pi\frac{b^2}{a^2}(a^2-x^2)\mathrm{d}x=\pi\frac{b^2}{a^2}\left[a^2x-\frac{1}{3}x^3\right]_{-a}^{a}=\frac{4}{3}\pi ab^2 .$$

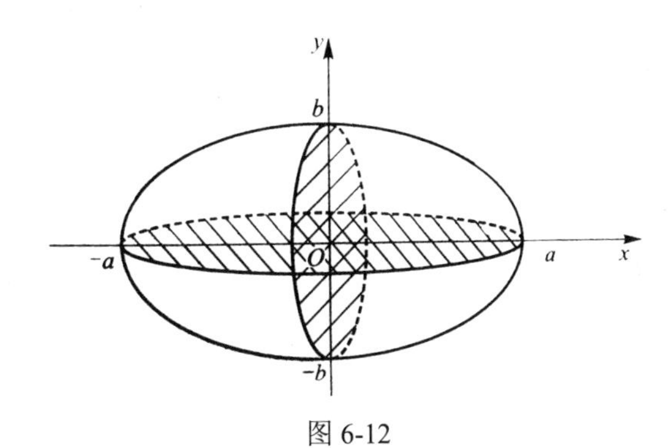

图 6-12

2. 平行截面面积为已知的立体的体积

如图 6-13 所示，设立体在 x 轴的投影区间为 $[a,b]$，过点 x 且垂直于 x 轴的平面与立体相截，若截面面积为 $A(x)$，称此立体为平行截面面积已知的立体.

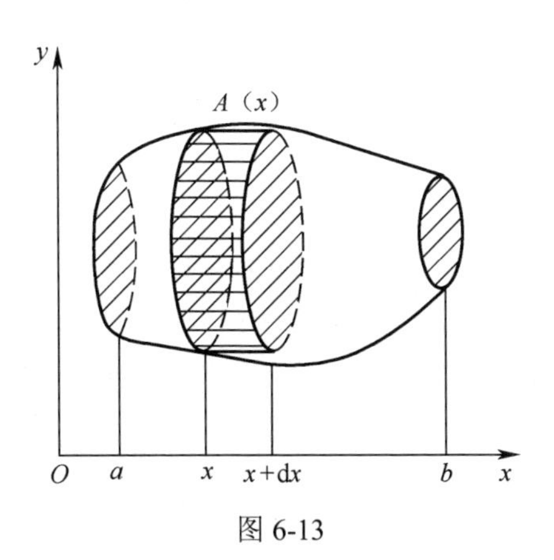

图 6-13

取 x 为积分变量，它的变化区间为 $[a,b]$，立体中对应于 $[a,b]$ 上的任一小区间 $[x,x+\mathrm{d}x]$ 的薄片的体积近似等于底面积为 $A(x)$、高为 $\mathrm{d}x$ 的扁柱体的体积. 即体积元素为 $\mathrm{d}V=A(x)\mathrm{d}x$，于是所求立体的体积为

$$V=\int_a^b A(x)\mathrm{d}x .$$

注意：用此公式求立体的体积时，切记 $A(x)$ 是过 $[a,b]$ 内任一点 x 做垂直于 x 轴的平面与立体相截，所得截面的面积.

例 6.5 一平面经过半径为 R 的圆柱体的底圆中心并与底面交成角 α，计算该平面截圆柱所得立体的体积.

解 方法一：如图 6-14 所示，取平面与圆柱底面的交线为 x 轴，底面上过圆中心且垂直于 x 轴的直线为 y 轴，建立坐标系. 此时，底圆的方程为 $x^2+y^2=R^2$. 取 x 为积分变量，其变化区间为 $[-R,R]$. 在 x 轴上 $[-R,R]$ 内取一点 x，过点 x 做垂直于 x 轴的平面去截立体，所得截面是一个直角三角形，它的两条直角边的长度分别是 y 及 $y\tan\alpha$，即 $\sqrt{R^2-x^2}$ 及 $\sqrt{R^2-x^2}\tan\alpha$，因而截面面积为 $A(x)=\frac{1}{2}(R^2-x^2)\tan\alpha$，体积元素为 $\mathrm{d}V=A(x)\mathrm{d}x=\frac{1}{2}(R^2-x^2)\tan\alpha\,\mathrm{d}x$. 于是所求立体体积为

$$V=\int_{-R}^{R}\frac{1}{2}(R^2-x^2)\tan\alpha\mathrm{d}x=\left[\frac{1}{2}\tan\alpha\left(R^2x-\frac{x^3}{3}\right)\right]_{-R}^{R}=\frac{2}{3}R^3\tan\alpha .$$

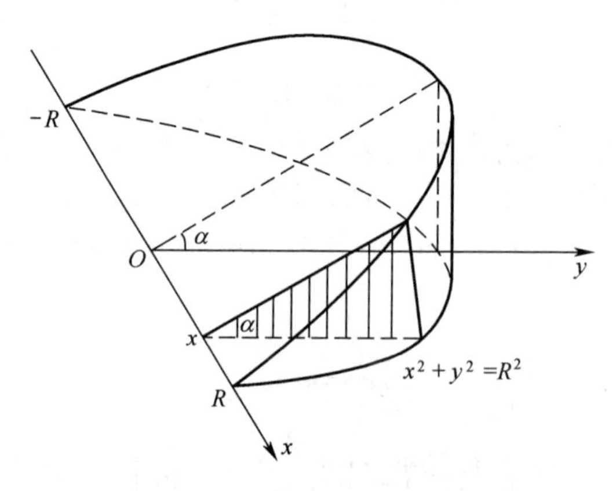

图 6-14

方法二：如图 6-15 所示，取坐标系同上. 取 y 为积分变量，其变化区间为 $[0,R]$. 在 y 轴上 $[0,R]$ 内任取一点 y，过点 y 做垂直于 y 轴的平面去截立体，所得截面为一矩形，其高为 $y\tan\alpha$，底为 $2x=2\sqrt{R^2-y^2}$，从而截面面积为 $A(y)=2\tan\alpha\cdot y\sqrt{R^2-y^2}$，体积元素为 $\mathrm{d}V=A(y)\mathrm{d}y=2\tan\alpha\cdot y\sqrt{R^2-y^2}\,\mathrm{d}y$. 于是所求立体的体积为

$$V=\int_0^R A(y)\mathrm{d}y=\int_0^R 2\tan\alpha\cdot y\sqrt{R^2-y^2}\mathrm{d}y=-\tan\alpha\int_0^R\sqrt{R^2-y^2}\mathrm{d}(R^2-y^2)$$

$$=\left[-\tan\alpha\cdot\frac{2}{3}(R^2-y^2)^{\frac{3}{2}}\right]_0^R=\frac{2}{3}R^3\tan\alpha.$$

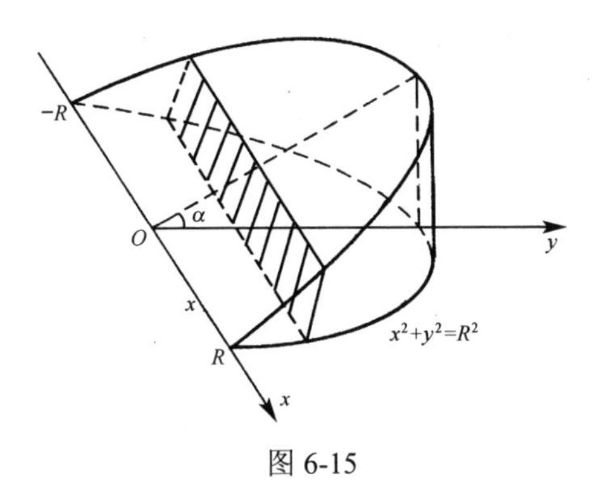

图 6-15

练习题 6.2

1．求由曲线 $xy=1$ 及直线 $y=x$，$x=4$ 所围成的平面图形的面积.

2．过曲线 $y=x^2$ 上一点 $M(1,1)$ 作切线 L，D 是由曲线 $y=x^2$，切线 L 及 x 轴所围成的平面图形，求该平面图形 D 绕 x 轴旋转一周所成的旋转体的体积.

6.3 定积分的经济应用

6.3.1 由边际函数或变化率求总量

当已知边际函数或变化率，求总量函数或总量函数在某个范围内的总量时，经常应用定积分进行计算.

例 6.6 设某产品的生产是连续进行的，总产量 Q 是时间 t 的函数. 如果总产量的变化率为

$$Q'(t)=\frac{324}{t^2}\mathrm{e}^{-\frac{9}{t}}\text{（单位：吨/日）}.$$

求投产后从 $t=3$ 到 $t=30$ 这 27 天的总产量.

解 取 t 为积分变量，其变化区间为 $[3,30]$，在小区间 $[t,t+\mathrm{d}t]$ 上的产量 ΔQ 的近似值为 $\Delta Q\approx\frac{324}{t^2}\mathrm{e}^{-\frac{9}{t}}\mathrm{d}t$，即总产量元素为 $\mathrm{d}Q=\frac{324}{t^2}\mathrm{e}^{-\frac{9}{t}}\mathrm{d}t$，所以从 $t=3$ 到 $t=30$ 这 27 天的总产量为

$$Q=\int_3^{30}\frac{324}{t^2}\mathrm{e}^{-\frac{9}{t}}\mathrm{d}t=36\int_3^{30}\mathrm{e}^{-\frac{9}{t}}\mathrm{d}\left(-\frac{9}{t}\right)$$

$$=36\cdot\mathrm{e}^{-\frac{t}{9}}\Big|_3^{30}=36(\mathrm{e}^{-\frac{3}{10}}-\mathrm{e}^{-3})\approx 24.9\text{（吨）}.$$

例 6.7 设某种产品的边际收入函数为

$$R'(q)=10(10-q)\mathrm{e}^{-\frac{q}{10}},$$

其中 q 为销售量，$R=R(q)$ 为总收入，求该产品的总收入函数．

解 取 t 为积分变量，其变化区间为 $[0,q]$，在小区间 $[t,t+\mathrm{d}t]$ 上的收入 ΔR 的近似值为 $\Delta R\approx 10(10-t)\mathrm{e}^{-\frac{t}{10}}\mathrm{d}t$，即总收入元素为 $\mathrm{d}R=10(10-t)\mathrm{e}^{-\frac{t}{10}}\mathrm{d}t$，于是当销售量为 q 时，总收入（总收入函数）为

$$\begin{aligned}R(q)&=\int_0^q R'(t)\mathrm{d}t=\int_0^q(100\mathrm{e}^{-\frac{t}{10}}-10t\mathrm{e}^{-\frac{t}{10}})\mathrm{d}t\\&=-1000\mathrm{e}^{-\frac{t}{10}}\Big|_0^q+100\int_0^q t\mathrm{d}(\mathrm{e}^{-\frac{t}{10}})\\&=-1000\mathrm{e}^{-\frac{q}{10}}+1000+100(t\mathrm{e}^{-\frac{t}{10}}\Big|_0^q-\int_0^q\mathrm{e}^{-\frac{t}{10}}\mathrm{d}t)\\&=-1000\mathrm{e}^{-\frac{q}{10}}+1000+100q\mathrm{e}^{-\frac{q}{10}}+1000\mathrm{e}^{-\frac{t}{10}}\Big|_0^q\\&=100q\mathrm{e}^{-\frac{q}{10}}.\end{aligned}$$

6.3.2 收益流的现值和将来值

当付款被认为是由个人做出或接受时，我们通常考虑的是**离散**付款，也就是说，这种付款只发生在某个特殊时刻．不过，我们可以将一个公司的付款看成是**连续**的．例如，一个庞大公司本质上始终在赚取收益，因而这种收益可以用连续的收益流来表示．由于赚取收益的速度会随着时间变化，所以收益流可以描述为：$S(t)$ 元／年．注意这里 $S(t)$ 是付款产生的速度，t 用从现在起的年份数来度量．

若以连续复利 r 计息，一笔 P 元人民币从现在存入银行，t 年后的价值（将来值）$B=P\mathrm{e}^{rt}$；若想 t 年后得到 B 元人民币，则现在需要存入银行的金额（现值）为：$P=B\mathrm{e}^{-rt}$．

正如可以求出整笔付款的现值和将来值一样，我们也能求出收益流的现值和将来值．假设你收到一个收益流后，立即储蓄进银行账户并让它赚取利息，**将来值**表示直到将来某个日子你会拥有的金钱总量．**现值**则表示为了获取将来你从收入流中得到的等量金钱，你必须今天储蓄的金钱数量．

假设有一笔速度为 $S(t)$ 元／年的收益流，考虑从现在开始（$t=0$）到 T 这一时间段的现值和将来值，以连续复利率计息．

用元素法分析如下：在区间 $[0,T]$ 内任取一小区间 $[t,t+\mathrm{d}t]$，在该小区间上，储蓄正在发生的速度 $S(t)$ 不会变化很大．于是，从 t 到 $t+\mathrm{d}t$ 所获得的存款量近似为 $S(t)\mathrm{d}t$，从 $t=0$ 开始，金额 $S(t)\mathrm{d}t$ 是在 t 年后的将来获得，从而在区间 $[t,t+\mathrm{d}t]$ 内

的收益现值$\approx S(t)\mathrm{d}t\mathrm{e}^{-rt}=S(t)\mathrm{e}^{-rt}\mathrm{d}t$，故

$$总现值=\int_0^T S(t)\mathrm{e}^{-rt}\mathrm{d}t .$$

对于将来值，$S(t)\mathrm{d}t$ 在 $T-t$ 年后获得利息，因而在 $[t,t+\mathrm{d}t]$ 内收益流的将来值 $\approx[S(t)\mathrm{d}t]\mathrm{e}^{r(T-t)}=S(t)\mathrm{e}^{r(T-t)}\mathrm{d}t$，故总的将来值为

$$总将来值=\int_0^T S(t)\mathrm{e}^{r(T-t)}\mathrm{d}t .$$

例 6.8 求每年 1000 元的常值收益流在 20 年期间的现值和将来值，假设 6% 的利息率是连续复利的.

解 由于 $S(t)=1000$ 及 $r=0.06$，则有

$$现值=\int_0^{20} 1000\mathrm{e}^{-0.06t}\mathrm{d}t=11647 元;$$

$$将来值=\int_0^{20} 1000\mathrm{e}^{0.06(20-t)}\mathrm{d}t=38699 元.$$

注意，由于 20 年期间钱款是以每年 1000 元的速度储蓄的，因而总储蓄额是 20000 元. 将来值是 38699 元，由于连续复利的作用总储蓄额几乎翻了一倍.

例 6.9 假设你要求 8 年后你的银行账户拥有 50000 元，其中银行的利息为 2%，它是连续复利的.

（1）如果现在进行整笔存款，你应该储蓄的存款总额是多少？

（2）如果在 8 年期间连续存款，你应该储蓄的速度是多少？

解 （1）假设整笔存款的总额是 P 元，那么 P 元就是 50000 元的现值. 利用 $B=P\mathrm{e}^{rt}$，且 $B=50000$，$r=0.02$，$t=8$，可得：

$$50000=P\mathrm{e}^{0.02\times 8}$$

$$P=\frac{50000}{\mathrm{e}^{0.16}}=42607 .$$

即如果你现在储蓄 42607 元到银行账户，8 年后你将会拥有 50000 元.

（2）假设你以每年 S 元的常值速度连续储蓄，那么

$$储蓄的将来值=\int_0^8 S\mathrm{e}^{0.02(8-t)}\mathrm{d}t=S\int_0^8 \mathrm{e}^{0.02(8-t)}\mathrm{d}t=50000 .$$

$$S\approx 5763 元.$$

为了达到 50000 元的目标，你需要以每年 5763 元的连续速度储蓄，或者说，每月需要储蓄大约 480 元.

练习题 6.3

1．设某厂日产 q 吨产品的总成本为 $C(q)$ 万元，已知边际成本为 $C'(q)=10+\dfrac{25}{\sqrt{q}}$，求日产量从 36 吨增加到 100 吨的总成本的增量.

2．已知销售某产品 x 单位时，边际收益函数为 $R'(x)=200-\dfrac{x}{50}$（元 / 单位），试求销售这种产品 2000 单位时的总收益和平均收益．

6.4 定积分的物理应用

6.4.1 变力做功

由物理学可知，在大小为 F 的恒力作用下，物体沿力的方向作直线运动，当物体移动一段距离 s 之后，该力所做的功为 $W=Fs$．但在许多实际问题中，物体在运动过程中受到的力是变化的，这就是下面要讨论的变力做功问题．

设一物体受连续变力 $F(x)$ 的作用，沿力的方向作直线运动，求物体从 a 点移动到 b 点的过程中，变力 $F(x)$ 所做的功．

由于 $F(x)$ 是变力，因此这是一个非均匀变化的问题．所求的功为一个整体量，在 $[a,b]$ 上具有可加性，可用定积分的元素法求解．在 $[a,b]$ 上任取一小区间 $[x,x+\mathrm{d}x]$，由于 $F(x)$ 是连续变化的，当 $\mathrm{d}x$ 很小时，$F(x)$ 变化不大，可近似看作恒力，因而在此小段上所做的功近似为 $F(x)\mathrm{d}x$，所以功元素为 $\mathrm{d}W=F(x)\mathrm{d}x$．因此，从 a 到 b 变力所做的功为

$$W=\int_a^b F(x)\mathrm{d}x\,.$$

例 6.10 已知定滑轮距光滑的玻璃平面的高为 $h(\mathrm{m})$，一物体受到通过定滑轮绳子的牵引力，其力的大小为常数 $F(\mathrm{N})$，沿着玻璃平面从点 A 直线移动到点 B 处．设点 A、B 及定滑轮所在的平面垂直玻璃板，求力 F 对物体所做的功 W．

解 建立坐标系（如图 6-16 所示），设 A 点的坐标为 $[a,0]$，B 点的坐标为 $[b,0]$，取 x 为积分变量，它的变化区间为 $[a,b]$．在区间 $[a,b]$ 上任取一个小区间 $[x,x+\mathrm{d}x]$，用 F 在点 x 处的水平分力 $F_{水平}$ 在这个小区间上所做的功来近似代替力 F 在该小区间上所做的功 ΔW．

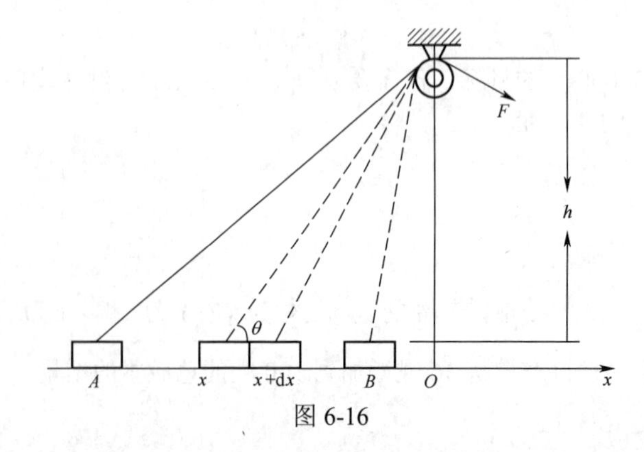

图 6-16

又 $F_{水平}=F\cos\theta=-F\dfrac{x}{\sqrt{x^2+h^2}}$（因为 θ 为锐角，而 $x<0$），因此

$$\Delta W\approx F_{水平}\mathrm{d}x=-F\frac{x}{\sqrt{x^2+h^2}}\cdot\mathrm{d}x,$$

即功的元素为

$$\mathrm{d}W=-F\frac{x}{\sqrt{x^2+h^2}}\mathrm{d}x.$$

所以，力 F 将物体从 $x=a$ 处移动到 $x=b$ 处所做的功为

$$\begin{aligned}W&=-F\int_a^b\frac{x}{\sqrt{x^2+h^2}}\mathrm{d}x\\&=-\frac{F}{2}\int_a^b(x^2+h^2)^{-\frac{1}{2}}\mathrm{d}(x^2+h^2)\\&=-\frac{F}{2}\left[2(x^2+h^2)^{\frac{1}{2}}\right]_a^b=-F(\sqrt{b^2+h^2}-\sqrt{a^2+h^2})\\&=F(\sqrt{a^2+h^2}-\sqrt{b^2+h^2})\ (\mathrm{J}).\end{aligned}$$

6.4.2 液体的压力

由物理学可知，深度 h(m) 处的液体的压强为 $P=\rho gh$．其中 ρ 为液体密度，g 为重力加速度．如果有一个面积为 $S(\mathrm{m}^2)$ 的平板，水平放置在深为 h 处的液体中，平板所受到的压力大小为 $F=PS=\rho ghS(\mathrm{N})$．

如果平板垂直放置在液体中，由于深度不同，液体的压强也就不同，平板一侧所受到的压力就不能用上述方法来计算，现在我们可以用元素法解决这一问题．

设薄板的形状由曲线 $y=f(x)$、直线 $x=a$，$x=b$ 及 x 轴所围成（如图 6-17 所示）．

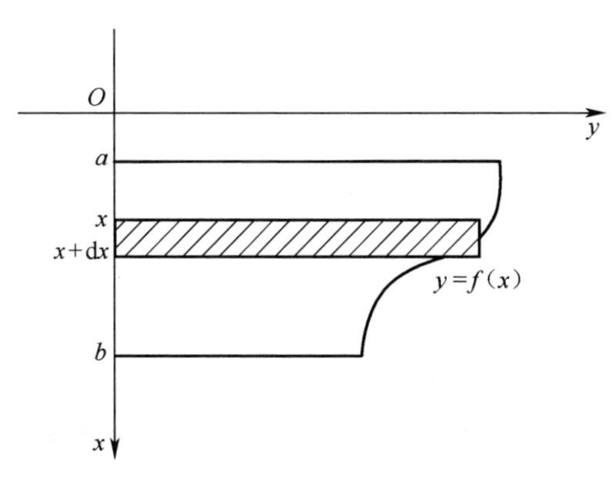

图 6-17

取液面下的深度 x（单位：m）为积分变量，x 的变化区间为 $[a,b]$．在区间上任取一小区间 $[x,x+\mathrm{d}x]$，薄板上对应于这个小区间上各点处的压强近似为 ρgx（其中 ρ 为水的密度，g 为重力加速度），窄条面积近似于 $f(x)\mathrm{d}x$．因此，此窄条一侧所受到的液体压力近似于 $\rho gxf(x)\mathrm{d}x$，即液体压力的元素为

$$\mathrm{d}F=\rho gxf(x)\mathrm{d}x\,.$$

从而得到薄板一侧所受的压力为

$$F=\int_a^b \rho gxf(x)\mathrm{d}x(\mathrm{N}).$$

例 6.11　一个横放的半径为 R(m) 的圆柱形油桶盛有半桶油，油的密度为 ρ，计算桶的圆形一侧所受的压力．

解　建立坐标系（如图 6-18 所示）．取 x 为积分变量，它的变化区间为 $[0,R]$，则压力元素为

$$\mathrm{d}F=2\rho gx\sqrt{R^2-x^2}\,\mathrm{d}x\,.$$

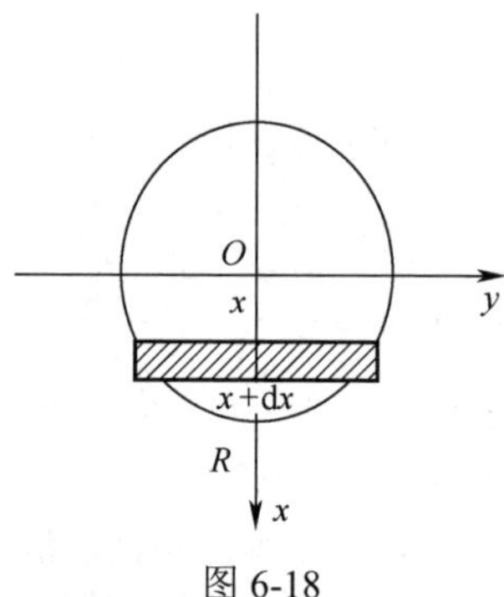

图 6-18

从而，所求压力为

$$F=\int_0^R 2\rho gx\sqrt{R^2-x^2}\,\mathrm{d}x=-\rho g\int_0^R \sqrt{R^2-x^2}\,\mathrm{d}(R^2-x^2)$$

$$=\left[-\rho g\cdot\frac{2}{3}(R^2-x^2)^{\frac{3}{2}}\right]_0^R=\frac{2}{3}\rho gR^3(\mathrm{N}).$$

练习题 6.4

1．一个底面半径为 4 m，高为 8 m 的倒立圆锥形容器，内装 6 m 深的水，现要把容器内的水全部抽完，需做功多少？

2．边长为 a(m)和 b(m)的矩形薄板，与液面成 α 角斜沉于液体内，长边平行于液面且位于深 h(m)处，设 $a>b$，液体的比重为 γ．试求薄板每面所受的压力．

习题六

1．求由下列各曲线所围成的图形的面积：

（1）$y=\frac{1}{2}x^2$ 与 $x^2+y^2=8$；

（2）$y=\frac{1}{x}$ 与直线 $y=x$ 及 $x=2$；

（3）$y=\mathrm{e}^x, y=\mathrm{e}^{-x}$ 与直线 $x=1$；

（4）$y=\ln x$, y 轴与直线 $y=\ln a, y=\ln b \quad (b>a>0)$.

2．把抛物线 $y^2=4ax$ 及直线 $x=x_0\ (x_0>0)$ 所围成的图形绕轴旋转，计算所得旋转物体的体积.

3．由 $y=x^3, x=2, y=0$ 所围成的图形，分别绕 x 轴及 y 轴旋转，计算所得两个旋转体的体积.

4．已知某类产品总产量 Q 在时刻 t 的变化率为 $Q'(t)=250+32t-0.6t^2\,(\mathrm{kg/h})$，求从 $t=2$ 到 $t=4$ 这两小时的总产量.

5．设某产品的边际成本是产量 Q 的函数

$$C'(Q)=4+0.25Q \text{（万元/吨）}.$$

边际收入也是产量 Q 的函数

$$R'(Q)=80-Q \text{（万元/吨）}.$$

（1）求产量由 10 吨增加到 50 吨时，总成本与总收入各增加多少？

（2）设固定成本 $C(0)=10$（万元），求总成本函数和总收入函数.

6．直径为 20 cm，高为 80 cm 的圆柱体充满压强为 10 N/cm^2 的蒸汽．设温度保持不变，要使蒸汽体积缩小一半，问需要做多少功？

7．一物体按规律 $x=ct^3$ 作直线运动，媒质的阻力与速度的平方成正比．计算物体由 $x=0$ 移至 $x=a$ 时，克服媒质阻力所作的功.

8．一底为 8 cm、高为 6 cm 的等腰三角形片，铅直地沉没在水中，顶在上，底在下且与水面平行，顶离水面 3 cm，试求它单侧所受的压力.

9．有一等腰梯形闸门，它的两条底边各长 10 m 和 6 m，高 20 m．较长的底边与水面相齐．计算闸门的一侧所受的水压力.

第 7 章　常微分方程

【学习目标】

- 了解微分方程的基本概念.
- 会求几种简单形式的一阶微分方程的解.
- 了解二阶线性微分方程的解的性质.
- 会求二阶常系数线性微分方程的解.

在科学研究和大量的应用实践中，许多问题的解决需要求出所涉及的变量间的函数关系. 但是，人们往往不能直接由所给的条件找到函数关系，而列出含有未知函数的导数或微分的关系式却比较容易. 这种含有未知函数的导数或微分的关系式就是本章所要讨论的微分方程.

7.1　微分方程的基本概念

先看两个案例.

引例 7.1 【曲线方程】 已知曲线上任意一点 $P(x,y)$ 处的切线斜率为 $3x^2$，且曲线经过点 $(1,2)$，求该曲线的方程 $y=y(x)$.

解　由导数的几何意义，切线斜率 $k=\dfrac{\mathrm{d}y}{\mathrm{d}x}$. 由题意得 $y=y(x)$ 满足关系式

$$\frac{\mathrm{d}y}{\mathrm{d}x}=3x^2, \tag{7.1}$$

此外，$y=y(x)$ 还应满足条件

$$y(1)=2, \tag{7.2}$$

关系式（7.1）两端同时对 x 积分，得

$$y=\int 3x^2\mathrm{d}x=x^3+C. \tag{7.3}$$

把条件（7.2）代入式（7.3），得 $C=1$.

把 $C=1$ 代入式（7.3），得所求曲线方程为

$$y=x^3+1. \tag{7.4}$$

引例 7.2 【运动规律】 列车在平直轨道上以 20 米/秒的速度行驶，当制动时，列车加速度为–0.4 米/秒 ^{2}，求制动后列车的运动规律.

解　设列车开始制动后 t 秒内行驶了 s 米，则变量 s 与 t 的函数关系 $s=s(t)$ 就

是我们要找的运动方程.

由导数的物理意义，未知函数 $s=s(t)$ 满足关系式：

$$\frac{\mathrm{d}^2 s}{\mathrm{d}t^2}=-0.4\,, \tag{7.5}$$

此外，$s=s(t)$ 还应满足条件：

$$t=0, s=0\,. \tag{7.6}$$

$$t=0, \frac{\mathrm{d}s}{\mathrm{d}t}=20\,. \tag{7.7}$$

关系式（7.5）两端同时对 t 积分一次，得

$$\frac{\mathrm{d}s}{\mathrm{d}t}=-0.4t+C_1\,, \tag{7.8}$$

再对 t 积分一次，得

$$s=-0.2\,\mathrm{g}\,t^2+C_1 t+C_2\,. \tag{7.9}$$

把条件（7.7）代入式（7.8），得 $C_1=20$.

把条件（7.6）及 $C_1=20$ 代入积分结果式（7.9），得 $C_2=0$.

把 $C_1=20$，$C_2=0$ 代入式（7.9），得所求的运动方程为

$$s=-0.2t^2+20t\,. \tag{7.10}$$

在这两个引例中，我们发现关系式 $\frac{\mathrm{d}y}{\mathrm{d}x}=3x^2$ 和 $\frac{\mathrm{d}^2 s}{\mathrm{d}t^2}=-0.4$ 中都含有未知函数的导数，把这样的关系式称为微分方程，一般地有如下定义：

定义 7.1 联系未知函数、未知函数的导数（或微分）与自变量之间的关系的方程称为**微分方程**. 如果微分方程中的未知函数只与一个变量有关，则称这种方程为**常微分方程**；如果微分方程中的未知函数与多个变量有关，则称作**偏微分方程**. 例如，关系式 $\frac{\mathrm{d}y}{\mathrm{d}x}=3x^2$ 和 $\frac{\mathrm{d}^2 s}{\mathrm{d}t^2}=-0.4$ 都是常微分方程.

由于本书只介绍常微分方程，所以把常微分方程简称为微分方程.

定义 7.2 微分方程中出现的未知函数的导数（或微分）的最高阶数，称为微分**方程的阶**.

例如，方程 $\frac{\mathrm{d}y}{\mathrm{d}x}=3x^2$ 是一阶微分方程；方程 $\frac{\mathrm{d}^2 s}{\mathrm{d}t^2}=-0.4$ 是二阶微分方程；$\frac{\mathrm{d}^2 y}{\mathrm{d}x^2}+\left(\frac{\mathrm{d}y}{\mathrm{d}x}\right)^3+2x=0$ 是二阶微分方程，而不是三阶微分方程.

在解决实际问题时，常常要首先建立微分方程，然后解微分方程. 所谓解微分方程也就是求出满足微分方程的函数表达式. 把满足微分方程的函数称为微分方程的解，一般地有如下定义：

定义 7.3 如果将某个函数及其导函数代入微分方程时，能使微分方程的左边恒等于右边，则称此函数为**微分方程的解**.

例如，函数（7.3）和（7.4）都是方程（7.1）的解，函数（7.9）和（7.10）都是方程（7.5）的解．仔细观察，发现解（7.3）与（7.9）中含有任意常数，而解（7.4）与（7.10）中不含任意常数，为此把微分方程的解分为两类：通解与特解，下面给出定义．

定义 7.4 如果微分方程的解中含有互相独立（即不能合并掉）的任意常数的个数与微分方程的阶数相同，这样的解称为**微分方程的通解**．

例如，函数（7.3）是方程（7.1）的通解，函数（7.9）是方程（7.5）的通解．

通解中含有任意常数，所以它还不能完全确定地反映事物的变化规律．要完全确定地反映事物的规律性，必须确定这些常数的值．怎样确定这些常数的值呢？一般来说，根据问题的情况，提出确定这些常数的条件．例如，引例 7.1 中的条件（7.2）；引例 7.2 中的条件（7.6）和（7.7）．我们把用来确定出通解中的任意常数的值的条件称为**微分方程的初始条件**．

注意：*初始条件的写法形式有多种．*

例如，引例 7.1 中的初始条件，可以写为：

当 $x=1$ 时, $y=2$；或 $y|_{x=1}=2$；或 $y(1)=2$．

引例 7.2 中的初始条件，可以写为：

当 $t=0$ 时，$s=0$；当 $t=0$ 时，$\dfrac{\mathrm{d}s}{\mathrm{d}t}=20$．

或 $s|_{t=0}=0$，$\dfrac{\mathrm{d}s}{\mathrm{d}t}|_{t=0}=20$．

或 $s(0)=0$，$s'(0)=20$．

求微分方程满足初始条件的解的问题，称为**初值问题**．而求解初值问题，也就是求方程满足初始条件的特解．

定义 7.5 若给微分方程的通解中的所有任意常数以确定的值，就得到微分方程的特解，即不包含任意常数的解称为**微分方程的特解**．

例如，函数（7.4）是方程（7.1）的特解，函数（7.10）是方程（7.5）的特解．

从定义 7.5 不难看出，求满足某初始条件的特解的方法：首先求出微分方程的通解，然后把初始条件代入通解中确定出任意常数的值，最后再把任意常数的值代入通解，从而得到满足该初始条件的特解．

微分方程解的图形称为该方程的**积分曲线**，由于通解中含有任意常数，所以它的图形是具有某种共同性质的**积分曲线族**．如引例 7.1 中：方程（7.1）的通解的图形是曲线族，此曲线族的共性是每一条曲线在任意一点 $P(x,y)$ 处的切线斜率均为 $3x^2$．而方程（7.1）的特解是经过点 $(1,2)$ 的一条曲线，也就是说，**特解的图形是积分曲线族中满足初始条件的某一条特定的积分曲线**．

例 7.1 验证函数 $y=C_1\mathrm{e}^{-2x}+C_2\mathrm{e}^{3x}$ 是方程

$$y''-y'-6y=0 \tag{7.11}$$

的通解．

解　首先求 $y=C_1\mathrm{e}^{-2x}+C_2\mathrm{e}^{3x}$ 的导数，得

$$y'=-2C_1\mathrm{e}^{-2x}+3C_2\mathrm{e}^{3x},\ y''=4C_1\mathrm{e}^{-2x}+9C_2\mathrm{e}^{3x}.$$

把 y,y',y'' 代入方程（7.11），得

左边 $=4C_1\mathrm{e}^{-2x}+9C_2\mathrm{e}^{3x}+2C_1\mathrm{e}^{-2x}-3C_2\mathrm{e}^{3x}-6C_1\mathrm{e}^{-2x}-6C_2\mathrm{e}^{3x}=0=$ 右边，所以 $y=C_1\mathrm{e}^{-2x}+C_2\mathrm{e}^{3x}$ 是方程（7.11）的解.

又 $y=C_1\mathrm{e}^{-2x}+C_2\mathrm{e}^{3x}$ 中含有两个任意常数，且这两个任意常数不能合并，而方程（7.11）为二阶微分方程，所以 $y=C_1\mathrm{e}^{-2x}+C_2\mathrm{e}^{3x}$ 是方程（7.11）的通解.

例 7.2　验证函数 $y=x^2$ 是微分方程

$$xy'=2y \tag{7.12}$$

满足初始条件 $y|_{x=0}=0$ 的特解.

解　求 $y=x^2$ 的导数，得 $y'=2x$.

把 y,y' 代入方程（7.12），得左边 $=x\cdot 2x=2x^2$，右边 $=2\cdot x^2=2x^2$，从而左边 = 右边，所以 $y=x^2$ 是微分方程（7.12）的解.

又把 $x=0$ 代入 $y=x^2$ 中，得 $y=0$．从而 $y=x^2$ 满足初始条件 $y|_{x=0}=0$.

因此 $y=x^2$ 是微分方程（7.12）的解，也是满足初始条件 $y|_{x=0}=0$ 的特解.

练习题 7.1

1．指出下列微分方程的阶：

（1）$x\mathrm{d}y-y\mathrm{d}x=0$；　　（2）$x''+2x'-3x=\mathrm{e}^t$；

（3）$\dfrac{\mathrm{d}^2y}{\mathrm{d}x^2}+\left(\dfrac{\mathrm{d}y}{\mathrm{d}x}\right)^3+2x=0$；　　（4）$y'y'''-x^2y=1$.

2．验证：$y=C_1\cos kx+C_2\sin kx$ 是微分方程 $y''+k^2y=0$ 的通解.

3．验证：$y=x\sec x$ 是微分方程 $y'-y\tan x=\sec x$ 满足初始条件 $y|_{x=0}=0$ 的特解.

4．已知曲线在点 $P(x,y)$ 处的切线与 y 轴的截距等于该点的纵坐标的一半，写出曲线方程.

7.2　可分离变量的一阶微分方程

一阶微分方程的一般形式为

$$f(x,y,y')=0.$$

其中，x 是自变量，y 是 x 的未知函数，y' 是未知函数的一阶导数.

本节研究可分离变量的微分方程，它是最简单的微分方程.

定义 7.6 形如

$$\frac{\mathrm{d}y}{\mathrm{d}x}=f(x)\cdot g(y) \tag{7.13}$$

的微分方程，称为可分离变量的微分方程，这里 $f(x),g(y)$ 分别是变量 x,y 的已知连续函数，且 $g(y)\neq 0$.

从（7.13）式看出，可分离变量的微分方程的特点是：等式左边是导数 $\frac{\mathrm{d}y}{\mathrm{d}x}$，等式右边可以分解成两个函数之积，其中一个是只含 x 的函数，另一个是只含 y 的函数. 经过适当的运算，可以将该方程化为等式一边只含变量 y ，而另一边只含变量 x 的形式，即

$$\frac{1}{g(y)}\mathrm{d}y=f(x)\mathrm{d}x .$$

可分离变量的微分方程的解法，具体步骤为：

（1）分离变量　将方程整理为

$$\frac{1}{g(y)}\mathrm{d}y=f(x)\mathrm{d}x \tag{7.14}$$

的形式，使方程的两边各含一个变量.

（2）两边分别积分　对式（7.14）两边分别积分（式中左边为对 y 积分，右边为对 x 积分）. 得

$$\int\frac{1}{g(y)}\mathrm{d}y=\int f(x)\mathrm{d}x+C .$$

（3）设 $G(y)$ ，$F(x)$ 分别为 $\frac{1}{g(y)}$ 和 $f(x)$ 的原函数，则求得方程的通解为

$$G(y)=F(x)+C \text{（}C\text{ 为任意常数）}.$$

例 7.3　求方程 $y'=2x\sqrt{1-y^2}\ (y\neq\pm 1)$ 的通解.

解　该方程是可分离变量的微分方程. 分离变量，得

$$\frac{\mathrm{d}y}{\sqrt{1-y^2}}=2x\mathrm{d}x ,$$

两边分别积分，得

$$\arcsin y=x^2+C .$$

即所求的通解为

$$\arcsin y=x^2+C .$$

例 7.4　求方程 $y'=2xy$ 的通解.

解　该方程是可分离变量的微分方程. 分离变量，得

$$\frac{dy}{y}=2xdx,$$

两边分别积分，得

$$\ln|y|=x^2+C_1,$$

两边取指数函数，得

$$|y|=e^{x^2+C_1}=e^{C_1}e^{x^2},$$

去掉绝对值符号，得

$$y=\pm e^{C_1}e^{x^2}.$$

令 $C=\pm e^{C_1}$，则 $y=Ce^{x^2}$（$C\neq 0$）.

可以验证，当 $C=0$ 时，$y=0$ 也是原方程的解，因此原方程的通解为

$$y=Ce^{x^2}\text{（}C\text{ 为任意常数）}.$$

注：在本章中，凡遇到积分后是对数的情形，理应都需作类似于上述的讨论. 但这样的演算过程没有必要重复，故为方便起见，约定：凡遇到积分后是对数的情形都作简化处理. 以例 7.4 示范如下：

（1）分离变量，得

$$\frac{dy}{y}=2xdx,$$

（2）两边分别积分，得

$$\ln y=x^2+\ln C,$$

两边取指数函数，得

$$y=Ce^{x^2}\text{（其中 }C\text{ 为任意常数）}.$$

但要注意，最后得到的常数 C 是任意常数.

例 7.5 求 $y'=e^{x-y}$ 满足初始条件 $y|_{x=0}=1$ 的特解.

解 该方程是可分离变量的微分方程. 整理方程，得

$$\frac{dy}{dx}=\frac{e^x}{e^y},$$

分离变量，得

$$e^y dy=e^x dx,$$

两边积分，得

$$e^y=e^x+C,$$

两边取对数函数，得

$$y=\ln(e^x+C)\quad\text{（其中 }C\text{ 为任意常数）}.$$

所以通解为

$$y=\ln(e^x+C).$$

把初始条件 $y|_{x=0}=1$ 代入通解中，得 $C=\mathrm{e}-1$.
故所求的特解为

$$y=\ln(\mathrm{e}^x+\mathrm{e}-1).$$

案例 7.1 【混合溶液】 设某水库的现有库存量为 V_0（单位：L），水库已被严重污染．经计算，目前污染物总量已达 M_0（单位：kg），且污染物均匀地分散在水中．如果现在停止向水库排污，净水现以 r_0（单位：L/min）的均匀速率流入水库（假定流入水库后立即和水库的水相混合），而水库中的水也以同样的速度 r_0 流出．记目前的时刻为 $t=0$，求在时刻 t 水库中污染物的含量 $M(t)$.

解 设在 t 到 $t+\mathrm{d}t$ 时间段内，水库中污染物的改变量为 $\mathrm{d}M$，且有

水库中污染物的改变量=流入水库的污染物的量−流出水库的污染物的量.

在 t 时刻，水库中污染物的质量浓度为 $\dfrac{M(t)}{V_0}$，假设 t 到 $t+\mathrm{d}t$ 时间段内水库中污染物的质量浓度不变（事实上，水库中污染物的质量浓度时刻在改变，由于时间很短，近似这样看）.

而在时间段 $[t,t+\mathrm{d}t]$ 内水库中流出的水为 $r_0\mathrm{d}t$，于是流出的污染物的含量近似为 $\dfrac{M}{V_0}r_0\mathrm{d}t$，这样列出方程

$$\mathrm{d}M=0-\frac{M}{V_0}r_0\mathrm{d}t.$$

这是一个可分离变量的方程．分离变量，得

$$\frac{\mathrm{d}M}{M}=-\frac{r_0}{V_0}\mathrm{d}t.$$

两边积分，得

$$\ln M=-\frac{r_0}{V_0}t+\ln C,$$

取指数函数，得

$$M=C\mathrm{e}^{-\frac{r_0}{V_0}t}.$$

把初始条件 $M|_{t=0}=M_0$ 代入上式，得 $C=M_0$，故微分方程的特解为

$$M=M_0\mathrm{e}^{-\frac{r_0}{V_0}t}.$$

即在时刻 t，水库中污染物的含量 $M(t)=M_0\mathrm{e}^{-\frac{r_0}{V_0}t}$.

该问题更一般的提法是：设有一容器装有某种质量浓度的溶液，以流速 v_1 注入质量浓度为 C_1 的溶液（指同一种类溶液，只是质量浓度不同），假定注入后溶液立即被搅匀，并以流速 v_2 流出这种混合溶液，试建立容器中溶质质量与时间的数学模型.

首先假设容器中溶质的质量为 $M(t)$，原来的初始时刻（$t=0$）时质量为 M_0，溶液的体积为 V_0.

在 t 到 $t+\mathrm{d}t$ 时间内，容器中溶质的改变量=流入溶质的数量−流出溶质的数量. 即

$$\mathrm{d}M = C_1 v_1 \mathrm{d}t - C_2 v_2 \mathrm{d}t .$$

其中 C_1 是流入溶液的质量浓度，C_2 是 t 时刻容器中溶液的质量浓度，$C_2 = \dfrac{M}{V_0 + (v_1 - v_2)t}$ 于是，有混合溶液的数学模型

$$\begin{cases} \dfrac{\mathrm{d}M}{\mathrm{d}t} = C_1 v_1 - C_2 v_2, \\ M|_{t=0} = M_0. \end{cases}$$

练习题 7.2

1．求下列微分方程的通解：

（1）$\dfrac{\mathrm{d}y}{\mathrm{d}x} = \dfrac{x(1+y^2)}{y(1+x^2)}$；

（2）$y\ln x\mathrm{d}x + x\ln y\mathrm{d}y = 0$；

（3）$y' = 10^{x+y}$；

（4）$\cos\theta + r\sin\theta\dfrac{\mathrm{d}\theta}{\mathrm{d}r} = 0$.

2．求下列方程满足初始条件的特解：

（1）$\dfrac{\mathrm{d}y}{\mathrm{d}x} + \dfrac{1-2x}{x^2}y = 0$，$y|_{x=1} = \mathrm{e}$；

（2）$\dfrac{y}{x}y' + \mathrm{e}^y = 0$，$y|_{x=2} = 0$.

3．放射性元素铀由于不断地有原子放射出微粒子而变成其他元素，铀的含量就不断减少，这种现象叫做衰变. 由原子物理学知道，铀的衰变速率与它现存量 M 成正比. 已知 $t=0$ 时铀的含量为 M_0，求在衰变过程中铀含量 $M(t)$ 随时间 t 变化的规律.

7.3 齐次微分方程

定义 7.7 形如

$$\frac{\mathrm{d}y}{\mathrm{d}x} = f\left(\frac{y}{x}\right) \tag{7.15}$$

的微分方程，称为**一阶齐次微分方程**，这里$f\left(\frac{y}{x}\right)$是关于$\frac{y}{x}$的已知连续函数.

一阶齐次微分方程的解法，具体步骤为：

（1）代换　令$u=\frac{y}{x}$，则$y=xu$，$\frac{dy}{dx}=u+x\frac{du}{dx}$.

代入方程（7.15），得到关于一个未知函数为u，自变量为x的新微分方程

$$u+x\frac{du}{dx}=f(u).$$

整理得

$$\frac{du}{dx}=\frac{1}{x}[f(u)-u].$$

这是一个可分离变量的微分方程.

（2）求解这个可分离变量的微分方程　分离变量并积分得

$$\int\frac{du}{f(u)-u}=\int\frac{dx}{x},$$

$$F(u)=\ln x+C\ (C\text{ 为任意常数}).$$

（3）回代　上式求得积分结果后，再用$\frac{y}{x}$代替u，便得到方程（7.15）的通解.

例 7.6　求微分方程$\frac{dy}{dx}=2\sqrt{\frac{y}{x}}-\frac{y}{x}$的通解.

解　令$u=\frac{y}{x}$，则$y=xu$，$\frac{dy}{dx}=u+x\frac{du}{dx}$. 代入原方程得$u+x\frac{du}{dx}=2\sqrt{u}-u$.

整理得

$$\frac{du}{2(u-\sqrt{u})}=-\frac{dx}{x}.$$

这是一个已分离变量的微分方程. 两端积分，得

$$\ln(\sqrt{u}-1)=-\ln x+\ln C.$$

即

$$x(\sqrt{u}-1)=C.$$

将$u=\frac{y}{x}$回代，得原方程的通解为$\sqrt{xy}-x=C$.

例 7.7　求微分方程$\frac{dx}{dy}=\frac{x}{y}+e^{\frac{x}{y}}$的通解.

解　令$u=\frac{x}{y}$，则$x=yu$，$\frac{dx}{dy}=u+y\frac{du}{dy}$. 代入原方程，化简得$y\frac{du}{dy}=e^{u}$，这是一个可分离变量的方程. 分离变量，得

$$\mathrm{e}^{-u}\,\mathrm{d}u=\frac{\mathrm{d}y}{y}.$$

两端积分，得

$$-\mathrm{e}^{-u}=\ln y+C.$$

将$u=\dfrac{x}{y}$回代，得原方程的通解为$-\mathrm{e}^{-\frac{x}{y}}=\ln y+C$.

练习题 7.3

求下列微分方程的通解：

（1）$\dfrac{\mathrm{d}y}{\mathrm{d}x}=\dfrac{y}{x}+\tan\dfrac{y}{x}$；（2）$y^2+(x^2-xy)y'=0$；

（3）$\dfrac{\mathrm{d}y}{\mathrm{d}x}=\dfrac{y}{x}+\mathrm{e}^{\frac{y}{x}}$.

7.4 一阶线性微分方程

引例 7.3 观察下列一阶微分方程：

$$y'+\frac{2}{x+1}y=(x+1)^2\text{；}\quad y'-y\tan x=\sec x.$$

注意到：（1）方程的右边是已知的关于自变量x的函数表达式；

（2）方程的左边有两项，每项中仅含y或y'，且y，y'都是一次的.

这样的方程就是本节要研究的一阶线性微分方程. 下面给出一般定义.

7.4.1 一阶线性微分方程的定义

定义 7.8 形如

$$y'+P(x)y=Q(x) \tag{7.16}$$

的一阶微分方程称为关于未知函数y及其导数y'的**一阶线性微分方程**，$Q(x)$称为自由项，其中$P(x)$，$Q(x)$都是已知的关于x的连续函数.

按自由项$Q(x)$是否恒等于零，把一阶线性微分方程分为：

（1）若$Q(x)$不恒等于零时，则方程（7.16）称为一阶线性非齐次微分方程，简称为**一阶线性非齐次方程**.

（2）若$Q(x)\equiv 0$，则方程（7.16）为

$$y'+P(x)y=0. \tag{7.17}$$

称为方程（7.16）所对应的一阶线性齐次微分方程，简称为**一阶线性齐次方程**.

例如，$y'-\dfrac{2y}{1+x}=0$ 称为方程 $y'-\dfrac{2y}{1+x}=(x+1)^3$ 所对应的一阶线性齐次方程.

7.4.2 一阶线性微分方程的求解方法

1. 一阶线性齐次方程的解法

一阶线性齐次方程 $y'+P(x)y=0$，其实是一个可分离变量的方程，所以它的求解只需分离变量，得

$$\frac{dy}{y}=-P(x)dx,$$

两边积分，得

$$\ln y=-\int P(x)dx+\ln C,$$

取指数函数，得

$$y=Ce^{-\int P(x)dx}.$$

所以，方程（7.17）的通解为

$$y=Ce^{-\int P(x)dx}.$$

例 7.8 求一阶线性齐次方程 $y'-\dfrac{2y}{1+x}=0$ 的通解.

解 所给方程可化为

$$y'=\frac{2}{1+x}y.$$

这是一个可分离变量的方程. 分离变量，得

$$\frac{dy}{y}=\frac{2}{1+x}dx,$$

两边积分，得

$$\ln y=2\ln(1+x)+\ln C,$$

取指数函数，得

$$y=C(1+x)^2.$$

因此，所求方程的通解为

$$y=C(1+x)^2.$$

2. 一阶线性非齐次方程的解法

设一阶线性非齐次方程为 $y'+P(x)y=Q(x)$，其对应的齐次方程为 $y'+P(x)y=0$. 二者形式上的不同在于右端的自由项 $Q(x)$ 是否恒等于零，因此，猜想二者的通解在形式上也会有一定的联系. 而 $y=Ce^{-\int P(x)dx}$ 是一阶线性齐次方程 $y'+P(x)y=0$ 的通解，如果把常数 C 换成待定函数 $C(x)$，那么 $y=C(x)e^{-\int P(x)dx}$ 是一阶线性非齐次方程 $y'+P(x)y=Q(x)$ 的通解吗？

不妨设 $y=C(x)\mathrm{e}^{-\int P(x)\mathrm{d}x}$ 是一阶线性非齐次方程 $y'+P(x)y=Q(x)$ 的通解，则

$$\begin{aligned}y'&=C'(x)\mathrm{e}^{-\int P(x)\mathrm{d}x}+C(x)\mathrm{e}^{-\int P(x)\mathrm{d}x}\cdot[-P(x)]\\&=\mathrm{e}^{-\int P(x)\mathrm{d}x}[C'(x)-C(x)P(x)].\end{aligned}$$

把 y,y' 代入一阶线性非齐次方程 $y'+P(x)y=Q(x)$，整理得

$$C'(x)=Q(x)\mathrm{e}^{\int P(x)\mathrm{d}x},$$

两边积分，得

$$C(x)=\int Q(x)\mathrm{e}^{\int P(x)\mathrm{d}x}\mathrm{d}x+C.$$

把 $C(x)$ 代入 $y=C(x)\mathrm{e}^{-\int P(x)\mathrm{d}x}$ 得

$$y=\mathrm{e}^{-\int P(x)\mathrm{d}x}[C+\int Q(x)\mathrm{e}^{\int P(x)\mathrm{d}x}\mathrm{d}x].\tag{7.18}$$

式（7.18）称为一阶线性非齐次方程（7.16）的通解公式.

上述求解的方法称为**常数变易法**，用常数变易法求一阶线性非齐次方程的通解的步骤为：

（1）将方程化为一阶线性非齐次方程的标准形式 $y'+P(x)y=Q(x)$；

（2）用分离变量法求出与其对应的一阶线性齐次方程 $y'+P(x)y=0$ 的通解；

（3）根据所求出的一阶线性齐次方程的通解，设出一阶线性非齐次方程的通解（将所求出的一阶线性齐次方程的通解中的任意常数 C 改为待定函数 $C(x)$，其他不变，把其作为一阶线性非齐次方程的通解），将所设的解代入一阶线性非齐次微分方程，求出待定函数 $C(x)$；

（4）回代 $C(x)$，即得一阶线性非齐次方程的通解.

例 7.9 求一阶线性非齐次方程 $y'-\frac{1}{x}y=x^2$ 的通解.

解 方法一：**常数变易法**

该方程是一阶线性非齐次方程. 先求与其对应的一阶线性齐次方程 $y'-\frac{1}{x}y=0$ 的通解.

分离变量，得

$$\frac{\mathrm{d}y}{y}=\frac{1}{x}\mathrm{d}x,$$

两边积分，得

$$\ln y=\ln x+\ln C,$$

取指数函数，得

$$y=Cx,$$

因此，对应的线性齐次方程的通解为

$$y = Cx .$$

设所给的一阶线性非齐次方程的通解为 $y = C(x)x$ ，则 $y' = C'(x)x + C(x)$ ，把 y, y' 代入该方程，得 $C'(x) = x$ ，从而 $C(x) = \int x\mathrm{d}x = \frac{1}{2}x^2 + C$.

因此，原方程的通解为

$$y = \left(\frac{1}{2}x^2 + C\right)x .$$

当然，在熟练的基础上，要求记住通解公式 $y = \mathrm{e}^{-\int P(x)\mathrm{d}x}[C + \int Q(x)\mathrm{e}^{\int P(x)\mathrm{d}x}\mathrm{d}x]$，用公式法来求解.

方法二：**公式法**

该方程是一阶线性非齐次方程，其中

$$P(x) = -\frac{1}{x}, \quad Q(x) = x^2 .$$

代入通解公式 $y = \mathrm{e}^{-\int P(x)\mathrm{d}x}[C + \int Q(x)\mathrm{e}^{\int P(x)\mathrm{d}x}\mathrm{d}x]$，得

$$y = \mathrm{e}^{\int \frac{1}{x}\mathrm{d}x}[C + \int x^2 \mathrm{e}^{-\int \frac{1}{x}\mathrm{d}x}\mathrm{d}x] = x\left(C + \frac{1}{2}x^2\right).$$

因此，原方程的通解为

$$y = \left(\frac{1}{2}x^2 + C\right)x .$$

采用**公式法**求一阶线性非齐次方程通解的步骤为：

（1）将方程化为一阶线性非齐次方程的标准形式 $y' + P(x)y = Q(x)$ ；

（2）写出对应的 $P(x), Q(x)$ ；

（3）计算积分 $\mathrm{e}^{-\int P(x)\mathrm{d}x}$ ， $\int Q(x)\mathrm{e}^{\int P(x)\mathrm{d}x}\mathrm{d}x$ ；

（4）由公式 $y = \mathrm{e}^{-\int P(x)\mathrm{d}x}[C + \int Q(x)\mathrm{e}^{\int P(x)\mathrm{d}x}\mathrm{d}x]$ 写出原方程的通解.

例 7.10 求方程 $xy' + y = \cos x$ 满足初始条件 $y|_{x=\pi} = 1$ 的特解.

解 所给方程可改写为

$$y' + \frac{1}{x}y = \frac{\cos x}{x} .$$

此方程为一阶线性非齐次方程，其中

$$P(x) = \frac{1}{x}, \quad Q(x) = \frac{\cos x}{x} .$$

代入通解公式，得通解为

$$y = \mathrm{e}^{-\int \frac{1}{x}\mathrm{d}x}[C + \int \frac{\cos x}{x}\mathrm{e}^{\int \frac{1}{x}\mathrm{d}x}\mathrm{d}x] = \frac{1}{x}(C + \sin x) .$$

把初始条件 $y|_{x=\pi} = 1$ 代入通解，得 $C = \pi$.

因此，所求的特解为

$$y=\frac{1}{x}(\pi+\sin x).$$

例 7.11 求方程 $(y^2+x)\mathrm{d}y-y\mathrm{d}x=0$ 的通解.

分析 按照常规思想，常常会这样做，把方程改写为

$$\frac{\mathrm{d}y}{\mathrm{d}x}=\frac{y}{y^2+x},$$

可是改写后的方程既不是可分离变量方程，也不是关于 y,y' 的一阶线性方程. 怎么办呢？这时不妨来个换位思考，把 y 看作自变量，x 看作是 y 的函数，然后再求解.

解 把方程改写为

$$\frac{\mathrm{d}x}{\mathrm{d}y}-\frac{1}{y}x=y,$$

这是一个关于 x,x' 的一阶线性非齐次方程，其中 $P(y)=-\frac{1}{y},Q(y)=y$.

代入通解公式 $x=\mathrm{e}^{-\int P(y)\mathrm{d}y}[C+\int Q(y)\mathrm{e}^{\int P(y)\mathrm{d}y}\mathrm{d}y]$，得

$$x=\mathrm{e}^{\int\frac{1}{y}\mathrm{d}y}[C+\int y\mathrm{e}^{-\int\frac{1}{y}\mathrm{d}y}\mathrm{d}y]=y^2+Cy.$$

案例 7.2 【市场价格模型】 对于纯粹的市场经济来说，商品市场价格取决于市场供需之间的关系. 如果市场价格能促使商品的供给与需求相等，这样的价格称为均衡价格. 但是，实际的市场价格不会恰好等于均衡价格，而且价格也不会是静态的，应是随时间不断变化的动态过程. 试建立描述市场价格形成的动态过程的数学模型.

解 设在某一时刻 t，商品的价格为 $p(t)$，它与该商品的均衡价格间有差别. 此时，存在供需差，此供需差促使价格变动. 对新的价格，又有新的供需差. 如此不断调节，就构成市场价格形成的动态过程. 假设价格 $p(t)$ 的变化率 $\frac{\mathrm{d}p}{\mathrm{d}t}$ 与需求和供给之差成正比，我们记 $f(p)$ 为需求函数，$g(p)$ 为供给函数，于是

$$\begin{cases}\frac{\mathrm{d}p}{\mathrm{d}t}=k[f(p)-g(p)],\\ p|_{t=0}=p_0.\end{cases}$$

其中 p_0 为商品在 $t=0$ 时刻的价格，k 为正常数.

若设 $f(p)=-ap+b$，$g(p)=cp+d$，则上式变为

$$\begin{cases}\frac{\mathrm{d}p}{\mathrm{d}t}=-k(a+c)p+k(b-d),\\ p|_{t=0}=p_0.\end{cases}$$

其中a,b,c,d均为正常数，其解为

$$p(t)=\left(p_0-\frac{b-d}{a+c}\right)\mathrm{e}^{-k(a+c)t}+\frac{b-d}{a+c}.$$

下面对所得结果进行讨论分析：

（1）设$\overline{p}$为静态均衡价格，则其应满足$f(\overline{p})-g(\overline{p})=0$，即$-a\overline{p}+b=c\overline{p}+d$．于是，得$\overline{p}=\dfrac{b-d}{a+c}$，从而价格函数$p(t)=(p_0-\overline{p})\mathrm{e}^{-k(a+c)t}+\overline{p}$．当$t\to+\infty$时，取极限得$\lim\limits_{t\to+\infty}p(t)=\overline{p}$．

（2）由于$\dfrac{\mathrm{d}p}{\mathrm{d}t}=(\overline{p}-p_0)k(a+c)\mathrm{e}^{-k(a+c)t}$，所以，当$p_0>\overline{p}$时，$\dfrac{\mathrm{d}p}{\mathrm{d}t}<0$，价格$p(t)$单调下降，向均衡价格$\overline{p}$靠拢；当$p_0<\overline{p}$时，$\dfrac{\mathrm{d}p}{\mathrm{d}t}>0$，价格$p(t)$单调增加，向均衡价格$\overline{p}$靠拢．

案例 7.3【冷却问题】 把一杯温度为100 ℃的沸水放在室温为30 ℃的环境中自然冷却，假设周围环境的温度始终保持为30 ℃．根据牛顿冷却定律：物体冷却速率与当时物体和周围介质的温差成正比．试求水温T（℃）与时间t（min）的函数关系．

解 设物体温度$T=T(t)$，它是时间t的函数，则物体的冷却速率是温度$T(t)$对时间t的导数$T'(t)$．因此，由冷却定律得

$$T'(t)=-k[T(t)-30].$$

其中比例系数$k>0$，等式右端添上负号是因为当时间t增大时，物体温度$T(t)$下降，$T'(t)<0$的缘故．

整理方程，得

$$T'(t)+kT(t)=30k.$$

这是一个一阶线性非齐次方程，其通解为

$$T(t)=30+C\mathrm{e}^{-kt}.$$

由题意，得初始条件为$T(t)|_{t=0}=100$．将初始条件$T(t)|_{t=0}=100$代入上式，得$C=70$．故特解为

$$T(t)=30+70\mathrm{e}^{-kt}.$$

因此，物体温度T与时间t的函数关系为$T(t)=30+70\mathrm{e}^{-kt}$．

从上式可以看出，当t充分大时，水温$T(t)$将接近于室温30 ℃．

案例 7.4【电路电流】 设一串联电路（如图7-1所示），有电感L，电阻R和交流电动势$E=E_0\cos\omega t$．若时刻$t=0$时接通电路，求电流$i(t)$与时间t的关系（R,L,E_0,ω为常数）．

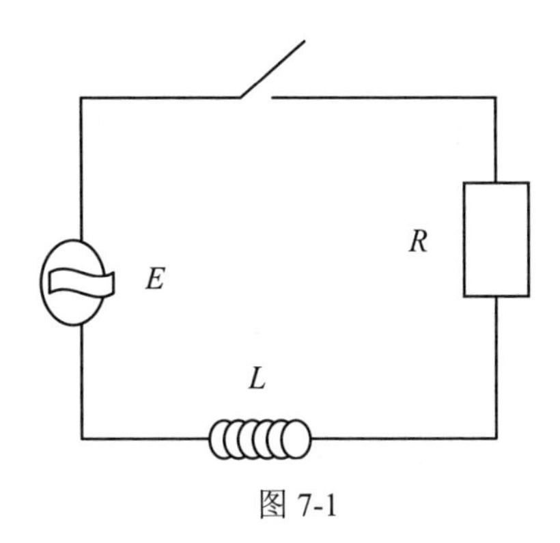

图 7-1

解 设任一时刻 t 的电流为 $i(t)$．电流在电阻 R 上产生一个电压降 $u_R = Ri$，在电感 L 上产生一个电压降 $u_L = L\dfrac{\mathrm{d}i}{\mathrm{d}t}$，由回路电压定律知，各元件上的电压降的代数和等于电动势，即

$$u_R + u_L = E，$$

也即

$$Ri + L\frac{\mathrm{d}i}{\mathrm{d}t} = E_0\cos\omega t．$$

整理上述微分方程，得

$$\frac{\mathrm{d}i}{\mathrm{d}t} + \frac{R}{L}i = \frac{E_0}{L}\cos\omega t．$$

这是一个一阶线性非齐次方程，利用求解公式得

$$\begin{aligned} i &= \mathrm{e}^{-\int\frac{R}{L}\mathrm{d}t}\left(C + \int\frac{E_0}{L}\mathrm{e}^{\int\frac{R}{L}\mathrm{d}t}\cos\omega t\mathrm{d}t\right) \\ &= C\mathrm{e}^{-\frac{R}{L}t} + \frac{E_0}{R^2+\omega^2L^2}(R\cos\omega t + \omega L\sin\omega t). \end{aligned}$$

将初始条件 $i|_{t=0} = 0$ 代入上式，得 $C = -\dfrac{RE_0}{R^2+\omega^2L^2}$．

从而所求的特解为

$$i(t) = \frac{E_0}{R^2+\omega^2L^2}\left(-R\mathrm{e}^{-\frac{R}{L}t} + R\cos\omega t + \omega L\sin\omega t\right)．$$

练习题 7.4

1．求下列微分方程的通解：

（1）$y' - 2y = \mathrm{e}^x$；

（2）$y' - y\cos x = \mathrm{e}^{\sin x}$；

（3）$y' - \frac{2}{x+1}y = (x+1)^2$.

2．求下列微分方程满足初始条件的特解：

（1）$\frac{\mathrm{d}y}{\mathrm{d}x} + \frac{2y}{x} = \frac{x-1}{x^2}, y|_{x=1} = 0$；

（2）$y' - y\tan x = \sec x, y|_{x=0} = 0$.

3．设降落伞从跳伞塔下落后，所受空气阻力与速度成正比，并设降落伞离开跳伞塔时 $(t=0)$ 速度为零，求降落伞下落速度 $v(t)$ 与时间 t 的函数关系.

7.5 二阶线性微分方程

我们已经对一阶线性微分方程非常熟悉，它的标准型为 $y' + P(x)y = Q(x)$. 类似地，可以给出二阶线性微分方程的标准型.

7.5.1 二阶线性微分方程的定义

定义 7.9 形如

$$y'' + p(x)y' + q(x)y = f(x) \tag{7.19}$$

的二阶微分方程，称为关于 y, y', y'' 的**二阶线性微分方程**，简称**二阶线性方程**. $f(x)$ 称为自由项，其中 $p(x), q(x)$ 和 $f(x)$ 都是已知的连续函数.

这类方程的特点是：

（1）右边是已知的关于自变量 x 的函数；

（2）左边的每项中仅含 y'' 或 y' 或 y，且 y''，y'，y 都是一次.

例如，$y'' + xy' + y = x^2$ 是二阶线性方程，而 $y'' + xy' + y^2 = x^2$ 就不是二阶线性方程.

特殊地，当自由项 $f(x) \equiv 0$ 时，方程

$$y'' + p(x)y' + q(x)y = 0 \tag{7.20}$$

称为**二阶线性齐次微分方程**.

当自由项 $f(x)$ 不恒等于零时，方程

$$y'' + p(x)y' + q(x)y = f(x)$$

称为**二阶线性非齐次微分方程**.

为了寻求二阶线性方程的解法，我们需要先讨论二阶线性微分方程解的结构.

7.5.2 二阶线性齐次微分方程解的性质

定理 7.1 如果函数 $y_1(x), y_2(x)$ 是二阶线性齐次微分方程 $y'' + p(x)y' + q(x)y = 0$ 的两个解，则函数 $y = C_1y_1(x) + C_2y_2(x)$ 仍为该方程的解，其中 C_1, C_2 是

任意常数.

定理 7.1 表明，二阶线性齐次微分方程的解具有叠加性. 当我们已知二阶线性齐次微分方程 $y''+p(x)y'+q(x)y=0$ 的两个解 $y_1(x), y_2(x)$ 时，很容易写出含有两个任意常数的解 $C_1y_1(x)+C_2y_2(x)$. 进一步思考 $C_1y_1(x)+C_2y_2(x)$ 是该方程的通解吗？下面通过例题给出结论.

例 7.12 已知 $y_1(x)=\mathrm{e}^{-x}, y_2(x)=\mathrm{e}^{2-x}, y_3(x)=\mathrm{e}^{2x}$ 都是二阶线性齐次微分方程 $y''-y'-2y=0$ 的解，验证：

（1） $C_1y_1(x)+C_2y_2(x)$ 是原方程的解，但不是通解；

（2） $C_1y_1(x)+C_3y_3(x)$ 是原方程的解，且是通解.

解 （1）令 $y=C_1y_1(x)+C_2y_2(x)=C_1\mathrm{e}^{-x}+C_2\mathrm{e}^{2-x}$ ，则

$$y'=-C_1\mathrm{e}^{-x}-C_2\mathrm{e}^{2-x}，\quad y''=C_1\mathrm{e}^{-x}+C_2\mathrm{e}^{2-x}.$$

把 y, y', y'' 代入原方程，得

$$左边=C_1\mathrm{e}^{-x}+C_2\mathrm{e}^{2-x}-(-C_1\mathrm{e}^{-x}-C_2\mathrm{e}^{2-x})-2(C_1\mathrm{e}^{-x}+C_2\mathrm{e}^{2-x})=0=右边，$$

所以 $C_1y_1(x)+C_2y_2(x)$ 是原方程的解.

而 $$\begin{aligned}C_1y_1(x)+C_2y_2(x)&=C_1\mathrm{e}^{-x}+C_2\mathrm{e}^{2-x}=\mathrm{e}^{-x}(C_1+\mathrm{e}^2C_2)\\&=C\mathrm{e}^{-x}\ （令 C=C_1+\mathrm{e}^2C_2）.\end{aligned}$$

实质上该解只含一个任意常数，而原方程是二阶微分方程，故 $C_1y_1(x)+C_2y_2(x)$ 不是通解.

（2）令 $y=C_1y_1(x)+C_3y_3(x)=C_1\mathrm{e}^{-x}+C_3\mathrm{e}^{2x}$ ，则

$$y'=-C_1\mathrm{e}^{-x}+2C_3\mathrm{e}^{2x}，\quad y''=C_1\mathrm{e}^{-x}+4C_3\mathrm{e}^{2x}.$$

把 y, y', y'' 代入原方程，得

$$左边=C_1\mathrm{e}^{-x}+4C_3\mathrm{e}^{2x}-(-C_1\mathrm{e}^{-x}+2C_3\mathrm{e}^{2x})-2(C_1\mathrm{e}^{-x}+C_3\mathrm{e}^{2x})=0=右边，$$

所以 $C_1y_1(x)+C_3y_3(x)$ 是原方程的解.

又因两个任意常数 C_1, C_3 不可能合并为一个任意常数，而原方程是二阶微分方程，所以 $C_1y_1(x)+C_3y_3(x)$ 是原方程的通解.

从上面的例子，我们看到虽然函数 $y_1(x)$, $y_2(x)$ 是二阶常系数线性齐次微分方程 $y''+py'+qy=0$ 的两个解，但 $C_1y_1(x)+C_2y_2(x)$ 不一定是它的通解. 那么我们就会问，在什么情况下， $C_1y_1(x)+C_2y_2(x)$ 才是通解呢？为此，需要引进一个新的概念，线性相关与线性无关.

定义 7.10 设函数 $y_1(x), y_2(x)$ 是定义在某区间 I 上的两个函数，如果 $\dfrac{y_1(x)}{y_2(x)}$ 恒为常数，则称它们线性相关；如果 $\dfrac{y_1(x)}{y_2(x)}$ 不恒为常数，则它们线性无关.

例如， $y_1(x)=x$ 与 $y_2(x)=3x$ ，因为 $\dfrac{y_1(x)}{y_2(x)}=\dfrac{x}{3x}=\dfrac{1}{3}$ ，所以 $y_1(x)=x$ 与 $y_2(x)=3x$

是线性相关的.

又如，$y_1(x)=x$ 与 $y_3(x)=\sin x$，因为 $\dfrac{y_1(x)}{y_3(x)}=\dfrac{x}{\sin x}$ 不恒为一常数，所以 $y_1(x)=x$ 与 $y_3(x)=\sin x$ 是线性无关的.

定理 7.2 如果函数 $y_1(x),y_2(x)$ 是二阶线性齐次微分方程

$$y''+p(x)y'+q(x)y=0$$

的两个特解，且 $y_1(x)$ 与 $y_2(x)$ 是线性无关的，则函数 $Y=C_1y_1(x)+C_2y_2(x)$ 是该方程的通解，其中 C_1,C_2 是任意常数.

根据定理 7.2，求二阶线性齐次微分方程 $y''+p(x)y'+q(x)y=0$ 的通解的一般步骤：

（1）求出它的两个线性无关的特解 $y_1(x)$ 与 $y_2(x)$；

（2）通解为 $Y=C_1y_1(x)+C_2y_2(x)$.

7.5.3 二阶线性非齐次微分方程解的性质

定理 7.3 如果函数 y^* 是二阶线性非齐次微分方程 $y''+p(x)y'+q(x)y=f(x)$ 的一个特解，Y 是 $y''+p(x)y'+q(x)y=0$ 的通解，则 $y=y^*+Y$ 是二阶线性非齐次微分方程 $y''+p(x)y'+q(x)y=f(x)$ 的通解.

根据定理 7.3，求二阶线性非齐次微分方程 $y''+p(x)y'+q(x)y=f(x)$ 的通解的一般步骤：

（1）求出与其对应的二阶线性齐次微分方程的两个线性无关的特解 $y_1(x)$ 与 $y_2(x)$，得该齐次微分方程的通解 $Y=C_1y_1(x)+C_2y_2(x)$；

（2）求出二阶线性非齐次微分方程 $y''+p(x)y'+q(x)y=f(x)$ 的一个特解 y^*；

（3）写出二阶线性非齐次微分方程 $y''+p(x)y'+q(x)y=f(x)$ 的通解：$y=y^*+Y$.

定理 7.4 设二阶线性非齐次微分方程 $y''+p(x)y'+q(x)y=f_1(x)+f_2(x)$，且 y_1^*，y_2^* 分别是方程 $y''+p(x)y'+q(x)y=f_1(x)$ 和方程 $y''+p(x)y'+q(x)y=f_2(x)$ 的特解，则 $y_1^*+y_2^*$ 是方程 $y''+p(x)y'+q(x)y=f_1(x)+f_2(x)$ 的特解.

练习题 7.5

1. 判断下列微分方程是否为线性方程：

（1）$y''+y^2-x=0$；（2）$(y'')^2+y+x=0$；

（3）$x\dfrac{d^2y}{dx^2}+y=0$；（4）$\dfrac{d^2y}{dx^2}+2\dfrac{dy}{dx}+y=\cos x$.

2. 验证 $y_1=\cos\omega x$ 及 $y_2=\sin\omega x$ 都是方程 $y''+\omega^2y=0$ 的解，并写出方程的通解.

7.6 二阶常系数线性微分方程

7.6.1 二阶常系数线性微分方程的定义

定义 7.11 形如

$$y'' + py' + qy = f(x) \tag{7.21}$$

的二阶微分方程，称为关于 y, y', y'' 的**二阶常系数线性微分方程**. 其中 p,q 都是已知的常数，$f(x)$ 是已知的函数，称为自由项.

特殊地，(1) 当自由项 $f(x) \equiv 0$ 时，方程

$$y'' + py' + qy = 0 \tag{7.22}$$

称为**二阶常系数线性齐次微分方程**.

(2) 当自由项 $f(x)$ 不恒等于零时，方程

$$y'' + py' + qy = f(x)$$

称为**二阶常系数线性非齐次微分方程**.

通常把方程 (7.22) 称为方程 (7.21) 所对应的二阶常系数线性齐次方程.

7.6.2 二阶常系数线性齐次微分方程的解法

二阶常系数线性微分方程就是二阶线性微分方程的特殊情况，所以二阶线性微分方程解的性质对于二阶常系数线性微分方程同样适用. 根据定理 7.2，求二阶线性齐次微分方程 $y'' + p(x)y' + q(x)y = 0$ 的通解的一般步骤：

(1) 求出它的两个线性无关的特解 $y_1(x)$ 与 $y_2(x)$；

(2) 通解为 $y = C_1y_1(x) + C_2y_2(x)$.

对于一个二阶常系数线性齐次微分方程 $y'' + py' + qy = 0$，怎样找出它的两个线性无关的特解呢？

先分析方程 $y'' + py' + qy = 0$ 的特点：方程的左边是未知函数与未知函数的一阶导数、二阶导数的某种线性组合，且它们分别乘以“适当”的常数后，可合并成为零，这就是说，适合于该方程的函数必须与其一阶导数、二阶导数只差一个常数因子，而具有此特征的最简单的函数是 $y = \mathrm{e}^{rx}$（其中 r 为待定常数)，为此

设方程的特解为 $y = \mathrm{e}^{rx}$（r 为待定常数)，则 $y' = r\mathrm{e}^{rx}, y'' = r^2\mathrm{e}^{rx}$. 把 y, y', y'' 代入方程，得

$$\mathrm{e}^{rx}(r^2 + pr + q) = 0 .$$

由于 $\mathrm{e}^{rx} \neq 0$，故得

$$r^2 + pr + q = 0 . \tag{7.23}$$

这就是说，只要待定常数 r 是一元二次方程 $r^2 + pr + q = 0$ 的根时，$y = \mathrm{e}^{rx}$ 就

是二阶常系数线性齐次微分方程 $y''+py'+qy=0$ 的解．我们称一元二次方程 $r^2+pr+q=0$ 是二阶常系数线性齐次微分方程 $y''+py'+qy=0$ 的特征方程，一元二次方程 $r^2+pr+q=0$ 的根称为二阶常系数线性齐次微分方程 $y''+py'+qy=0$ 的特征根．

综上所述，我们知道求二阶常系数线性齐次微分方程的解，只需先找出它的特征根．

由于特征方程 $r^2+pr+q=0$ 是一个一元二次方程，它的根有三种情况，下面分别进行讨论：

1．当判别式 $\Delta=p^2-4q>0$ 时，特征方程 $r^2+pr+q=0$ 有两个不相等的实根 r_1,r_2，即 $r_1\neq r_2$．这时微分方程（7.22）有两个特解 $y_1(x)=\mathrm{e}^{r_1x},y_2(x)=\mathrm{e}^{r_2x}$，且 $y_1(x),y_2(x)$ 线性无关，因而微分方程（7.22）的通解为

$$y=C_1y_1(x)+C_2y_2(x)=C_1\,\mathrm{e}^{r_1x}+C_2\,\mathrm{e}^{r_2x}.$$

2．当判别式 $\Delta=p^2-4q=0$ 时，特征方程 $r^2+pr+q=0$ 有两个相等的实根 r_1,r_2，且 $r_1=r_2=-\dfrac{p}{2}$．这时微分方程（7.22）只有一个特解 $y_1(x)=\mathrm{e}^{r_1x}$，为此还要找另一个与 $y_1(x)$ 线性无关的特解 $y_2(x)$（即 $\dfrac{y_2(x)}{y_1(x)}$ 不恒等于常数）．于是设

$$y_2(x)=u(x)y_1(x)=u(x)\mathrm{e}^{r_1x}$$

是微分方程（7.22）的另一个特解．由 $y_2(x)=u(x)\mathrm{e}^{r_1x}$，得

$$y_2'(x)=\mathrm{e}^{r_1x}(u'+r_1u)，\quad y_2''(x)=\mathrm{e}^{r_1x}(u''+2r_1u'+r_1^2u).$$

将 y_2,y_2',y_2'' 代入方程 $y''+py'+qy=0$ 中，得

$$\mathrm{e}^{r_1x}[u''+(2r_1+p)u'+(r_1^2+pr_1+q)u]=0.$$

由于 $r_1=-\dfrac{p}{2}$ 是特征方程的根，所以有 $2r_1+p=0$，$r_1^2+pr_1+q=0$，且 $\mathrm{e}^{r_1x}\neq0$，于是

$$u''=0.$$

对上式积分两次，得 $u(x)=C_1x+C_2$，其中 C_1,C_2 是任意常数．

为简便起见，令 $C_1=1,C_2=0$，即取 $u(x)=x$．由此，得方程的另一个特解为 $y_2(x)=x\mathrm{e}^{r_1x}$．

故当特征根 $r_1=r_2$ 时，微分方程（7.22）的两个特解分别取为 $y_1(x)=\mathrm{e}^{r_1x}$，$y_2(x)=x\mathrm{e}^{r_1x}$，因而微分方程（7.22）的通解为

$$y=C_1y_1(x)+C_2y_2(x)=C_1\,\mathrm{e}^{r_1x}+C_2x\,\mathrm{e}^{r_1x}.$$

3．当判别式 $\Delta=p^2-4q<0$ 时，特征方程 $r^2+pr+q=0$ 有一对共轭复根 $r_1=\alpha+\mathrm{i}\beta$，$r_2=\alpha-\mathrm{i}\beta$，这时微分方程（7.22）有两个线性无关的复数特解：

$\overline{y}_1(x)=\mathrm{e}^{(\alpha+\mathrm{i}\beta)x}$，$\overline{y}_2(x)=\mathrm{e}^{(\alpha-\mathrm{i}\beta)x}$．为了便于在实数范围内讨论问题，我们希望找出两个线性无关的实数特解．

根据欧拉公式 $\mathrm{e}^{\mathrm{i}\beta}=\cos\beta+\mathrm{i}\sin\beta$，将 $\overline{y}_1(x)=\mathrm{e}^{(\alpha+\mathrm{i}\beta)x}$，$\overline{y}_2(x)=\mathrm{e}^{(\alpha-\mathrm{i}\beta)x}$ 改写为

$$\overline{y}_1(x)=\mathrm{e}^{(\alpha+\mathrm{i}\beta)x}=\mathrm{e}^{\alpha x+\mathrm{i}\beta x}=\mathrm{e}^{\alpha x}(\cos\beta x+\mathrm{i}\sin\beta x),$$
$$\overline{y}_2(x)=\mathrm{e}^{(\alpha-\mathrm{i}\beta)x}=\mathrm{e}^{\alpha x-\mathrm{i}\beta x}=\mathrm{e}^{\alpha x}(\cos\beta x-\mathrm{i}\sin\beta x).$$

令
$$y_1=\frac{1}{2}\overline{y}_1(x)+\frac{1}{2}\overline{y}_2(x)=\mathrm{e}^{\alpha x}\cos\beta x,$$
$$y_2=\frac{1}{2\mathrm{i}}\overline{y}_1(x)-\frac{1}{2\mathrm{i}}\overline{y}_2(x)=\mathrm{e}^{\alpha x}\sin\beta x.$$

根据定理 7.1，y_1,y_2 也是方程（7.22）的解，且 y_1,y_2 是两个线性无关的实数解，因此微分方程（7.22）的通解为

$$y=C_1y_1(x)+C_2y_2(x)=\mathrm{e}^{\alpha x}(C_1\cos\beta x+C_2\sin\beta x).$$

综上所述，求二阶常系数线性齐次微分方程通解的步骤是：

（1）写出二阶常系数线性齐次微分方程的特征方程；

（2）求出特征根；

（3）按表 7-1 写出微分方程的两个特解，从而得出通解．

表 7-1　二阶常系数线性齐次微分方程的特征根与通解的关系

特征根 r_1,r_2	特解 $y_1(x),y_2(x)$	通解 $y=C_1y_1(x)+C_2y_2(x)$
实根 $r_1\neq r_2$	$y_1(x)=\mathrm{e}^{r_1x}$，$y_2(x)=\mathrm{e}^{r_2x}$	$y=C_1\mathrm{e}^{r_1x}+C_2\mathrm{e}^{r_2x}$
实根 $r_1=r_2$	$y_1(x)=\mathrm{e}^{r_1x}$，$y_2(x)=x\mathrm{e}^{r_1x}$	$y=\mathrm{e}^{r_1x}(C_1+C_2x)$
共轭复根 $r_1=\alpha+\mathrm{i}\beta$ $r_2=\alpha-\mathrm{i}\beta$	$y_1(x)=\mathrm{e}^{\alpha x}\cos\beta x$ $y_2(x)=\mathrm{e}^{\alpha x}\sin\beta x$	$y=\mathrm{e}^{\alpha x}(C_1\cos\beta x+C_2\sin\beta x)$

上述求通解的方法，称为**特征根法**．

例 7.13　求方程 $y''+3y'-4y=0$ 的通解．

解　该方程的特征方程为 $r^2+3r-4=0$，解得特征根为 $r_1=1,r_2=-4$．

由于 $r_1\neq r_2$，方程两个线性无关的特解为 $y_1(x)=\mathrm{e}^{x},y_2(x)=\mathrm{e}^{-4x}$，所以原方程的通解为

$$y=C_1\mathrm{e}^{x}+C_2\mathrm{e}^{-4x}.$$

例 7.14　求方程 $y''-6y'+9y=0$ 的通解．

解　该方程的特征方程为 $r^2-6r+9=0$，解得特征根为 $r_1=r_2=3$．

由于 $r_1 = r_2$，方程两个线性无关的特解为 $y_1(x) = \mathrm{e}^{3x}, y_2(x) = x\mathrm{e}^{3x}$，所以原方程的通解为

$$y = \mathrm{e}^{3x}(C_1 + C_2 x).$$

例 7.15 求方程 $y'' - 2y' + 5y = 0$ 的通解.

解 该方程的特征方程为 $r^2 - 2r + 5 = 0$，解得特征根为：$r_1 = 1 + 2\mathrm{i}, r_2 = 1 - 2\mathrm{i}$. 这里 $\alpha = 1, \beta = 2$.

方程两个线性无关的特解为 $y_1(x) = \mathrm{e}^x \cos 2x, y_2(x) = \mathrm{e}^x \sin 2x$，所以原方程的通解为

$$y = \mathrm{e}^x (C_1 \cos 2x + C_2 \sin 2x).$$

例 7.16 求方程 $y'' - 4y' + 4y = 0$ 满足初始条件 $y|_{x=0} = 1, y'|_{x=0} = 4$ 的特解.

解 该方程的特征方程为 $r^2 - 4r + 4 = 0$，解得特征根为 $r_1 = r_2 = 2$.

由于 $r_1 = r_2$，方程两个线性无关的特解为 $y_1(x) = \mathrm{e}^{2x}, y_2(x) = x\mathrm{e}^{2x}$，所以原方程的通解为

$$y = C_1 \mathrm{e}^{2x} + C_2 x \mathrm{e}^{2x}.$$

为了求特解，对上式求导，得

$$y' = C_2 \mathrm{e}^{2x} + 2(C_1 + C_2 x)\mathrm{e}^{2x}.$$

将初始条件 $y|_{x=0} = 1, y'|_{x=0} = 4$ 分别代入以上两式，得 $C_1 = 1, C_2 = 2$.

于是所求的特解为

$$y = (1 + 2x)\mathrm{e}^{2x}.$$

7.6.3 二阶常系数线性非齐次微分方程的解法

二阶常系数线性非齐次微分方程的一般形式是

$$y'' + py' + qy = f(x). \tag{7.24}$$

前面我们已经讨论了求二阶线性非齐次微分方程 $y'' + p(x)y' + q(x)y = f(x)$ 的通解的一般步骤. 类似地，因为求二阶常系数线性齐次微分方程的通解问题已经解决，所以求二阶常系数线性非齐次微分方程的通解，关键在于求出它的一个特解 y^*.

下面仅对自由项属于某些特殊类型的函数，介绍如何求特解 y^*.

1. $f(x) = P_n(x)\mathrm{e}^{\lambda x}$ 型

在 $f(x) = P_n(x)\mathrm{e}^{\lambda x}$ 中，λ 是常数，$P_n(x)$ 是一个已知的 n 次多项式，即

$$P_n(x) = a_0 x^n + a_1 x^{n-1} + a_2 x^{n-2} + \cdots + a_{n-1}x + a_n.$$

这时，方程（7.24）为

$$y'' + py' + qy = P_n(x)\mathrm{e}^{\lambda x}.$$

由于方程（7.24）右端的自由项 $P_n(x)\mathrm{e}^{\lambda x}$ 是多项式与指数函数乘积的形式，而

多项式与指数函数乘积的各阶导数仍是多项式与指数函数的乘积，考虑到 p,q 是常数，可以设想方程（7.24）的特解为某个多项式 $Q(x)$ 与 $e^{\lambda x}$ 的乘积.

不妨设方程（7.24）的特解为 $y^* = Q(x)e^{\lambda x}$，则

$$y^{*\prime} = Q'(x)e^{\lambda x} + \lambda Q(x)e^{\lambda x},$$

$$y^{*\prime\prime} = Q''(x)e^{\lambda x} + 2\lambda Q'(x)e^{\lambda x} + \lambda^2 Q(x)e^{\lambda x},$$

把 y^*，$y^{*\prime}$，$y^{*\prime\prime}$ 代入方程（7.24），得

$$[Q''(x)e^{\lambda x} + 2\lambda Q'(x)e^{\lambda x} + \lambda^2 Q(x)e^{\lambda x}] + p[Q'(x)e^{\lambda x} + \lambda Q(x)e^{\lambda x}] + qQ(x)e^{\lambda x} = P_n(x)e^{\lambda x},$$

整理得

$$Q''(x) + (2\lambda + p)Q'(x) + (\lambda^2 + p\lambda + q)Q(x) = P_n(x). \tag{7.25}$$

上式右端是一个 n 次多项式，所以左端也应该是 n 次多项式，由于多项式每求一次导数，就要降低一次次幂，故有三种情形：

（1）当 $\lambda^2 + p\lambda + q \neq 0$ 时，即 λ 不是特征方程 $r^2 + pr + q = 0$ 的根时，则 $Q(x)$ 必须与 $P_n(x)$ 是同次多项式，即 $Q(x)$ 是一个 n 次多项式，可设

$$Q(x) = b_0x^n + b_1x^{n-1} + b_2x^{n-2} + \cdots + b_{n-1}x + b_n = Q_n(x), \tag{7.26}$$

其中 $b_0, b_1, b_2, \cdots, b_{n-1}, b_n$ 为 $n+1$ 个待定系数，将 $Q(x)$ 代入式（7.25），比较等式两边同次幂的系数，就可得到以 $b_0, b_1, b_2, \cdots, b_{n-1}, b_n$ 为未知数的线性方程联立的方程组，从而求出 $b_0, b_1, b_2, \cdots, b_{n-1}, b_n$，即确定出 $Q(x)$ 的表达式，于是可得到方程（7.24）的一个特解 $y^* = Q(x)e^{\lambda x}$.

（2）当 $\lambda^2 + p\lambda + q = 0$，而 $2\lambda + p \neq 0$ 时，即 λ 是特征方程 $r^2 + pr + q = 0$ 的单根时，则 $Q'(x)$ 与 $P_n(x)$ 是同次多项式，即 $Q'(x)$ 是一个 n 次多项式，可设

$$Q(x) = xQ_n(x) = x(b_0x^n + b_1x^{n-1} + b_2x^{n-2} + \cdots + b_{n-1}x + b_n),$$

同样将 $Q(x)$ 代入式（7.25），便可得 $Q_n(x)$ 的 $n+1$ 个待定系数，从而得到方程（7.24）的一个特解 $y^* = xQ_n(x)e^{\lambda x}$.

（3）当 $\lambda^2 + p\lambda + q = 0$，　$2\lambda + p = 0$ 时，即 λ 是特征方程 $r^2 + pr + q = 0$ 的二重特征根，则 $Q''(x)$ 与 $P_n(x)$ 是同次多项式，即 $Q''(x)$ 是一个 n 次多项式，可设

$$Q(x) = x^2Q_n(x) = x^2(b_0x^n + b_1x^{n-1} + b_2x^{n-2} + \cdots + b_{n-1}x + b_n),$$

同样将 $Q(x)$ 代入式（7.25），便可得 $Q_n(x)$ 的 $n+1$ 个待定系数，从而得到方程（7.24）的一个特解 $y^* = x^2Q_n(x)e^{\lambda x}$.

综上所述，我们有如下结论：

二阶常系数线性非齐次微分方程

$$y'' + py' + qy = P_n(x)e^{\lambda x},$$

具有形如

$$y^* = x^kQ_n(x)e^{\lambda x}$$

的特解，其中 $Q_n(x)$ 为 n 次多项式，它的 $n+1$ 个待定系数可通过把 $Q(x)=x^kQ_n(x)$ 代入式（7.25）而得，或直接把特解 $y^*=x^kQ_n(x)e^{\lambda x}$ 代入方程（7.24）而得．而 k 的取值由以下方法确定：

$$k=\begin{cases}0, & \lambda\text{不是特征根},\\ 1, & \lambda\text{是特征单根},\\ 2, & \lambda\text{是特征重根}.\end{cases}$$

特殊地，如果我们遇到自由项 $f(x)=P_n(x)$ 时，可以看作 $\lambda=0$；自由项 $f(x)=e^{\lambda x}$ 时，看作 $P_n(x)=1$．同样按上述方法来求特解．

例 7.17 求方程 $y''-2y'+y=x^2$ 的一个特解．

解 该方程对应的线性齐次方程的特征方程为 $r^2-2r+1=0$，解得特征根为 $r_1=r_2=1$．

自由项 $f(x)=x^2$，这里 $\lambda=0$ 不是特征根，$P_n(x)=x^2$ 是二次多项式，所以设特解为

$$y^*=x^kQ_n(x)e^{\lambda x}=x^0(b_0x^2+b_1x+b_2)e^{0x}=b_0x^2+b_1x+b_2.$$

求导，得

$$y^{*\prime}=2b_0x+b_1,$$

$$y^{*\prime\prime}=2b_0,$$

将 y^*，$y^{*\prime}$ 及 $y^{*\prime\prime}$ 代入原方程，化简整理，得

$$b_0x^2+(b_1-4b_0)x+(b_2-2b_1+2b_0)=x^2.$$

分别比较两端 x 的同次幂的系数，得

$$\begin{cases}b_0=1,\\ b_1-4b_0=0,\\ b_2-2b_1+2b_0=0.\end{cases}$$

解得

$$b_0=1,b_1=4,b_2=6.$$

故所求特解为 $y^*=x^2+4x+6$．

例 7.18 求方程 $y''-3y'+2y=xe^{2x}$ 的通解．

解 该方程对应的线性齐次方程的特征方程为 $r^2-3r+2=0$，解得特征根为 $r_1=1,r_2=2$．由于 $r_1\neq r_2$，齐次方程有两个线性无关的特解为 $y_1(x)=e^x,y_2(x)=e^{2x}$，故原方程对应的齐次方程的通解为

$$Y=C_1e^x+C_2e^{2x}.$$

因为 $f(x)=xe^{2x}$，这里 $\lambda=2$ 是特征单根，$P_n(x)=x$ 是一次多项式，所以设原方程的特解为

$$y^*=x^kQ_n(x)\mathrm{e}^{\lambda x}=x(b_0x+b_1)\mathrm{e}^{2x}=(b_0x^2+b_1x)\mathrm{e}^{2x}.$$

求导，得

$$y^{*\prime}=(2b_0x\mathrm{e}^{2x}+b_1\mathrm{e}^{2x})+2\mathrm{e}^{2x}(b_0x^2+b_1x)=[2b_0x^2+(2b_1+2b_0)x+b_1]\mathrm{e}^{2x},$$

$$y^{*\prime\prime}=[4b_0x^2+(8b_0+4b_1)x+(2b_0+4b_1)]\mathrm{e}^{2x},$$

将 y^*，$y^{*\prime}$ 及 $y^{*\prime\prime}$ 代入原方程，化简整理，得

$$2b_0x+(2b_0+b_1)=x.$$

分别比较两端 x 的同次幂的系数，得

$$\begin{cases}2b_0=1,\\2b_0+b_1=0.\end{cases}$$

解方程组得 $b_0=\dfrac{1}{2}$，$b_1=-1$．从而得特解

$$y^*=x\left(\frac{1}{2}x-1\right)\mathrm{e}^{2x}.$$

故原方程的通解为

$$y=Y+y^*=C_1\mathrm{e}^x+C_2\mathrm{e}^{2x}+x\left(\frac{1}{2}x-1\right)\mathrm{e}^{2x}.$$

2. $f(x)=\mathrm{e}^{\alpha x}(A\cos\beta x+B\sin\beta x)$ 型

方程（7.24）成为 $y''+py'+qy=\mathrm{e}^{\alpha x}(A\cos\beta x+B\sin\beta x)$，其中 A,B,α,β 是常数. 可以证明该方程的特解为 $y^*=x^k\mathrm{e}^{\alpha x}(a\cos\beta x+b\sin\beta x)$. 其中 a,b 是待定常数，k 的取值由以下方法确定：

$$k=\begin{cases}0，&\alpha+\beta\mathrm{i}\text{不是特征根},\\1，&\alpha+\beta\mathrm{i}\text{是特征根}.\end{cases}$$

例 7.19 求方程 $y''+3y'+2y=\mathrm{e}^{-x}\cos x$ 的一个特解.

解 该方程对应的线性齐次方程的特征方程为 $r^2+3r+2=0$，解得特征根为 $r_1=-1,r_2=-2$.

自由项 $f(x)=\mathrm{e}^{-x}\cos x$，由于 $A=1,B=0,\alpha=-1,\beta=1$． $\alpha+\beta\mathrm{i}=-1+\mathrm{i}$ 不是特征根，所以设特解为

$$y^*=x^0\mathrm{e}^{-x}(a\cos x+b\sin x)=\mathrm{e}^{-x}(a\cos x+b\sin x).$$

求导，得

$$y^{*\prime}=\mathrm{e}^{-x}[(b-a)\cos x-(a+b)\sin x],$$

$$y^{*\prime\prime}=\mathrm{e}^{-x}(-2b\cos x+2a\sin x),$$

将 y^*，$y^{*\prime}$ 及 $y^{*\prime\prime}$ 代入原方程，化简整理，得

$$(b-a)\cos x+(b+a)\sin x=\cos x.$$

比较两端同类项的系数，有

$$\begin{cases} b-a=1, \\ b+a=0. \end{cases}$$

求得

$$\begin{cases} a=-\dfrac{1}{2}, \\ b=\dfrac{1}{2}. \end{cases}$$

于是，所求特解为 $y^*=\mathrm{e}^{-x}\left(-\dfrac{1}{2}\cos x+\dfrac{1}{2}\sin x\right)$.

特殊地，如果我们遇到自由项 $f(x)=A\cos\beta x+B\sin\beta x$ 时，可以看作 $\alpha=0$. 同样按上述方法来求特解.

例 7.20 求方程 $y''+3y'+2y=10\cos 2x$ 的一个特解.

解 该方程对应的线性齐次方程的特征方程为 $r^2+3r+2=0$ ，解得特征根为 $r_1=-1, r_2=-2$.

自由项 $f(x)=10\cos 2x$ ，这里 $A=10, B=0, \alpha=0, \beta=2$. $\alpha+\beta\mathrm{i}=2\mathrm{i}$ 不是特征根，所以设特解为

$$y^*=x^0\mathrm{e}^{0x}(a\cos 2x+b\sin 2x)=a\cos 2x+b\sin 2x .$$

求导，得

$$y^{*\prime}=-2a\sin 2x+2b\cos 2x ,$$

$$y^{*\prime\prime}=-4a\cos 2x-4b\sin 2x ,$$

将 y^*， $y^{*\prime}$ 及 $y^{*\prime\prime}$ 代入原方程，化简整理，得

$$(-2a+6b)\cos 2x+(-2b-6a)\sin 2x=10\cos 2x .$$

比较两端同类项的系数，有

$$\begin{cases} -2a+6b=10, \\ -2b-6a=0. \end{cases}$$

求得

$$\begin{cases} a=-0.5, \\ b=1.5. \end{cases}$$

于是，所求特解为 $y^*=-0.5\cos 2x+1.5\sin 2x$.

练习题 7.6

1．求下列微分方程的通解：

（1） $y''+y'-2y=0$ ；　　（2） $y''+2y'+5y=0$ ；

（3） $y''+2y'+y=0$；（4） $x''+2nx'+\omega^2x=0 \quad (n>\omega)$.

2．求微分方程满足初始条件的特解：

（1） $y''-4y'+13y=0, y|_{x=0}=0, y'|_{x=0}=3$；

（2） $y''-y=4xe^x, y|_{x=0}=0, y'|_{x=0}=1$.

3．求下列微分方程的通解：

（1） $y''+2y'-3y=e^x$；（2） $y''+y=\sin x$.

习题七

1．选择题

（1）微分方程 $y''+(y')^2+xy=5$ 的阶数是（　　）.

A．0　　B．1

C．2　　D．3

（2）下列函数中，（　　）是微分方程 $y''+y=0$ 的解.

A． $y=x$　　B． $y=\ln x$

C． $y=\cos x$　　D． $y=e^x$

（3）方程 $\frac{d^2y}{dx^2}+\left(\frac{dy}{dx}\right)^3+2x=0$ 的通解中应包含的任意常数的个数是（　　）.

A．1　　B．2

C．3　　D．0

（4）如果函数 y_1,y_2 是微分方程 $y''+py'+qy=0$ 的两个解，则 $C_1y_1+C_2y_2$ 是该方程的（　　）.

A．解　　B．通解

C．特解　　D．以上都不是

（5）微分方程 $\frac{d^2x}{dt^2}+\omega^2x=0$ 的通解是（　　）.

A． $x=C_1\cos\omega t+C_2\sin\omega t$　　B． $\cos\omega t$

C． $\sin\omega t$　　D． $\cos\omega t+\sin\omega t$

（6）下列方程中是线性方程的是（　　）.

A． $\left(\frac{dy}{dx}\right)^2+xy=3$　　B． $\frac{dy}{dx}+xy^2=1$

C． $y''-y'y^2+3e^x+\cos x=5$　　D． $y''-ax^2y'-3xy=e^x$

（7）微分方程 $\frac{d^2s}{dt^2}+2\frac{ds}{dt}+s=0$ 的两个线性无关的特解是（　　）.

A． e^t 与 e^{-t}　　B． e^t 与 te^t

C. e^{-t}与te^{-t}　　D. 以上都不是

（8）微分方程 $y''+4y=\sin x$ 的一条积分曲线过点 $(0,1)$，并在这一点与直线 $y=1$ 相切，那么这条曲线方程是微分方程的一个特解，这个特解满足的初始条件是（　　）.

A. $y|_{x=0}=1$　　B. $y'|_{x=0}=0$

C. $y'|_{x=0}=1$　　D. $y|_{x=0}=1$，$y'|_{x=0}=0$

（9）方程 $x\dfrac{du}{dx}=2u-2\sqrt{u}$ 的通解是（　　）.

A. $\sqrt{u}-1=Cx$　　B. $\sqrt{u}-1=2x$

C. $\sqrt{u}-1=C+x$　　D. $\sqrt{u}-1=x$

（10）微分方程 $\sin x\cos y\mathrm{d}x=\cos x\sin y\mathrm{d}y$ 满足初始条件 $y|_{x=0}=\dfrac{\pi}{4}$ 的特解是（　　）.

A. $\sin y=\dfrac{\sqrt{2}}{2}\sin x$　　B. $\cos y=\dfrac{\sqrt{2}}{2}\sin x$

C. $\sin y=\dfrac{\sqrt{2}}{2}\cos x$　　D. $\cos y=\dfrac{\sqrt{2}}{2}\cos x$

2．填空题

（1）微分方程 $y''-y=0$ 的特征方程是__________.

（2）微分方程 $y''+2y'+y=0$ 的特征根是__________.

（3）微分方程 $y''+y=0$ 的两个线性无关的特解是__________.

（4）微分方程 $y''+4y=0$ 的通解是__________.

（5）二阶常系数齐次线性微分方程的特征根为 $r_1=-1$，$r_2=1$，则此方程的通解为__________.

（6）一曲线过原点且在每点处的切线斜率等于 $3x$，则曲线的方程为__________.

（7）写出微分方程 $y''+2y'+5y=e^{-x}\sin 2x$ 的一个特解形式__________.

（8）设曲线过点 $(1,1)$，且其上任意点 P 的切线在 y 轴上的截距是切点纵坐标的 3 倍，则此曲线方程__________.

3．求下列微分方程的通解或特解：

（1）求 $xy'+y=e^x$ 满足 $y|_{x=1}=e$ 的特解；

（2）$x\dfrac{dy}{dx}+y=xy\dfrac{dy}{dx}$；

（3）$\dfrac{dy}{dx}=\dfrac{2(\ln x-y)}{x}$；

（4）$y''+y'-2y=0$；

（5） $4y''+4y'+y=0, y|_{x=0}=2, y'|_{x=0}=0$ ；

（6） $y''-2y'+2y=\mathrm{e}^{-x}\sin x$.

4．综合题

（1）设 $f(x)$ 为连续函数，且满足 $\int_0^x f(t)\mathrm{d}t=\mathrm{e}^x-f(x)$ ，求 $f(x)$.

（2）设一容器内原有50 L 盐水，内含10kg 的盐，现以3L/min 的均匀速率注入质量浓度为0.01kg/L 的淡盐水（假定注入后立刻混合），同时又以2L/min 的均匀速率抽出混合均匀的盐水．求容器内盐量变化的数学模型.

附录　初等数学常用公式

（一）代数

1．绝对值

（1）定义：$|a|=\begin{cases} a, & a\geqslant 0, \\ -a, & a<0. \end{cases}$

（2）性质：$\sqrt{a^2}=|a|$；$|a|=|-a|$；　$-|a|\leqslant a\leqslant |a|$；

$|ab|=|a||b|$；　$\left|\dfrac{a}{b}\right|=\dfrac{|a|}{|b|}(b\neq 0)$；

$|a|\leqslant b\ (b>0)\Leftrightarrow -b\leqslant a\leqslant b, |a|\geqslant b\ (b>0)\Leftrightarrow a\geqslant b$ 或 $a\leqslant -b$；

$|a\pm b|\leqslant |a|+|b|$；

$|a\pm b|\geqslant |a|-|b|$.

2．指数

（1）$a^m\cdot a^n=a^{m+n}$；　（2）$\dfrac{a^m}{a^n}=a^{m-n}$；

（3）$(a^m)^n=a^{mn}$；　（4）$(ab)^m=a^m\cdot b^m$；

（5）$\left(\dfrac{a}{b}\right)^m=\dfrac{a^m}{b^m}$；　（6）$a^{\frac{m}{n}}=\sqrt[n]{a^m}$；

（7）$a^{-m}=\dfrac{1}{a^m}$；　（8）$a^0=1\ (a\neq 0)$.

3．对数

设 $a>0, a\neq 1$, 则

（1）$\log_a(xy)=\log_a x+\log_a y$；　（2）$\log_a \dfrac{x}{y}=\log_a x-\log_a y$；

（3）$\log_a x^b=b\log_a x$；　（4）$\log_a x=\dfrac{\log_b x}{\log_b a}$；

（5）$a^{\log_a x}=x, \log_a 1=0, \log_a a=1$.

4．二项式定理

$$(a+b)^n=a^n+na^{n-1}b+\cdots+\frac{n(n-1)\cdots(n-k+1)}{k!}a^{n-k}b^k+\cdots+b^n.$$

5．两数 n 次方的和与差

（1）无论 n 为奇数或偶数，$a^n-b^n=(a-b)(a^{n-1}+a^{n-2}b+\cdots+ab^{n-2}+b^{n-1})$；

（2）当 n 为奇数时，$a^n+b^n=(a+b)(a^{n-1}-a^{n-2}b+a^{n-3}b^2-\cdots-ab^{n-2}+b^{n-1})$.

6．数列的和

（1）$a+aq+aq^2+\cdots+aq^{n-1}=\dfrac{a(1-q^n)}{1-q}(q\neq 1)$；

（2）$1+2+3+\cdots+n=\dfrac{1}{2}n(n+1)$；

（3）$1+3+5+\cdots+(2n-1)=n^2$；

（4）$2+4+6+\cdots+2n=n(n+1)$；

（5）$1^2+2^2+3^2+\cdots+n^2=\dfrac{1}{6}n(n+1)(2n+1)$；

（6）$1^3+2^3+3^3+\cdots+n^3=\left[\dfrac{n(n+1)}{2}\right]^2$；

7．排列数 $\mathrm{P}_n^m=n(n-1)(n-2)\cdots(n-m+1)=\dfrac{n!}{(n-m)!}$，

其中，$n!=n(n-1)(n-2)\cdots 2\cdot 1, 0!=1$.

8．组合数 $\mathrm{C}_n^m=\dfrac{\mathrm{P}_n^m}{\mathrm{P}_m^m}=\dfrac{n!}{m!(n-m)!}$.

性质：（1）$\mathrm{C}_n^m=\mathrm{C}_n^{n-m}$；

（2）$\mathrm{C}_n^m+\mathrm{C}_n^{m-1}=\mathrm{C}_{n+1}^m$.

（二）几何

1．圆

周长 $C=2\pi r$，面积 $S=\pi r^2$，r 为半径.

2．扇形

面积 $S=\dfrac{1}{2}r^2\alpha$，α 为扇形的圆心角，以弧度为单位，r 为半径.

3．平行四边形

面积 $S=bh$，b 为底长，h 为高.

4．梯形

面积 $S=\dfrac{1}{2}(a+b)h$, a,b 分别为上底和下底的长，h 为高.

5．棱柱体

体积 $V=Sh$，S 为下底面积，h 为高.

6．圆柱体

体积 $V=\pi r^2h$，侧面积 $L=2\pi rh$，r 为底面半径，h 为高.

7．棱锥体

体积$V=\frac{1}{3}Sh$，S为下底面积，h为高.

8．圆锥体

体积$V=\frac{1}{3}\pi r^2 h$，侧面积$L=\pi rl$，r为底面半径，h为高，l为斜高.

9．棱台

体积$V=\frac{1}{3}h(S_1+\sqrt{S_1S_2}+S_2)$，$S_1,S_2$分别为上下底的面积，$h$为高.

10．圆台

体积$V=\frac{1}{3}\pi h(R^2+Rr+r^2)$，侧面积$S=\pi l(R+r)$，$R$与$r$分别为上、下底面半径，$h$为高，$l$为斜高.

11．球

体积$V=\frac{4}{3}\pi r^3$，表面积$L=4\pi r^2$，r为球的半径.

（三）三角

1．度与弧度

$1^\circ=\frac{\pi}{180}\text{rad}$，$1\text{rad}=\frac{180^\circ}{\pi}$.

2．基本关系式

$\frac{\sin x}{\cos x}=\tan x,\frac{\cos x}{\sin x}=\cot x$；

$\frac{1}{\sin x}=\csc x,\frac{1}{\cos x}=\sec x,\frac{1}{\tan x}=\cot x$；

$\sin^2 x+\cos^2 x=1,1+\tan^2 x=\sec^2 x,1+\cot^2 x=\csc^2 x$.

3．两角和与差的三角函数

$\sin(x\pm y)=\sin x\cos y\pm\cos x\sin y$；

$\cos(x\pm y)=\cos x\cos y\mp\sin x\sin y$；

$\tan(x\pm y)=\frac{\tan x\pm\tan y}{1\mp\tan x\tan y}$.

4．和差化积公式

$\sin x+\sin y=2\sin\frac{x+y}{2}\cos\frac{x-y}{2}$；

$\sin x-\sin y=2\cos\frac{x+y}{2}\sin\frac{x-y}{2}$；

$$\cos x+\cos y=2\cos\frac{x+y}{2}\cos\frac{x-y}{2};$$

$$\cos x-\cos y=-2\sin\frac{x+y}{2}\sin\frac{x-y}{2}.$$

5．积化和差公式

$$\sin x\cos y=\frac{1}{2}[\sin(x+y)+\sin(x-y)];$$

$$\cos x\sin y=\frac{1}{2}[\sin(x+y)-\sin(x-y)];$$

$$\cos x\cos y=\frac{1}{2}[\cos(x+y)+\cos(x-y)];$$

$$\sin x\sin y=-\frac{1}{2}[\cos(x+y)-\cos(x-y)].$$

6．三角形边角关系

（1）正弦定理 $\frac{a}{\sin A}=\frac{b}{\sin B}=\frac{c}{\sin C}$；

（2）余弦定理

$$a^2=b^2+c^2-2bc\cos A;$$

$$b^2=c^2+a^2-2ac\cos B;$$

$$c^2=a^2+b^2-2ab\cos C.$$

7．三角形面积

$$S=\frac{1}{2}bc\sin A=\frac{1}{2}ca\sin B=\frac{1}{2}ab\sin C;$$

$S=\sqrt{p(p-a)(p-b)(p-c)}$，其中 $p=\frac{1}{2}(a+b+c)$.

（四）平面解析几何

1．距离与斜率

（1）两点 $P_1(x_1,y_1)$ 与 $P_2(x_2,y_2)$ 之间的距离 $d=\sqrt{(x_1-x_2)^2+(y_1-y_2)^2}$；

（2）线段 P_1P_2 的斜率 $k=\frac{y_2-y_1}{x_2-x_1}$.

2．直线的方程

（1）点斜式 $y-y_1=k(x-x_1)$；

（2）斜截式 $y=kx+b$；

（3）两点式 $\frac{y-y_1}{y_2-y_1}=\frac{x-x_1}{x_2-x_1}$；

（4）截距式 $\frac{x}{a}+\frac{y}{b}=1$；

（5）一般式 $Ax+By+C=0\ (A^2+B^2\neq 0)$.

3. 两直线的夹角

设两直线的斜率分别为 k_1 和 k_2，夹角为 θ，则 $\tan\theta=\left|\dfrac{k_2-k_1}{1+k_2k_1}\right|$.

4. 点到直线的距离

点 $P_1(x_1,y_1)$ 到直线 $Ax+By+C=0$ 的距离 $d=\dfrac{|Ax_1+By_1+C|}{\sqrt{A^2+B^2}}$.

5. 直角坐标与极坐标之间的关系

$x=\rho\cos\theta, y=\rho\sin\theta, \rho=\sqrt{x^2+y^2}, \theta=\arctan\dfrac{y}{x}$.

6. 圆

方程：$(x-a)^2+(y-b)^2=R^2$，圆心为 (a,b)，半径为 R.

7. 抛物线

方程：$y^2=2px$，焦点 $(\dfrac{p}{2},0)$，准线 $x=-\dfrac{p}{2}$；

方程：$x^2=2py$，焦点 $(0,\dfrac{p}{2})$，准线 $y=-\dfrac{p}{2}$；

方程：$y=ax^2+bx+c$，顶点 $(-\dfrac{b}{2a},\dfrac{4ac-b^2}{4a})$，对称轴方程 $x=-\dfrac{b}{2a}$.

8. 椭圆

方程：$\dfrac{x^2}{a^2}+\dfrac{y^2}{b^2}=1\ (a>b)$，焦点在 x 轴上.

9. 双曲线

方程：$\dfrac{x^2}{a^2}-\dfrac{y^2}{b^2}=1$，焦点在 x 轴上.

10. 等轴双曲线

方程：$xy=k$.

练习题、习题参考答案及提示

第 1 章

练习题 1.1

1．填空题

（1）$f(x)=\dfrac{1+\sqrt{1+x^2}}{x}$　　（2）$(2,3)\cup(3,5]$　　（3）[1，e]

（4）$(-\infty,-3]\cup(3,+\infty)$　　（5）y 轴

2．选择题

（1）C　（2）D　（3）C　（4）B　（5）B

3．计算题

（1）1）$(-1,0)\cup(0,4]$　　2）$\left[-\dfrac{\sqrt{6}}{3},\dfrac{\sqrt{6}}{3}\right]$　　3）$[-2,0]$

（2）$f(x)=x^2-6$　　$f\left(\dfrac{1}{x}\right)=\left(\dfrac{1}{x}\right)^2-6=\dfrac{1-6x^2}{x^2}$　　$f(2)=2^2-6=-2$

（3）1）奇函数　2）奇函数　3）偶函数

（4）当 $x\in(-\infty,-1)\cup(1,+\infty)$ 时，函数单调递增；当 $x\in(-1,0)\cup(0,1)$ 时，函数单调递减.

函数值域为 $(-\infty,-2)\cup(2,+\infty)$，因此该函数无界.

（5）1）$y=\sqrt{\dfrac{x}{2}},x\in(0,+\infty)$　　2）$y=\dfrac{x+1}{x-1}(x\neq 1)$　　3）$y=2+\mathrm{e}^{x-1}$

（6）1）是，2）是，3）不是.

练习题 1.2

1．选择题

（1）C　（2）B　（3）D　（4）A　（5）B　（6）B

2．计算下列极限

（1）2　（2）0　（3）3　（4）$\dfrac{1}{8}$　（5）∞　（6）∞

3．$\lim\limits_{x\to 0^-}f(x)=\lim\limits_{x\to 0^-}(2x+1)=1$，$\lim\limits_{x\to 0^+}f(x)=\lim\limits_{x\to 0^+}(x^2+1)=1$，所以 $\lim\limits_{x\to 0}f(x)$ 存在且等于 1.

4．（1）（3）是无穷小；（2）（4）是无穷大．

练习题 1.3

1．计算下列各极限

（1）b （2）0 （3）$\frac{1}{2}$ （4）0 （5）$\frac{8}{3}$ （6）$\frac{1}{2}$

2．利用重要极限一求下列极限

（1）2 （2）3 （3）-1 （4）$\sin 2a$

3．利用重要极限二求下列极限

（1）e^{-2} （2）e （3）e^2 （4）e^3

4．利用等价无穷小的性质计算下列极限

（1）0 （2）$\frac{1}{2}$

练习题 1.4

1．选择题

（1）C （2）B （3）C （4）A （5）D （6）B

2．求下列各极限

（1）$\lim\limits_{x\to 0}\sqrt{x^2-2x+4}=2$； （2）$\lim\limits_{x\to 0}(\cos 2x)^5=1$；

（3）$\lim\limits_{x\to 0}\ln\left(\frac{\sin x}{x}\right)^2=0$； （4）$\lim\limits_{x\to\frac{\pi}{2}}(1+\cos x)^{-2\sec x}=e^{-2}$．

3．构造函数 $F(x)=f(x)-x$，利用零点定理即可证出．

习题一

1．填空题

（1）$\left(-\frac{1}{2},1\right)\cup(1,+\infty)$； （2）3； （3）$(0,+\infty)$； （4）1；

（5）$(-\infty,+\infty)$； （6）1； （7）1； （8）0．

2．选择题

（1）C （2）A （3）A （4）A

（5）D （6）A （7）D （8）D

3．计算题

（1）$-\frac{\sqrt{2}}{4}$ （2）1 （3）$e^{-\frac{1}{2}}$ （4）$\frac{3^{20}}{2^{30}}$ （5）$\frac{1}{4}$ （6）2

4．由 $f(1-0)=f(1+0)=f(1)=1$，所以 $x=1$ 是连续点；

又由 $f(-1-0)=0$，$f(-1+0)=-1$，所以 $x=-1$ 是间断点，且为跳跃间断点；

函数 $f(x)$ 的连续区间为：$(-\infty,-1)\cup(-1,+\infty)$．

5．（1）a 可以取任意值，$b=1$；

（2）$a=b=1$ 时，函数在 $x=0$ 处连续．

第 2 章

练习题 2.1

1．1；　　2．$2x+y-1=0$；　　3．0．

4．（1）3；　　（2）$-\dfrac{1}{4}$．

5．（1）$f'(x)=3$；　（2）$y'=-\sin x$．

6．（1）切线方程 $x-ey=0$；法线方程 $ex+y+e^2-1=0$；

（2）切线方程 $2\ln 2x-y+2-2\ln 2=0$；法线方程 $x+2\ln 2y-4\ln 2-1=0$．

练习题 2.2

1．$4x^2-6x+7$

2．（1）$\sqrt{3}+\dfrac{5}{2},1+\dfrac{5\sqrt{3}}{2}$；　（2）1,5．

3．（1）$8x-2$；　（2）$\dfrac{1}{\sqrt{x}}+\dfrac{1}{x^2}$；

（3）$-\left(\dfrac{1}{2\sqrt{x^3}}+\dfrac{5}{2}\sqrt{x^3}\right)$；　（4）$-\dfrac{1}{2\sqrt{x^3}}-\dfrac{1}{2\sqrt{x}}$．

4．（1）$2x\cos x^2$；　（2）$-\dfrac{3x}{\sqrt{4-3x^2}}$；

（3）$\dfrac{1}{\sin x}$；　（4）$5^{x\ln x}\ln 5(\ln x+1)$．

5．（1）$-(\sin 2x\cos x^2+2x\cos^2 x\sin x^2)$；　（2）$-\dfrac{1}{2}\sin x e^{-\cos^2\frac{x}{2}}$；

（3）$\dfrac{1-2\ln x}{x^3}$；　（4）$\dfrac{-\cot\frac{1}{x}}{x^2}$；

（5）$\dfrac{x^2-1}{(x^2+1)\sqrt{x^4+x^2+1}}$；　（6）$\arccos\dfrac{x}{2}-\dfrac{2x}{\sqrt{4-x^2}}$．

练习题 2.3

1. $-\sec^2 x$.

2.（1）$\dfrac{9}{8}$；（2）$\dfrac{\sin 2-2\cos 2}{e^2}$.

3.（1）$12(x^2-x)$；（2）$-2e^x\sin x$；

（3）$\dfrac{2}{(1+x^2)^2}$；（4）$\dfrac{2(1-\ln x)}{x^2}$；

（5）$(x^2-4x+3)e^{-x}$；（6）$2x(3+2x^2)e^{x^2}$.

练习题 2.4

1. $-\dfrac{1}{e}$

2.（1）$\dfrac{y-2x}{2y-x}$；（2）$\dfrac{1-ye^{xy}}{xe^{xy}-1}$；

（3）$\dfrac{ye^y-2xy}{1-xye^y}$；（4）$\dfrac{y^2}{\cos y+e^y-2xy}$.

3.（1）$(\cos x)^{\sin x}(\cos x\ln\cos x-\sin x\tan x)$；

（2）$x^{2x}(2\ln x+2)+(2x)^x(\ln 2x+1)$；

（3）$(x-1)\sqrt[3]{(3x+1)^2(x-2)}\left[\dfrac{1}{x-1}-\dfrac{2}{3x+1}+\dfrac{1}{3(x-2)}\right]$；

（4）$\dfrac{1}{3}\left(\dfrac{x(3x-1)^2}{(5x+3)(2-x)}\right)^{\frac{1}{3}}\left(\dfrac{1}{x}+\dfrac{6}{3x-1}-\dfrac{5}{5x+3}+\dfrac{1}{2-x}\right)$.

4.（1）$\dfrac{-b^4}{a^2y^3}$；（2）$-2\cot^3(x+y)\csc^2(x+y)$；

5. 切线方程为 $x+y-\dfrac{\sqrt{2}}{2}a=0$.

6.（1）$3t^3$；（2）$3(1+t^2)$，$\dfrac{6t(1+t^2)}{t^2+2}$.

练习题 2.5

1. 0.2；　0.02.

2.（1）kx；（2）$\dfrac{1}{2}x^2$；

（3） $\sin x$；　（4） $-\frac{1}{2}\cos 2x$；

（5） $-e^{-x}$；　（6） $\frac{1}{3}\tan 3x$.

3. （1） $4x^2(3-x)dx$；　（2） $\frac{\sin x - x\cos x}{\sin^2 x}dx$；

（3） $\frac{3^{\ln x}\ln 3}{x}dx$；　（4） $-\frac{1}{2x\sqrt{\ln^3 x}}dx$；

（5） $\frac{1}{1+e^x}dx$ ；　（6） $(1-2x)e^{-2x}dx$.

4. （1） $\frac{1-x}{y}dx$；　（2） $\frac{2-x^{y-1}y}{1+x^y\ln x}dx$.

5. （1） $\ln 1.03 \approx 0.03$；　（2） $\sqrt[3]{1.02} \approx 1.0067$.

6. $1130.4\,\text{mm}^2$.

7. 略

习题二

1. （1） $2f(x)f'(x)$；　（2） π^2；

（3） $y = Ce^x$；　（4） $-3e^{-3x}dx$；

（5） $\frac{2x}{1+x^4}$；　（6） $-\pi$；

（7） $(y-x)(\ln\sin x + x\cot x)+1$；　（8） $-\tan x$；

（9） -2；　（10） 0.02;

（11） $-\frac{1}{2}$；　（12） $10x-15y-3=0$.

2. （1） A;　（2） B;　（3） D;　（4） C;

（5） D;　（6） A;　（7） B;　（8） C;

（9） D;　（10） C;　（11） A;　（12） D;

（13） B;　（14） B;　（15） C;　（16） C.

3. （1） $10^x\ln 10, 10^{-2}\ln 10, \ln 10$；　（2） $\frac{1}{x\ln 10}, -\frac{1}{x\ln 3}, \frac{1}{x\ln 7}$.

4. （1） $12x^2 - \frac{1}{4}$；　（2） $-\frac{5}{2x\sqrt{x}} + \frac{1}{10\sqrt{x}}$；

（3） $\frac{1-x^2}{(1+x^2)^2}$ ；　（4） $-\frac{2}{(1+x)^2}$；

（5）$-10^x\ln 10$；（6）$(x+3)e^x$；

（7）$\frac{1}{x\ln 5}+\frac{1}{x\ln 2}$；（8）$x(2\ln x+1)$；

（9）$\frac{xe^x}{(1+x)^2}$；（10）$\frac{\ln x-1}{\ln^2 x}$；

（11）$(2x+x^2\ln 2)2^x$；（12）$-\frac{x+1}{x(x+\ln x)}$.

5.（1）$\ln x\sin x+\sin x+x\ln x\cos x$；（2）$\frac{\sin x-x\cos x}{\sin^2 x}$；

（3）$\frac{3^{\ln x}\ln 3}{x}$；（4）$e^x(\tan x+\sec^2 x)$；

（5）$\frac{1}{1+e^x}$；（6）$e^{-2x}-2xe^{-2x}$；

（7）$\lg x+\frac{1}{\ln 10}$；（8）$2x\arctan x+1$；

（9）e^x-e；（10）$\frac{1}{1+\cos x}$；

（11）$\sec^2 x+\csc^2 x$；（12）$\frac{2}{x(1-\ln x)^2}$.

6.（1）$100(1+5x)^{19}$；（2）$\frac{e^{\sqrt{x}}}{2\sqrt{x}}$；

（3）$\sec^2\left(x-\frac{\pi}{4}\right)$；（4）$\frac{2x}{\sqrt{1-x^4}}$；

（5）$3(1+10^x)^2 10^x\ln 10$；（6）$\frac{1}{2(x+\sqrt{x})}$.

（7）$\frac{1}{2x\sqrt{1+\ln x}}$；（8）$-5\cos^4 x\sin x$；

（9）$\frac{2\arctan x}{1+x^2}$；（10）$e^x\cos e^x$；

（11）$(2x-1)e^{\frac{1}{x}}$；（12）$\arctan\sqrt{x}+\frac{\sqrt{x}}{2(1+x)}$.

7.（1）$(\cos x)^{\sin x}\left(\cos x\ln\cos x-\frac{\sin^2 x}{\cos x}\right)$；

（2）$(\sin x)^{\ln x}\left(\frac{1}{x}\ln\sin x+\cot x\ln x\right)$；

（3）$2x^{\sqrt{x}}\left(\frac{\ln x}{2\sqrt{x}}+\frac{1}{\sqrt{x}}\right)$；（4）$\sqrt{\frac{1-x}{1+x}}\frac{1-x-x^2}{(1-x^2)}$；

（5）$(\ln x)^x\left(\ln\ln x+\frac{1}{\ln x}\right)$；（6）$\frac{2x^{\ln x}\ln x}{x}$.

8.（1）$\frac{xy\ln y-y^2}{xy\ln x-x^2}$；（2）$\frac{-e^y}{xe^y+2y}$；

（3）$\frac{-e^y-ye^x}{xe^y+e^x}$；（4）$\frac{x^2+y\cos\frac{y}{x}}{x\cos\frac{y}{x}}$；

（5）$\frac{y^2-y\sin x}{1-xy}$；（6）$\frac{y}{y^2+x^2+x}$.

9.（1）$\frac{-2(1+x^2)}{(1-x^2)^2}$；（2）$2\arctan x+\frac{2x}{1+x^2}$；

（3）$(2-x^2)\sin x+4x\cos x$；（4）$\frac{4}{(1+x)^3}$；

（5）$e^x\cos e^x-e^{2x}\sin e^x$；（6）$-\frac{2(1-x)^2}{(1+x^2)^2}$.

10.（1）$\frac{-5x}{\sqrt{2-5x^2}}dx$；（2）$\frac{1+x^2}{(1-x^2)^2}dx$；

（3）$e^{2x}\left(2\sin\frac{x}{3}+\frac{1}{3}\cos\frac{x}{3}\right)dx$；（4）$-2\sin 2(2x-5)dx$.

11.（1）$-\frac{1}{t}$；（2）$\frac{3t^2-1}{2t}$.

12.（1）$\approx 0.8104\approx 46^\circ 26'$；（2）$\approx -0.8747$；

（3）≈ 1.0434；（4）≈ 2.745.

第 3 章

练习题 3.1

1.（1）$\xi=0.25$；（2）$\xi=0$.

2.（1）$\xi=1$；（2）$\xi=e-1$；（3）$\xi=\frac{5-2\sqrt{7}}{3}$.

练习题 3.2

1.（1）2；（2）1；（3）∞；

（4）0；（5）1；（6）$-\dfrac{3}{5}$.

1.（1）$-\dfrac{\sqrt{2}}{4}$；（2）$\dfrac{1}{2}$；（3）1；（4）$\dfrac{2}{\pi}$；

（5）∞；（6）$\dfrac{1}{2}$；（7）0；（8）$\dfrac{1}{2}$.

练习题 3.3

1.（1）$(0,100)$ 内单调增加，$(100,+\infty)$ 内单调减少；

（2）$(-\infty,-2)$ 和 $(-1,1)$ 内单调减少，$(-2,-1)$ 和 $(1,+\infty)$ 内单调增加；

（3）$(0,+\infty)$ 内单调增加，$(-1,0)$ 内单调减少；

（4）$(-\infty,-2)$ 和 $(0,+\infty)$ 内单调增加，$(-2,-1)$ 和 $(-1,0)$ 内单调减少；

（5）$(-\infty,-1)$ 和 $(0,1)$ 内单调减少，$(-1,0)$ 和 $(1,+\infty)$ 内单调增加；

（6）$(0,+\infty)$ 内单调增加，$(-\infty,0)$ 内单调减少；

（7）$(-\infty,+\infty)$ 内单调减少；

（8）$(-1,+\infty)$ 内单调增加，$(-\infty,-1)$ 内单调减少；

（9）$(-\infty,+\infty)$ 内单调增加；

（10）$\left(0,\dfrac{1}{2}\right)$ 内单调减少，$\left(\dfrac{1}{2},+\infty\right)$ 内单调增加.

2．略.

3．略.

4.（1）拐点 $(2,-15)$，在 $(-\infty,2]$ 内是凸的，在 $[2,+\infty)$ 内是凹的；

（2）无拐点，在 $(0,+\infty)$ 内是凹的；

（3）拐点 $(-1,\ln 2)$，$(1,\ln 2)$，在 $(-\infty,-1],[1,+\infty)$ 内是凸的，在 $[-1,1]$ 内是凹的；

（4）拐点 $(1,-7)$，在 $(0,1]$ 内是凸的，在 $[1,+\infty)$ 内是凹的.

5．$a=-\dfrac{3}{2},b=\dfrac{9}{2}$.

练习题 3.4

1.（1）极大值 $y\big|_{x=\frac{1}{2}}=\dfrac{9}{4}$；

（2）极小值 $y\big|_{x=2}=-6$，极大值 $y\big|_{x=-1}=21$；

（3）极大值 $y\big|_{x=0}=-1$；

（4）极大值 $y\big|_{x=\sqrt{2}}=\dfrac{1}{4}, y\big|_{x=-\sqrt{2}}=\dfrac{1}{4}$；极小值 $y\big|_{x=0}=0$；

（5）极大值 $y\big|_{x=1}=1$，极小值 $y\big|_{x=-1}=-1$；

（6）极小值 $y\Big|_{x=\mathrm{e}^{-\frac{1}{2}}}=-\dfrac{1}{2\mathrm{e}}$；

（7）极大值 $y\Big|_{x=\frac{3}{4}}=\dfrac{5}{4}$；

（8）极小值 $y\big|_{x=0}=0$，极大值 $y\big|_{x=2}=4\mathrm{e}^{-2}$；

（9）极大值 $y\Big|_{x=\frac{1}{2}}=\dfrac{3}{2}$；

（10）无极值.

2．（1）极大值 $y\big|_{x=-1}=0$，极小值 $y\big|_{x=3}=-32$；

（2）极大值 $y\Big|_{x=\frac{7}{3}}=\dfrac{4}{27}$，极小值 $y\big|_{x=3}=0$；

（3）极小值 $y\big|_{x=1}=2-4\ln 2$；

（4）极大值 $y\big|_{x=1}=1$，极小值 $y\big|_{x=0}=0$；

3．（1）最小值 $y\big|_{x=0}=0$，最大值 $y\big|_{x=4}=8$；

（2）最小值 $y\big|_{x=2}=2$，最大值 $y\big|_{x=10}=66$；

（3）最小值 $y\big|_{x=1}=2$，最大值 $y\big|_{x=0.01}=100.01, y\big|_{x=100}=100.01$；

（4）最小值 $y\big|_{x=0}=-1$，最大值 $y\big|_{x=4}=\dfrac{3}{5}$；

（5）最小值 $y\big|_{x=\mathrm{e}^{-2}}=-\dfrac{2}{\mathrm{e}}$，最大值 $y\big|_{x=1}=0$；

（6）最小值 $y\big|_{x=-5}=-82, y\big|_{x=4}=-82$，最大值 $y\big|_{x=-2}=26$；

（7）最小值 $y\big|_{x=0}=0$，最大值 $y\Big|_{x=-\frac{1}{2}}=\dfrac{1}{2}, y\big|_{x=1}=\dfrac{1}{2}$.

4． $q=250$.

5． $x=8$.

练习题 3.5

略.

练习题 3.6

1. $R'(q)=\frac{1}{5}(100-2q)$， $R'(20)=12, R'(50)=0, R'(70)=-8$.

2. $L'=-0.2q+60, L'(150)=30, L'(400)=-20$.

习题三

1. 略.

2. 略.

3. 略.

4.（1）1；（2）2；（3）$\cos\alpha$（4）$-\frac{3}{5}$；（5）$-\frac{1}{8}$；

（6）$\frac{m}{n}a^{m-n}$（7）$\frac{1}{2}$；（8）∞；（9）$-\frac{1}{2}$；（10）e^{a} .

5.（1）在 $(-\infty,\frac{1}{2}]$ 内单调减少，在 $[\frac{1}{2},+\infty)$ 内单调增加；

（2）在 $(-\infty,\frac{2}{3}a],[a,+\infty)$ 内单调增加，在 $[\frac{2}{3}a,a]$ 上单调减少；

（3）在 $[0,n]$ 上单调增加，在 $[n,+\infty)$ 内单调减少；

（4）在 $[\frac{k\pi}{2},\frac{k\pi}{2}+\frac{\pi}{3}]$ 上单调增加，在 $[\frac{k\pi}{2}+\frac{\pi}{3},\frac{k\pi}{2}+\frac{\pi}{2}]$ 上单调减少（$k=0,\pm1,\cdots$）.

6. 略

7.（1）极小值 $y\big|_{x=1}=2$；

（2）极小值 $y\big|_{x=0}=0$；

（3）极大值 $y\Big|_{x=\frac{12}{5}}=\frac{1}{10}\sqrt{205}$；

（4）极大值 $y\Big|_{x=\frac{\pi}{4}+2k\pi}=\frac{\sqrt{2}}{2}e^{\frac{\pi}{4}+2k\pi}$，

极小值 $y\Big|_{x=\frac{\pi}{4}+(2k+1)\pi}=-\frac{\sqrt{2}}{2}e^{\frac{\pi}{4}+(2k+1)\pi},(k=0,\pm1,\pm2,\cdots)$；

（5）无极值；

（6）无极值.

8.（1）拐点 $\left(\frac{5}{3},\frac{20}{27}\right)$，在 $(-\infty,\frac{5}{3}]$ 内是凸的，在 $[\frac{5}{3},+\infty)$ 内是凹的；

（2）拐点$\left(2,\dfrac{2}{e^2}\right)$，在$(-\infty,2]$内是凸的，在$[2,+\infty)$内是凹的；

（3）没有拐点，处处是凹的；

（4）拐点$\left(\dfrac{1}{2},e^{\arctan\frac{1}{2}}\right)$，在$(-\infty,\dfrac{1}{2}]$内是凹的，在$[\dfrac{1}{2},+\infty)$内是凸的；

9．$(1,2)$和$(-1,-2)$．

10．当$x=1$时，函数有最大值-29．

11．杆长为1.4 m．

12．$\varphi=\dfrac{2\sqrt{6}}{3}\pi$．

13．略．

第 4 章

练习题 4.1

1．$y=x^2+1$．

2．（1）$x+x^3+C$；

（2）$-\dfrac{2}{3}x^{-\frac{3}{2}}+C$；

（3）$-2\cos x-3\ln|x|+\dfrac{a^x}{\ln a}+C$；

（4）$\dfrac{x^3}{3}-x+\arctan x+C$；

（5）$-\dfrac{1}{x}+C$；

（6）$\dfrac{2x^{\frac{7}{2}}}{7}+C$；

（7）$\dfrac{(3e)^x}{1+\ln 3}+C$；

（8）$2\arctan x-\dfrac{1}{x}+C$；

（9）$e^{x+3}+C$；

（10）$\dfrac{1}{6}x^6+3e^x-\cot x-\dfrac{2^x}{\ln 2}+C$；

（11）$\dfrac{x^3}{12}+3x-\dfrac{9}{x}+C$；

（12）$\dfrac{1}{2}x-\dfrac{1}{2}\sin x+C$；

（13）$\tan x-x+C$；

（14）$x-\cos x+C$．

练习题 4.2

1．（1）$dx=\left(\dfrac{1}{a}\right)d(ax)$；

（2）$dx=\left(\dfrac{1}{a}\right)d(ax+b)$；

（3）$x\mathrm{d}x = \mathrm{d}\left(\frac{1}{2}x^2 + C\right)$；

（4）$\frac{1}{x^2}\mathrm{d}x = \mathrm{d}\left(-\frac{1}{x}\right)$；

（5）$\mathrm{e}^{-x}\mathrm{d}x = \mathrm{d}(-\mathrm{e}^{-x} + C)$；

（6）$\sin 2x\mathrm{d}x = \left(-\frac{1}{2}\right)\mathrm{d}(\cos 2x)$；

（7）$\cos\frac{x}{2}\mathrm{d}x = (2)\mathrm{d}\left(\sin\frac{x}{2}\right)$；

（8）$\frac{1}{x}\mathrm{d}x = \mathrm{d}(\ln|x| + C)$；

（9）$\frac{\ln x}{x}\mathrm{d}x = \ln x\mathrm{d}(\ln x + C) = \mathrm{d}\left(\frac{1}{2}\ln^2 x + C\right)$；

（10）$\frac{1}{\sqrt{x}}\mathrm{d}x = \mathrm{d}(2\sqrt{x} + C)$；

（11）$\frac{1}{\sqrt{2-3x}}\mathrm{d}x = \left(-\frac{2}{3}\right)\mathrm{d}(\sqrt{2-3x})$；

（12）$\frac{1}{2-3x}\mathrm{d}x = \left(-\frac{1}{3}\right)\mathrm{d}(\ln(2-3x))$；

（13）$\frac{1}{\sqrt{4-x^2}}\mathrm{d}x = (1)\mathrm{d}\left(\arcsin\frac{x}{2}\right)$；

（14）$\frac{1}{4+x^2}\mathrm{d}x = \left(\frac{1}{2}\right)\mathrm{d}\left(\arctan\frac{x}{2}\right)$

2.（1）$-\frac{1}{3}\cos 3x + C$；

（2）$-\frac{1}{3}(1-2x)^{3/2} + C$；

（3）$\ln|1+x| + C$；

（4）$\frac{1}{5}(2+3x)^{5/3} + C$；

（5）$-\frac{1}{30}(1-3x)^{10} + C$；

（6）$-\mathrm{e}^{-x} + C$；

（7）$-\frac{3}{8}(3-2\sin x)^{4/3} + C$；

（8）$\frac{1}{1-x} + C$；

（9）$\frac{1}{2}\arctan 2x + C$；

（10）$\frac{1}{2}\arcsin\frac{2}{3}x + C$；

（11）$\frac{1}{6}(1+2x^2)^{3/2} + C$；

（12）$-\sqrt{1-x^2} + C$；

（13）$\frac{1}{3}\ln|1+x^3| + C$；

（14）$-\frac{1}{2}\mathrm{e}^{-x^2} + C$；

（15）$\frac{1}{2}\arctan x^2 + C$；

（16）$\frac{1}{2\ln 3}3^{2x} + C$；

（17）$\frac{1}{2}\ln^2 x + C$；

（18）$\ln|\ln x| + C$；

（19）$\frac{1}{2}\ln(1+\mathrm{e}^{2x}) + C$；

（20）$\arctan \mathrm{e}^x + C$；

（21）$-\cos \mathrm{e}^x + C$；

（22）$\frac{2}{3}(\mathrm{e}^x + 1)^{3/2} + C$；

(23) $2\ln(1+\sqrt{x})+C$；

(24) $2\arctan\sqrt{x}+C$；

(25) $2\mathrm{e}^{\sqrt{x}}+C$；

(26) $-\sin\dfrac{1}{x}+C$；

(27) $-\mathrm{e}^{\frac{1}{x}}+C$；

(28) $\dfrac{1}{2}x-\dfrac{1}{4}\sin 2x+C$；

(29) $-\cot x-\csc x+C$；

(30) $-\ln(1+\cos x)+C$；

(31) $\dfrac{1}{2}(\arctan x)^2+C$；

(32) $\dfrac{1}{\cos x}+C$.

3.(1) $\dfrac{2}{3}\sqrt{3x}-\dfrac{2}{3}\ln(1+\sqrt{3x})+C$；

(2) $2\sqrt{x}+3\sqrt[3]{x}+6\sqrt[6]{x}+6\ln(\sqrt[6]{x}+1)+C$；

(3) $\dfrac{9}{2}\arcsin\dfrac{x}{3}-\dfrac{1}{2}x\sqrt{9-x^2}+C$；

(4) $\dfrac{1}{2}\arccos\dfrac{2}{x}+C$；

(5) $\ln(x+\sqrt{x^2+a^2})+C$；

(6) $\dfrac{1}{25\times16\times17}(5x-1)^{16}(80x+1)+C$.

练习题 4.3

(1) $\dfrac{1}{2}x\sin 2x+\dfrac{1}{4}\cos 2x+C$；

(2) $x\ln x-x+C$；

(3) $\dfrac{1}{4}(x^2\arctan x+\arctan x-x)+C$；

(4) $-\mathrm{e}^{-x}(x^2+2x+2)+C$；

(5) $\dfrac{1}{4}x^2-\dfrac{1}{4}x\sin 2x-\dfrac{1}{8}\cos 2x+C$；

(6) $\dfrac{\mathrm{e}^x}{2}(\sin x-\cos x)+C$.

习题四

1.(1) $\dfrac{x^2}{2}-\dfrac{2}{x}+C$；

(2) $\dfrac{x+\sin x}{2}+C$；

(3) $\mathrm{e}^{x-3}+C$；

(4) $-\dfrac{1}{x}-\arctan x+C$；

(5) $-\dfrac{1}{3}(1-x^2)^{\frac{3}{2}}+C$；

(6) $-\left(\dfrac{1}{2x}+\dfrac{1}{4}\sin\dfrac{2}{x}\right)+C$；

(7) $\sin x-\dfrac{1}{3}\sin^3 x+C$；

(8) $\dfrac{3}{4}(x+2)^{\frac{4}{3}}+C$；

(9) $3(\sqrt[6]{x}-1)^2+6\ln(1+\sqrt[6]{x})+C$；

(10) $\dfrac{\sqrt{x^2-9}}{18x^2}+\dfrac{1}{54}\arccos\dfrac{3}{x}+C$；

(11) $\dfrac{1}{3}x^3\ln x-\dfrac{1}{9}x^3+C$；

(12) $2(\sqrt{x}-1)\mathrm{e}^{\sqrt{x}}+C$；

（13）$e^{x^2}\left(\frac{1}{2}x^4-x^2+1\right)+C$；（14）$-2\sqrt{x}\cos\sqrt{x}+2\sin\sqrt{x}+C$.

2.（1）$y=\ln x+1$；（2）$s=\frac{3}{2}t^2-2t+5$.

第 5 章

练习题 5.1

1.（1）$\frac{3}{2}$；（2）0.

2.（1）$\int_0^1 x\mathrm{d}x>\int_0^1 x^2\mathrm{d}x$；（2）$\int_0^{-1}e^x\mathrm{d}x<\int_0^{-1}x\mathrm{d}x$.

3.（1）$\pi\leqslant\int_{\frac{\pi}{4}}^{\frac{5\pi}{4}}(1+\sin^2 x)\mathrm{d}x\leqslant 2\pi$；（2）$2\leqslant\int_0^2 e^{x^2}\mathrm{d}x\leqslant 2e^4$.

4. $\pi-1$.

练习题 5.2

1.（1）$f'(x)=\frac{\sin x}{x}$；（2）$f'(x)=-e^{-x^2}$；

（3）$f'(x)=\frac{1}{2\sqrt{x}}\cos\sqrt{x}+\frac{1}{x^2}\cos\frac{1}{x}$.

2.（1）$\frac{7}{6}$；（2）$\frac{\pi}{4}$；（3）$\frac{\pi}{3}$；

（4）$\frac{99}{\ln 100}$；（5）4；（6）$\frac{\pi}{4}-\frac{1}{2}$.

3. $\frac{8}{3}$.

4. 2.

练习题 5.3

1.（1）$4-4\ln 3$；（2）$\frac{9}{4}\pi$；

（3）$\frac{\sqrt{3}}{8a^2}$；（4）$\frac{\pi}{8}$.

2.（1）$\frac{\pi^2}{4}-2$；（2）$\left(2e+\frac{1}{2}\right)\ln(4e+1)-2e+1-\frac{3}{2}\ln 3$；

（3）$\frac{\pi}{12}+\frac{\sqrt{3}}{2}-1$；　　（4）$\pi a$.

练习题 5.4

（1）$\frac{1}{3}$；　　（2）$\frac{1}{2}$；　　（3）发散.

习题五

1.（1）$\sin^2 x$；　　（2）$\frac{3x^2}{\sqrt{1+x^6}}-\frac{2x}{\sqrt{1+x^4}}$.

2.（1）$\frac{1}{6}$；　　（2）$\frac{3}{16}\pi$；　　（3）$7+2\ln 2$；

（4）$e^{e+1}-e^e+1$；　　（5）$\frac{\pi}{2}$；　　（6）$2-\frac{2}{e}$；

（7）$\frac{\pi}{4}-\frac{\sqrt{3}}{9}\pi+\frac{1}{2}\ln\frac{3}{2}$；　　（8）1.

3.（1）$\frac{4-2\sqrt{2}}{3}$；　　（2）$2(\sqrt{2}-1)$.

4．提示：用分部积分法.

第 6 章

练习题 6.1

1．过程略，$s=\int_{T_1}^{T_2} v(t)\mathrm{d}t$.

练习题 6.2

1．$S=\frac{15}{2}-\ln 4$.　　2．$V=\frac{\pi}{30}$.

练习题 6.3

1．840 吨.　　2．360000 元，180 元.

练习题 6.4

1．$W=9.8\times10^3\pi\int_2^8 x\left(4-\frac{x}{2}\right)^2\mathrm{d}x=9.8\times10^3\times63\pi$.

2. $P=\frac{1}{2}\gamma abg(2h+b\sin\alpha)$.

习题六

1.（1）$2\pi+\frac{4}{3},6\pi-\frac{4}{3}$；（2）$\frac{3}{2}-\ln 2$；

（3）$e+\frac{1}{e}-2$；（4）$b-a$.

2. $2\pi a x_0^2$.　3. $\frac{128}{7}\pi$，$\frac{64}{5}\pi$.　4. 680.8（kg）.

5.（1）460；2000；（2）$C(Q)=10+4Q+\frac{1}{8}Q^2$；$R(Q)=80Q-\frac{1}{2}Q^2$.

6. $800\pi\ln 2(\mathrm{J})$.　7. $\frac{27}{7}kc^{\frac{2}{3}}a^{\frac{7}{3}}$（其中$k$为比例常数）.

8. 1.65N.　9. 14373（kN）.

第 7 章

练习题 7.1

1.（1）1 阶；（2）2 阶；（3）2 阶；（4）3 阶.
2. 略.
3. 略.
4. 略.

练习题 7.2

1.（1）$\ln(1+y^2)=\ln C(1+x^2)$；（2）$(\ln y)^2+(\ln x)^2=C$；

（3）$10^x+10^{-y}=C$；（4）$r=C\cos\theta$.

2.（1）$y=x^2e^{\frac{1}{x}}$；（2）$(y+1)e^{-y}=\frac{1}{2}x^2-1$.

3. $M=M_0e^{-\lambda t}$.

练习题 7.3

（1）$\sin\frac{y}{x}=Cx$；（2）$\frac{y}{x}=\ln(Cy)$；（3）$\ln|x|=C-e^{-\frac{y}{x}}$.

练习题 7.4

1．（1） $C\mathrm{e}^{2x}-\mathrm{e}^{x}$； （2） $y=\mathrm{e}^{\sin x}(x+C)$； （3） $(x+1)^2(C+x)$．

2．（1） $y=\dfrac{1}{2x^2}-\dfrac{1}{x}+\dfrac{1}{2}$； （2） $y=x\sec x$．

3． $v=\dfrac{mg}{k}(1-\mathrm{e}^{-\frac{k}{m}t})$．

练习题 7.5

1．（1）否； （2）否； （3）是； （4）是．

2．略．

练习题 7.6

1．（1） $y=C_1\mathrm{e}^{x}+C_2\mathrm{e}^{-2x}$； （2） $y=\mathrm{e}^{-x}(C_1\cos 2x+C_2\sin 2x)$；

（3） $y=\mathrm{e}^{-x}(C_1+C_2x)$； （4） $x=C_1\mathrm{e}^{-(n-\sqrt{n^2-\omega^2})t}+C_2\mathrm{e}^{-(n+\sqrt{n^2-\omega^2})t}$．

2．（1） $y=\mathrm{e}^{2x}\sin 3x$； （2） $y=\mathrm{e}^{-x}-\mathrm{e}^{x}+x\mathrm{e}^{x}(x-1)$．

3．（1） $y=Y+y^{*}=C_1\mathrm{e}^{x}+C_2\mathrm{e}^{-3x}+\dfrac{1}{4}x\mathrm{e}^{x}$；

（2） $y=Y+y^{*}=C_1\cos x+C_2\sin x-\dfrac{1}{2}x\cos x$．

习题七

1．选择题

（1）C （2）C （3）B （4）A （5）A

（6）D （7）C （8）D （9）A （10）D

2．填空题

（1） $r^2-1=0$； （2） $r=-1$；

（3） $y_1=\cos x, y_2=\sin x$； （4） $y=C_1\cos 2x+C_2\sin 2x$；

（5） $y=C_1\mathrm{e}^{x}+C_2\mathrm{e}^{-x}$； （6） $y=\dfrac{3}{2}x^2$；

（7） $y=x\mathrm{e}^{-x}(A\cos 2x+B\sin 2x)$； （8） $y=\dfrac{1}{x^2}$．

3．求下列微分方程的通解或特解

（1） $y=\dfrac{1}{x}\mathrm{e}^{x}$； （2） $y-\ln y=\ln x+C$；

（3） $y=\ln x-\dfrac{1}{2}+Cx^{-2}$； （4） $y=C_1\mathrm{e}^{x}+C_2\mathrm{e}^{-2x}$；

（5） $y=\mathrm{e}^{-x}+\mathrm{e}^{x}$；

（6） $y=\dfrac{1}{8}\mathrm{e}^{-x}(\sin x+\cos x)+\mathrm{e}^{x}(C_2\sin x+C_1\cos x)$.

4．综合题

（1）解：将方程两端分别对 x 求导，可得 $f(x)=\mathrm{e}^{x}-f'(x)$，若令 $y=f(x)$，则有 $y'+y=\mathrm{e}^{x}$，且 $y|_{x=0}=1$.

求特解为 $y=\dfrac{1}{2}(\mathrm{e}^{x}+\mathrm{e}^{-x})$. 即 $f(x)=\dfrac{1}{2}(\mathrm{e}^{x}+\mathrm{e}^{-x})$.

（2）解：设在时刻 t，容器内的含盐量为 $x(t)$ kg，考虑在时间间隔 $[t,t+\mathrm{d}t]$ 内容器内盐的变化情况，在 $\mathrm{d}t$ 时间段内，

容器内盐的改变量=注入的盐水中所含盐量−抽出的盐水中所含盐量.

设容器内盐的改变量为 $\mathrm{d}x$，注入的盐水中所含盐量为 $0.01\times 3\mathrm{d}t$，在 t 时刻，容器内溶液的质量浓度为 $\dfrac{x(t)}{50+(3-2)t}$，假设 t 到 $t+\mathrm{d}t$ 时间内容器内溶液的质量浓度不变（事实上，容器内溶液的质量浓度时刻在改变，由于时间很短，近似可以这样看）.于是抽出的盐水中所含盐量为 $\dfrac{x(t)}{50+(3-2)t}2\mathrm{d}t$，这样列出方程 $\mathrm{d}x=0.03\mathrm{d}t-\dfrac{2x}{50+t}\mathrm{d}t$.又因为 $t=0$ 时，容器内有盐 $10\mathrm{kg}$，于是得初值条件为 $x|_{t=0}=10$.

参考文献

[1] 侯风波．高等数学[M]．北京：高等教育出版社，2001．
[2] 同济大学等．高等数学[M]．北京：高等教育出版社，2004．
[3] 盛祥耀．高等数学[M]．北京：高等教育出版社，2008．
[4] 刘建勇．高等数学[M]．长沙：国防科技大学出版社，2008．
[5] 李心灿．高等数学应用 205 例[M]．北京：高等教育出版社，2003．
[6] 陈克东．高等数学[M]．北京：中国铁道出版社，2008．
[7] 方建印．高等数学[M]．上海：华东师范大学出版社，2006．
[8] 吴传生．经济数学－微积分[M]．北京：高等教育出版社，2003．
[9] 顾静相．经济数学基础（上、下册）[M]．北京：高等教育出版社，2008．
[10] 刘树利．计算机数学基础[M]．北京：高等教育出版社，2001．
[11] 乔树文．应用经济数学[M]．北京：北京交通大学出版社，2009．
[12] 于峰峰．高等数学（上、下册）[M]．北京：人民邮电出版社，2010．
[13] 王仲英．应用数学[M]．北京：高等教育出版社，2009．
[14] 马元生．线性代数简明教程[M]．北京：科学出版社，2007．
[15] 刘严，丁平．新编高等数学[M]．大连：大连理工大学出版社，2008．
[16] 柳重堪．高等数学[M]．北京：中央广播电视大学出版社，2000．
[17] 王书营．工程应用数学基础[M]．北京：高等教育出版社，2007．